Lambacher Schweizer 5

Mathematik für Gymnasien

Nordrhein-Westfalen

Serviceband

bearbeitet von

Thomas Jörgens
Thorsten Jürgensen-Engl
Dorothee Landwehr
Wolfgang Riemer
Raphaela Sonntag
Inga Surrey

Ernst Klett Verlag
Stuttgart • Leipzig

Lambacher Schweizer 5 Serviceband, Mathematik für Gymnasien, Nordrhein-Westfalen

Begleitmaterial
Service-CD (ISBN: 978-3-12-734354-0)
Lösungsheft (ISBN: 978-3-12-734413-4) – das Lösungsheft beinhaltet den Lösungsteil dieses Servicebandes.

1. Auflage   1 ⁵ ⁴ ³ ² ¹ | 13 12 11 10 09

Alle Drucke dieser Auflage sind unverändert und können im Unterricht nebeneinander verwendet werden.
Die letzte Zahl bezeichnet das Jahr des Druckes.
Das Werk und seine Teile sind urheberrechtlich geschützt. Jede Nutzung in anderen als den gesetzlich zugelassenen Fällen bedarf der vorherigen schriftlichen Einwilligung des Verlages. Hinweis §52 a UrhG: Weder das Werk noch seine Teile dürfen ohne eine solche Einwilligung eingescannt und in ein Netzwerk eingestellt werden. Dies gilt auch für Intranets von Schulen und sonstigen Bildungseinrichtungen. Fotomechanische oder andere Wiedergabeverfahren nur mit Genehmigung des Verlages.
Auf verschiedenen Seiten dieses Heftes befinden sich Verweise (Links) auf Internet-Adressen. Haftungshinweis: Trotz sorgfältiger inhaltlicher Kontrolle wird die Haftung für die Inhalte der externen Seiten ausgeschlossen. Für den Inhalt dieser externen Seiten sind ausschließlich die Betreiber verantwortlich. Sollten Sie daher auf kostenpflichtige, illegale oder anstößige Inhalte treffen, so bedauern wir dies ausdrücklich und bitten Sie, uns umgehend per E-Mail davon in Kenntnis zu setzen, damit beim Nachdruck der Verweis gelöscht wird.

© Ernst Klett Verlag GmbH, Stuttgart 2009. Alle Rechte vorbehalten. www.klett.de

Autoren: Manfred Baum, Martin Bellstedt, Heidi Buck, Guntram Dierolf, Prof. Rolf Dürr, Irmgard Esche-Gallinger, Hans Freudigmann, Anja Friedrichs, Dr. Frieder Haug, Prof. Dr. Stephan Hußmann, Thorsten Jürgensen-Engl, Prof. Dr. Timo Leuders, Alexander Maier, Kathrin Richter, Dr. Wolfgang Riemer, Reinhold Schrage, Inga Surrey, Raphaela Sonntag, Heike Tomaschek, Susanne Weiß

Redaktion: Dorothee Landwehr, Herbert Rauck
Illustrationen: Petra Götz, Augsburg
Bildkonzept Umschlag: Soldankommunikation, Stuttgart
Umschlagfototgrafie: Avenue Images GmbH, Hamburg
Satz: imprint, Zusmarshausen

Reproduktion: Meyle + Müller, Medien-Management, Pforzheim
Druck: Medienhaus Plump, Rheinbreitbach

Printed in Germany
ISBN 978-3-12-734412-7

Inhaltsverzeichnis

3. Lösungen zum Schülerbuch

Der Serviceband als Teil des Fachwerks

Aufgrund der vielfältigen Anforderungen an den modernen Mathematikunterricht erschien es notwendig und sinnvoll, die Lehrerinnen und Lehrer zukünftig durch passende Lehrmaterialien noch mehr zu unterstützen. Das für den neuen Kernlehrplan entwickelte Schülerbuch des Lambacher Schweizer wurde deshalb durch weitere Materialien ergänzt. Für jede Jahrgangsstufe gibt es nun neben dem **Schülerbuch**, einen **Serviceband**, eine **Service-CD** und ein **Lösungsheft**. Alle Materialien sind aufeinander abgestimmt und bilden somit ein Gesamtgebäude an Materialien für das Schulfach Mathematik, das **Fachwerk des Lambacher Schweizer**.

Dem Schülerbuch kommt dabei nach wie vor die zentrale Rolle zu; es ist die tragende Säule, die auch ohne Begleitmaterial den Unterricht vollständig bedient. Das Lösungsheft enthält wie gehabt alle Lösungen zum Schülerbuch und kann von Lehrern und Schülern gleichermaßen verwendet werden. Serviceband und Service-CD sind als Service für die Lehrerhand konzipiert.

Der Serviceband des Lambacher Schweizer entstand aus der Idee, Lehrerinnen und Lehrer rund um den Mathematikunterricht zu begleiten und zu entlasten. Deshalb finden sich in diesem Band Kommentare für die Unterrichtsvorbereitung (1. Teil) in Form von Erläuterungen und Hinweisen zum Schülerbuch, Serviceblätter für die Unterrichtsdurchführung (2. Teil) in Form von Kopiervorlagen oder Anleitungen für alternative Unterrichtskonzepte in Abstimmung zum Schülerbuch und die kompletten Lösungen zu den Aufgaben des Schülerbuches zur Unterrichtsnachbereitung (3. Teil) oder gegebenenfalls auch zum schnellen Nachschlagen. Der dritte Teil stimmt vollständig mit den Inhalten des Lösungsheftes überein, sodass die Entscheidung für den Serviceband den Kauf des Lösungsheftes erübrigt.

Auf der Service-CD befinden sich alle Serviceblätter des Servicebandes noch einmal in editierbarer Form. Darüber hinaus enthält die CD aber auch noch zahlreiche interaktive Arbeitsblätter, Animationen und digitale Materialien, die für den Einsatz im Unterricht geeignet sind.

Der Serviceband im Detail

1. Der Kommentar:
Erläuterungen und Hinweise zum Schülerbuch

Im ersten Teil des Bandes, im Kommentar, wird auf das Schülerbuch Bezug genommen. Für jedes Kapitel werden Zielrichtung, Schwerpunktsetzung und Aufbau kurz erläutert. Darüber hinaus wird ausführlich auf die Erkundungen zu Beginn eines jeden Kapitels des Schülerbuchs eingegangen. Neben der Zielsetzung der Erkundungen und der Einbindung in die mathematische Abfolge der Kapitel werden insbesondere Hilfestellungen zum Einsatz im Unterricht gegeben sowie mögliche Schülerwege aufgezeigt. Zum allgemeinen didaktischen Konzept der Erkundungen allgemein wird zu Beginn des Kommentarteils eingegangen.

Die Kennzeichnung der angesprochenen Kompetenzen auf den Auftaktseiten des jeweiligen Kapitels bieten die Möglichkeit die Zusammenhänge der Kapitel von den Schülerinnen und Schülern in Reflexionsphasen herausstellen zu lassen.

Neben den Leitideen wird in den Kommentaren aufgezeigt, ob und wie die Lerneinheiten aufeinander aufbauen, welche Zielrichtung sie verfolgen, welche Kompetenzen eingefordert werden und an welchen Stellen aufgrund des neuen Kernlehrplans deutliche Änderungen gegenüber dem bisher üblichen Unterrichtsgang auftreten. Außerdem wird auf bestimmte didaktische Richtlinien verwiesen, die für einen modernen Mathematikunterricht unentbehrlich sind und durchgehend im Buch zu finden sind. Konkret betrifft das die folgenden Aspekte:
- Der Lehrgang ist am Verständnisniveau der Fünftklässler ausgerichtet, d.h., die Kinder sollen nicht mechanisch auswendig lernen, sondern die Inhalte nachvollziehen und verstehen können. Der Formalismus wird möglichst niedrig gehalten, Begrifflichkeiten werden nur eingeführt, wenn sie dem Verständnis dienen.
- Dem Lehrgang liegt die Idee des spiralförmigen Lernens zugrunde. Viele Inhalte werden an passender Stelle zunächst auf einfachem Niveau angesprochen, um die Schülerinnen und Schüler an diese zu gewöhnen und sie auf dieser Grundlage später vertiefen zu können. Dabei wird darauf geachtet, kein Wissen auf Vorrat einzuführen, d.h. kein Wissen, das danach jahrelang brachliegt. Insbesondere werden die Vorkenntnisse von Schülerinnen und Schüler in den Erkundungen zu Anfang jedes Kapitels abgerufen bzw. der Erfahrungshorizont wird erweitert.

– Der Lehrgang bietet die Möglichkeit einen vielseitigen Unterricht zu gestalten, die verschiedenen Kompetenzen der Schülerinnen und Schüler anzusprechen und einzufordern, Methoden zu erlernen und unterschiedliche Unterrichtsformen anzuwenden. Wichtig ist allerdings, dass die Wahl einer alternativen Unterrichtsform immer in der Hand der Lehrperson liegt, um selbst über die günstigste Form entscheiden zu können. Das Schulbuch macht zahlreiche und flexible Angebote, aber keine zwingenden Vorgaben.

Im Anschluss an diese trotz der verschiedenen Aspekte kurz und knapp gehaltenen Ausführungen zum gesamten Kapitel folgen in den Kommentaren unterrichtspraktische Hinweise und Ergänzungen zu den einzelnen Lerneinheiten. Zu jeder Lerneinheit werden alternative Einstiegsaufgaben angeboten, die in einer konkreten Aufgabenstellung münden. Sie können für den Einsatz im Unterricht auf Folie kopiert werden. (Im Anschluss der Kommentare zu einem Kapitel sind die Einstiegsaufgaben auf Kopiervorlagen nochmals zusammengestellt.) Die Lehrperson hat damit die Möglichkeit, zwischen einem diskussionsanregenden Impuls im Schülerbuch oder einer konkreten Aufgabenstellung im Serviceband zu wählen.

Danach werden Erläuterungen zu den Aufgaben im Buch gegeben, allerdings nur zu den Aufgaben, bei denen dies sinnvoll und hilfreich erscheint. So wird darauf hingewiesen, wenn sich besondere Unterrichtsformen anbieten, wenn die Problemstellung unvorhergesehene Schwierigkeiten birgt oder die Aufgaben eine besondere Schwerpunktsetzung haben. Zum Abschluss der Hinweise wird auf die zu der Lerneinheit jeweils passenden Serviceblätter im zweiten Teil des Bandes verwiesen.

2. Serviceblätter: Materialien für den Unterricht

In diesem zweiten Teil des Servicebandes wird zunächst eine für die Altersstufe besonders geeignete Schülermethode praxisbezogen vorgestellt. Für Klasse 5 handelt es sich dabei um Teamfähigkeit, die durch Gruppenarbeit erlernt und gefördert werden kann. Für die Entwicklung dieser Teamfähigkeit bieten sich sowohl zahlreiche Aufgaben im Schülerbuch als auch Materialien im Serviceband an, auf die beispielhaft verwiesen wird. Hier bietet eine Kopiervorlage zum Umgehen mit Forschungsheften bzw. Lerntagebüchern eine Hilfe sowohl für Schülerinnen und Schüler als auch für die Lehrpersonen. Neben der Schülermethode wird im Serviceband für Klasse 5 dann die Unterrichtsform des Lernzirkels erläutert, da sich hierzu Beispielmaterial unter den folgenden Unterrichtsmaterialien befindet. Alle weiteren Serviceblätter sind so gestaltet, dass sie keiner zusätzlichen Erläuterung bedürfen und direkt im Unterricht einsetzbar sind. Sie sind nach Kapiteln geordnet und gegebenenfalls auch einzelnen Lerneinheiten zugeordnet, sodass eine schnelle Orientierung für den Einsatz im Unterricht möglich ist. In den meisten Fällen handelt es sich um Kopiervorlagen. Bei einigen Materialien lohnt es sich, diese zu laminieren, um sie für einen wiederholten Einsatz (z. B. bei Freiarbeit oder Lernzirkel) nutzbar zu machen. Im Anschluss an die Serviceblätter finden sich die Lösungen derselben, sofern sie sich nicht aus der Bearbeitung des Serviceblattes heraus ergeben (z. B. durch ein Lösungswort, ein Puzzle etc.). Auch hierbei handelt es sich um Kopiervorlagen, um sie, falls gewünscht, den Schülerinnen und Schülern zum eigenständigen Arbeiten überlassen zu können.

3. Lösungen zum Schülerbuch

Der dritte Teil enthält wie erwähnt die kompletten Lösungen zu den Aufgaben im Schülerbuch, sowie kurz gefasste Hilfestellungen bzw. beispielhafte, mögliche Schülerlösungen zu den Erkundungen und ist damit identisch mit dem Inhalt des Lösungsheftes. Bei offenen Aufgaben wird je nach Fragestellung erwogen, ob es sinnvoll ist, eine (individuelle) Lösung anzugeben oder nicht. Um das selbstständige Arbeiten mit dem Lehrbuch für die Schülerinnen und Schüler zu erleichtern, ist das Lösungsheft ohne Schulstempel für jeden käuflich zu erhalten.

Das Lerntagebuch

Die Schülerinnen und Schüler können zur Dokumentation ihrer Lernprozesse ein Lerntagebuch, Forschungsheft, Logbuch, o. ä. anfertigen. Dabei sollte die Lehrperson einige Hilfestellungen geben, wie man ein solches Heft führt. Wichtig ist dabei, dass solche Hinweise genau mit den Schülerinnen und Schülern im Vorfeld durchgesprochen werden, da das Verfassen auch kleinerer Texte im Mathematikunterricht erfahrungsgemäß Schwierigkeiten bereitet. Eventuell bietet es sich sogar an, zunächst gemeinsam mit den Schülerinnen und Schülern eine solche Seite auszufüllen oder ihnen den Auszug aus einem Forschungsheft darzubieten. Wird kontinuierlich mit dem Forschungsheft gearbeitet, so werden die Schülerinnen und Schüler immer selbstständiger damit umgehen und evtl. auch eine eigene Gliederung für die Strukturierung ihres Forschungsheftes vorschlagen und bevorzugen. Eine regelmäßige Rückmeldung von Seiten der Lehrperson stärkt das Vertrauen der Schülerinnen und Schüler in die eigenen Produkte und unterstützt sie in der Verschriftlichung ihrer Lösungswege. Eine Kopiervorlage für ein Lerntagebuch befindet sich unter ▶ S 88. Dort sind auch Erläuterungen zum Ausfüllen angeben (▶ S 89).

Übersicht über die Symbole

 Basteln

 Sachthema

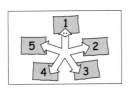 Lernzirkel

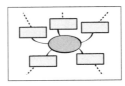 Mind-Mapping

 Knobeln

 Recherchieren

 Spiel

 Projekte

 Heftführung

 Planarbeit

 Präsentationsmethoden

 Partnerarbeit

Inhaltsmatrix

	Kommentare	Serviceblätter	Lösungen der Serviceblätter	Lösungen zum Schülerbuch
I Natürliche Zahlen	K 3			
Erkundungen	K 3			L 1
1 Zählen und darstellen	K 5	– Wir über uns – Umfrage durchführen und auswerten, S 7 – Eine Liste – Viele Infos – Daten auswerten, S 8	S 90 S 90	L 1
2 Große Zahlen	K 5			L 2
3 Rechnen mit natürlichen Zahlen	K 7	– 1 x 1-Puzzle, S 9 – 1 x 1-Puzzle-Raster, S 10 – Pakete schnüren – Division, S 11	S 91 S 91 S 91	L 4
4 Größen messen und schätzen	K 7	– Längenangaben, S 14 – Gewichtsangaben, S 15 – Schätzen und Messen, S 19 – Rechnen mit Geld, S 20 – Der Euro, S 21	S 91 S 91/92 S 92 S 92/93 S 93	L 6
5 Mit Größen rechnen	K 8	– Puzzle mit Größen, S 12 – Längenangaben, S 14 – Gewichtsangaben, S 15 – Zeitangaben, S 16 – Rechnen mit Geld, S 20 – Der Euro, S 21	S 91 S 91 S 91/92 S 92 S 92/93 S 93	L 6
6 Größen mit Komma	K 8	– Radtour – Größen, S 11 – Warum gibt es verschiedene Maßeinheiten?, S 17 – Größenangaben mit Komma, S 18 – Der Euro, S 21	S 91 S 92 S 92 S 93	L 8
Wiederholen – Vertiefen – Vernetzen	K 9	– Woher weht der Wind?, S 73	S 103	L 8
Exkursion: Wie die Menschen Zahlen schreiben	K 9			L 9
II Symmetrie	K 14			
Erkundungen	K 14	– Wo steckt der Fehler? – Achsensymmetrische Figuren, S 22	S 93	L 11
1 Achsensymmetrische Figuren	K 16	– Wo steckt der Fehler? – Achsensymmetrische Figuren, S 22 – Masken – Achsensymmetrische Figuren, S 23 – Symmetrieachsen gesucht, S 24 – Partnersuche – Achsensymmetrische Figuren, S 25/26 – Hochwasser in der Altstadt, S 75	S 93 S 94 S 94 S 94 S 104	L 11
2 Orthogonale und parallele Geraden	K 17	– Auf dem Schulweg, S 78	S 104	L 13
3 Figuren	K 17	– How many? – Dreiecke und Vierecke, S 27	S 94	L 15
4 Koordinatensysteme	K 18	– Wie der Osterhase gleich zweimal auf den Schulhof kam, S 28	S 95	L 16
5 Punktsymmetrische Figuren	K 18	– Symmetriezentren gesucht, S 29 – Symmetriefaltschnitte – Punktsymmetrie mit der Schere, S 30 – Mandala – Punktsymmetrische Figuren, S 31 – Symmetrietafel, S 32 – Fünf Freunde stellen sich vor, S 77	S 95 S 96 S 96 S 96 S 104	L 18
Wiederholen – Vertiefen – Vernetzen	K 19	– Vierecke, Symmetrie und Koordinaten, S 33 – Kreuzworträtsel, S 34 – Blütenzauber, S 80 – Fadenbilder, S 87	S 96 S 96 S 105 S 107	L 20
Geschichte: Die alte Villa	K 19			
III Rechnen	K 24			
Erkundungen	K 25			L 22
1 Rechenausdrücke	K 27	– Keine Angst vor Texten! – Vom Text zum Rechenausdruck, S 35 – Rechnen und schreiben – Vom Rechenausdruck zum Text, S 35 – Text – Rechenausdruck – Text, S 36	S 96 S 97	L 22
2 Rechengesetze und Rechenvorteile I	K 27	– Vorfahrtsregeln – Rechenausdrücke, S 37	S 97	L 25

	Kommentare	Serviceblätter	Lösungen der Serviceblätter	Lösungen zum Schülerbuch
6 Verbinden von Addition und Subtraktion	K 54	– Das Schneckenrennen – Taschenrechnereinsatz, S 64 – Schwarze und rote Zahlen, S 65 – Zahlenjagd, S 66	S 102 S 102 S 102	L 64
7 Multiplizieren von ganzen Zahlen	K 55			L 65
8 Dividieren von ganzen Zahlen	K 55			L 67
9 Verbindung der Rechenarten	K 55	– Zahlenjagd, S 66 – Geheime Botschaft, S 67 – Rechenspiegel, S 84	S 102 S 106	L 67
Widerholen – Vertiefen – Vernetzen				L 69
Exkursion: Zauberquadrate				L 69
Sachthema: Rund ums Pferd	K 60/61			L 70

Einführung zu den Erkundungen

Das Konzept der Erkundungen im Lambacher Schweizer

Im Lambacher Schweizer finden Sie eine große Zahl von Seiten, die mit dem Titel „Erkundungen" überschrieben sind. Welche Funktion haben sie und wie können sie im Unterricht eingesetzt werden?

Die Mathematik ist ein System von Ideen und Begriffen, die aber nicht fertig auf die Welt gekommen sind, sondern eine Entwicklungsgeschichte haben. Oft entstanden sie aus dem Versuch bestimmte Probleme zu lösen, Erfahrungen aus der Umwelt zu systematisieren oder Strukturen und Zusammenhänge zu beschreiben. Mathematik ist also nicht nur ein „Produkt" fertiger Begriffe, sondern ein „Prozess", in dem in aktiver Auseinandersetzung mit gehaltvollen Problemen mathematische Begriffe entstehen.

Diesen Prozess, das ist heutzutage Konsens, können und sollen Schülerinnen und Schüler erleben. Mathematiklernen beginnt also nicht mit dem „Erklärt bekommen" und dem „Vormachen", sondern mit dem selbsttätigen Erkunden mathematikhaltiger Situationen. Dabei machen die Schülerinnen und Schüler Erfahrungen, auf deren Grundlage später eine systematische Begriffsbildung aufsetzen kann. Als Gelegenheit für ein solches erfahrungsbasiertes Mathematiklernen enthält der Lambacher Schweizer zu Beginn jedes Kapitels (zuweilen auch zusätzlich am Ende) Erkundungen.

Sie finden unterschiedliche Arten der Erkundung:

Spielen

Die Schülerinnen und Schüler erkunden spielerisch mathematische Zusammenhänge. Manchmal treten diese gar nicht explizit als mathematische Begriffe hervor, sondern ergeben sich, wenn Schüler Gewinnstrategien entwickeln. Andere Spiele stellen Verknüpfungen zu Vorkenntnissen aus Mathematik oder aus dem Alltag her.

Herstellen und Basteln

Beim Herstellen von Formen und Figuren entwickeln Schülerinnen und Schüler ihre manuellen Fähigkeiten und können zugleich mathematische Verfahren entwickeln. Dabei sollen sie nicht eingeübte, mathematisch saubere Konstruktionen anwenden, sondern vor allem Erfahrungen machen, eigene Wege ausprobieren und dabei geeignete Verfahren (vielleicht) selbst entwickeln.

Zusammenhänge untersuchen

Schülerinnen und Schüler untersuchen mathematische Strukturen als Muster in Zahlen oder Figuren. Sie finden Regelmäßigkeiten, machen Vorhersagen und stellen Vermutungen auf. Diesen Erkundungen führen nicht zwangsläufig und unmittelbar auf zentrale Begriffe, bereiten aber vielfältige Erfahrungen vor und bieten die Gelegenheit, selbstständig in ein mathematisches Gebiet vorzudringen.

Allen Erkundungen sind folgende Eigenschaften gemein:
- **Selbstständigkeit**: Die Erkundungen sind so angelegt, dass sie von Schülerinnen und Schülern in großen Teilen selbstständig bearbeitet werden können. Die Lehrkraft kann zurücktreten, individuelle Hilfen geben und vor allem beobachten, was Schülerinnen und Schüler bereits leisten. Auf dieser Basis lässt sich der darauffolgende systematische Unterricht besser konzipieren.
- **Zeit, Muße und Zutrauen:** Beim selbstständigen Erkunden geht es nicht unbedingt zielbewusst und schnell auf die intendierten mathematischen Begriffe zu. Schülerinnen und Schüler gehen eigene Wege (und Umwege) und sollten darin bestärkt und unterstützt werden. Problemlösen braucht Zeit und Argumentieren braucht Möglichkeiten, sich in der eigenen Sprache zu verständigen. Die Lehrkraft ist also gut beraten, wenn sie die Erkundungen nicht als „Autobahn zu den Inhalten" versteht, sondern den mathematischen Prozessen Zeit und Raum gibt. Damit gewinnen Fehler und Aha-Erlebnisse auch eine größere Bedeutung. Sie bieten den Lernenden Ankerstellen, das eigene Wissen zu organisieren, und motivieren, umzudenken bzw. weiter zu forschen.
- **Breite Erfahrungsbasis**: Die Erkundungen zu Beginn eines Kapitels sind in der Regel so zusammengestellt und angelegt, dass Schülerinnen und Schüler, wenn sie die Erkundungen insgesamt bearbeitet haben, die begriffliche Breite des Kapitels ausgelotet haben. Die Erkundungen bereiten sozusagen alle wesentlichen Inhalte und Begriffe vor.

In der methodischen Umsetzung der Erkundungen möchte der Lambacher Schweizer den Lehrkräften größtmögliche Freiheiten geben. Sie können die Erkundungen als Gesamtpaket bearbeiten lassen, sie können einzelne Erkundungen auswählen und an verschiedenen Stellen des Unterrichts nutzen (zusätzlich zu den Impulsen zu Anfang jeder Lerneinheit). Sie können sogar ihren Unterricht allein auf den Erkundungen aufbauen und auf den Lehrtext vollständig verzichten.

Wir empfehlen aber, dass sie die Möglichkeit des selbstständigen Arbeitens mit den Erkundungen nutzen und diese nicht als Klassengespräch oder als Übungsaufgabe einsetzen. Dann wäre das Potenzial dieser Aufgaben verspielt.

Die Organisation der Arbeitsphasen und die Dauer der Arbeit mit den Erkundungen kann nicht festgeschrieben werden. Sie hängt von den Voraussetzungen und Gewohnheiten in der einzelnen Lerngruppe ab. Bisweilen gibt das Buch Hinweise zur Organisation (z.B. von Spielen), diese können aber von jeder Lehrkraft individuell abgewandelt werden.

I Natürliche Zahlen

Überblick und Schwerpunkt

Dieses erste Kapitel des Buches knüpft an das Wissen und die Fähigkeiten an, die die Schüler in der Primarstufe erworben haben. Dort haben sie bereits viele Erfahrungen mit Zahlen im Alltag gemacht und diese mathematisch erkundet und gefestigt. Da die Voraussetzungen von Schülern in der Regel jedoch sehr inhomogen sind, ist es das Ziel dieses ersten Kapitels, eine gemeinsame Grundlage für die Klasse zu legen. Leistungsstarke Schülerinnen und Schüler sollen sich bei den Aufgaben nicht unterfordert fühlen, während eher leistungsschwache Gelegenheiten bekommen sollen, Sicherheit im grundlegenden Umgang mit natürlichen Zahlen zu sammeln.

Die ersten Wochen in der fünften Klasse stehen zudem im Zeichen des gemeinsamen Kennenlernens. Schülerinnen und Schüler müssen sich in der neuen Umgebung, mit neuen Mitschülern und neuen Anforderungen zurechtfinden, aber auch die Lehrperson möchte einen Überblick über die Leistungsfähigkeit der neuen Klasse gewinnen. Dies geschieht am besten, indem sie die Klasse bei der Arbeit mit konkreten Aufgaben beobachtet. Passende Anlässe hierzu bieten die am Anfang des Kapitels stehenden Erkundungen:
- Aufgaben, die in Einzel- oder Partnerarbeit zu bearbeiten sind und bei der Schülerinnen und Schüler individuell ihre Fähigkeiten erproben, anwenden oder weiterentwickeln können. Die Aufgaben sind so offen, dass sie von Schülerinnen und Schülern auf jeweils dem ihnen entsprechenden Niveau bearbeitet werden können.
- Ein Spiel, bei dem Schülerinnen und Schüler miteinander ins Gespräch kommen, kooperieren und wetteifern können und argumentieren müssen.
- Erkundungen, bei denen Schülerinnen und Schüler mit offenen Anforderungen umgehen können und individuell Entdeckungen machen können.

Auch viele Aufgaben der Lerneinheiten des ersten Kapitels sind für solche Gelegenheiten geeignet, insbesondere finden Sie Aufgaben, bei denen sich die Schüler gegenseitig kennen lernen können, z. B. durch Umfragen.

In der Lerneinheit **1 Zählen und darstellen** wird wie oben beschrieben von der Situation in der neuen Klasse und Schule ausgegangen. Mehrere Aufgaben ermuntern zur Durchführung eigener Umfragen und der Darstellung der Ergebnisse. Dabei entstehen Kontakte und die Kinder lernen sich kennen. Zudem wird ein intuitives Verständnis für Daten gefördert. In dieser alltäglichen Form wird der Ansatz für den Kompetenzbereich „mit Daten und Zufall arbeiten" geschaffen, der in den folgenden Jahren vor allem bei den statistischen Themen ausgebaut wird.

Die Lerneinheiten **2 Große Zahlen** und **3 Rechnen mit natürlichen Zahlen** dienen der Sichtung, Zusammenführung und Festigung des Wissens der Schülerinnen und Schüler. Neu eingeführt wird hier das Umgehen mit Zehnerpotenzen (ohne diesen Begriff explizit zu verwenden oder Rechenregeln einzuführen).

Die Lerneinheiten **4 Größen messen und schätzen** und **5 Mit Größen rechnen** koppeln an Alltagswissen an und greifen das Vorwissen der Schülerinnen und Schüler über Größen auf. Zunächst erwerben die Schülerinnen und Schüler durch eigene Erfahrungen Vorstellungen von Größen und damit Orientierung in ihrer Umwelt. Damit wird konsequent der Gefahr entgegengetreten, den Umgang mit Größen im Mathematikunterricht zu sehr auf formale und eindimensionale Rechenfertigkeiten zu reduzieren.

In der Lerneinheit **6 Größen und Komma** werden Größen mit Komma behandelt. Diese sind den Schülerinnen und Schülern aus dem Alltag und aus der Grundschule bekannt. Begriffe aus der Erfahrungswelt werden damit gefestigt und das Verständnis im Alltag gefördert. Komplexe Fragestellungen wie Umformungen über mehrere Einheiten hinweg oder die Kommaschreibweise mit sehr vielen Nachkommastellen werden vermieden. Die theoretische Untermauerung der Dezimalschreibweise ist Thema der Klasse 6.

Zu den Erkundungen

Die Erkundungen dieses Kapitels umfassen viele Aspekte des Umgangs mit Zahlen. Zwar sind die Inhalte nicht unbedingt alle bereits in der Grundschule erarbeitet worden, jedoch sind sie so leicht zugänglich, dass sie von allen Schülerinnen und Schülern ohne Vorbereitung mit Gewinn bearbeitet werden können.

Es wird empfohlen, die gesamten Aufgaben des Erkundungsteils von Schülerinnen und Schülern möglichst selbstständig bearbeiten zu lassen und nur moderierend bzw. organisierend einzugreifen. Auf diese Weise werden die Schülerinnen und Schüler die Selbstständigkeitserfahrungen der Grundschule fortsetzen bzw. für ihr weiteres Lernen am Gymnasium ausbauen.

Die Erkundungen sind so angelegt, dass Schülerinnen und Schüler unterschiedliche Aspekte des Arbeitens mit Zahlen und Größen erfahren.

In **Erkundung 1** erfahren Schülerinnen und Schüler, dass sie bereits verschiedene Methoden des Zählens kennen bzw. sich erarbeiten können. Bei den Aufgaben der **Erkundung 2** sollen Schülerinnen und Schüler viel Zeit haben, die Situationen zunächst einmal zu verstehen, mit Beispielen zu erkunden und dabei selbstständig Strategien zu entwickeln – beides wesentliche Komponenten des **Problemlösens**. Nebenbei üben und wiederholen sie auch hier wieder arithmetische Operationen. Die Aufgaben der **Erkundung 3** sollen Anlässe geben, in großem Umfang Alltagserfahrungen und Vorkenntnisse einzubringen.

1. Wie viele?

Hier geht es darum, dass die Schülerinnen und Schüler verschiedene Arten des systematischen Zählens aktivieren. In jedem Beispiel kann man nicht einfach abzählen, sondern braucht eine Strategie, die Schüler jeweils ad hoc entwickeln müssen:

Früchte (Strukturen fortsetzen)
Auf der Oberseite zählt man zwar 18 Früchte, aber man erkennt, dass es sich um verschieden große handelt. Die großen (wahrscheinlich Pampelmusen) sind in einer 2 x 3 Anordnung. Man kann annehmen (durch Einzeichnen der Umrisse einiger nicht sichtbarer Früchte), dass in der Kiste zwei verdeckte Schichten liegen. Bei den Orangen kann man ähnlich vorgehen (4 Schichten) und erhält insgesamt eine Rechnung, wie z. B. diese:
$2 \cdot 3 \cdot 3 + 3 \cdot 4 \cdot 4 = 18 + 48 = 66$
Aber auch hiervon abweichende Lösungen sind möglich – wenn begründet werden kann, welche Anzahl von Schichten angenommen wurde.

Mozartkugeln
(Strukturen fortsetzen, Symmetrien nutzen)

Auch hier sind nicht alle Kugeln sichtbar. Eine mögliche Strategie besteht darin, Symmetriachsen

einzuzeichnen. Hier gibt es verschiedene Lösungsmöglichkeiten, eine Argumentation kann lauten:
„Wenn ich einen senkrechten Strich zeichne, liegen 4 Kugeln darauf, rechts sind 10 Kugeln und links müssen noch einmal 10 sein. Also
$4 + 10 + 10 = 24$

Kanonenkugeln als Pyramide
(Strukturen fortsetzen)
Auch hier müssen die Schülerinnen und Schüler zunächst einmal die nicht sichtbare Struktur erschließen und systematisch fortsetzen. Am besten gelingt das durch eine Skizze im Heft, z. B. durch Zeichnen der einzelnen Schichten:

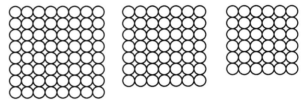

$8 \cdot 8 + 7 \cdot 7 + 6 \cdot 6 + 5 \cdot 5 + 4 \cdot 4 + 3 \cdot 3 + 2 \cdot 2 + 1$
$= 64 + 49 + 36 + 25 + 16 + 9 + 4 + 1 = 204$
Auch eine Lösung mit dreieckiger Grundform muss als durchaus plausibel anerkannt werden.

Schafe (bündeln, abschätzen)
Bei einem derart unstrukturierten Zählbild müssen andere Strategien helfen, z. B. die folgenden:
- Einteilen des Bildes in Kästchen und Zählen in verschiedenen repräsentativen Kästchen.
- Herausgreifen eines beliebigen Teilkästchens und Hochrechnen.
- Gruppieren der Schafe z. B. in Zehnergruppen und genaues oder ungefähres Abzählen solcher Gruppen.
Mögliche Lösung: ca. 40 Schafe in einem Zentimeterquadrat. Ungefähr 24 gefüllte Zentimeterquadrate. $40 \cdot 24 = 960$ Schafe, also etwa 1000 Schafe. Hier sollte unbedingt über die erwartete und sinnvolle Genauigkeit des Ergebnisses gesprochen werden:
„Wie genau will man die Anzahl wissen? Wofür kann ein derartiges Zählen auf diesem Luftbild gut sein?".

Mikrochips
(Stichprobenartiges Zählen, hochrechnen)
Hier muss nicht nur gezählt, sondern auch hochgerechnet werden. Auf dem Chip erkennt man 10 defekte, die ganze runde Platine hat ca. 250 Chips (die halben am Rand nicht mitgezählt, da sie ohnehin nicht benutzbar sind). Von 1000 hergestellten müssen also 40 weggeworfen werden. (Natürlich kann man auch die halben am Rand als defekt mit zählen und erhält ein etwas anderes Ergebnis)

2. Zahlenmauern erforschen

Zahlenmauern sind eine beliebte Form des produktiven Übens in der Grundschule. Durch sie lassen sich Übe-Aktivitäten und entdeckendes Lernen miteinander verbinden. Da nicht davon auszugehen ist, dass alle Schülerinnen und Schüler einer neu gebildeten Gymnasialklasse dieselben Erfahrungen mit Zahlenmauern gemacht haben, dient diese Erkundung allen als Einstieg. Die drei Einstiegsbeispiele sind von aufsteigendem Schwierigkeitsgrad.

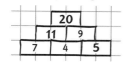

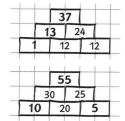

Beispiel 1 und 2 lassen sich schrittweise lösen. Die Schülerinnen und Schüler müssen nur den (eindeutigen) günstigen Weg finden und rückwärts arbeiten. Bei Beispiel 3 gibt es keinen solchen Weg. Hier können verschiedene Strategien helfen: unsystematisches Probieren, systematisches Durchprobieren, Probieren und Korrigieren. Es ist hier nicht anzunehmen, dass die Schülerinnen und Schüler selbst entdecken, dass die obere Zahl immer die Summe der Ecksteine plus das doppelte des mittleren Fußsteins beträgt.

Forschungsauftrag 1: Stehen unten gerade Zahlen, so sind schon in der zweiten Reihe nur noch gerade Zahlen möglich und erst recht an der Spitze. Diesen Zusammenhang finden die Schülerinnen und Schüler schon nach wenigen Beispielen.

Forschungsauftrag 2: Schülerinnen und Schüler probieren verschiedene aufeinander folgende Zahlen aus (z. B. 7, 8, 9) und erkennen, dass an der Spitze immer das vierfache des Fußsteins in der Mitte herauskommt. Bei genauerem Hinsehen bemerken sie vielleicht weitere Strukturen in der zweiten Reihe: Dort findet man das Doppelte der Mittelzahl – 1 sowie das Doppelte der Mittelzahl + 1. Hieraus ergeben sich Begründungen – ein Argumentieren mit Variablen wird nicht erwartet.

Forschungsauftrag 3: Schülerinnen und Schüler probieren alle möglichen Reihenfolgen durch und bemerken: links und rechts kann man vertauschen, ohne das Ergebnis zu verändern. Am kleinsten ist das Ergebnis, wenn man die Mittelzahl möglichst klein wählt. Das scheint bei allen Zahlenbeispielen gleich zu sein. Der Grund: Die Mittelzahl steckt in

beiden Steinen der Mittelreihe und daher doppelt im Endergebnis.

Forschungsauftrag 4: Dieses Problem fördert funktionales Denken. Erhöhen um 1 am Boden führt zu einer Erhöhung um 4 an der Spitze. Man kann die zusätzliche 1 unten eintragen, z. B. als 7 + 1, 10 + 1, 12 + 1, dann erhält man in der zweiten Reihe: 17 + 1 + 1, 22 + 1 + 1 und oben 39 + 1 + 1 + 1 + 1.

Diese Forschungsaufträge eignen sich besonders für die Einzel- und Partnerarbeit. Schülerinnen und Schüler können ihre Überlegungen, Zwischenergebnisse und Erklärungen in einem Lerntagebuch festhalten und danach mit ihrem Partner austauschen. Als Lehrer erfährt man viel über die Vorkenntnisse und Fähigkeiten, wenn man diese Lerntagebücher einsammelt und auswertet.

3. Stadt, Land, Fluss – einmal anders

Mit Zahlen kann man nicht nur zählen, sondern auch messen – nämlich wenn man Zahlen als Größen verwendet. Diese Erfahrung haben Schülerinnen und Schüler schon in ihrem Mathematikunterricht der Grundschule und im Alltag gemacht. Es geht bei diesen Erkundungen nicht um das formale Operieren mit Größen, sondern um das Ausbilden bzw. Aufbauen von anschaulichen Grundvorstellungen.
Bei der Durchführung des „Stadt-Land-Fluss"-artigen Spiels kann man als Lehrperson vor allem das Kommunikationsverhalten und die Kooperationsbereitschaft von Schülerinnen und Schülern beobachten – sie sollten vor allem auch ohne schlichtenden Lehrer über die Bewertung ihrer Lösungen entscheiden.

1 Zählen und darstellen

Einstiegsaufgabe

E1 a) Kreuze in der Tabelle die für dich zutreffende Spalte an.
b) Stelle die Ergebnisse in einer Tabelle und in einem Diagramm dar.
Tipp: Das Ankreuzen geht reibungsloser, wenn die Listen an der Wand hängen.
Anzahl der Geschwister:

keins	eins	zwei	drei	mehr

Anzahl der Haustiere:

keins	eins	zwei	drei	mehr

Mein Alter in Jahren:

neun	zehn	elf	zwölf

Anzahl der Buchstaben im Nachnamen:

Weniger als vier	vier	fünf	sechs	sieben

acht	neun	zehn	elf	Mehr als Elf

(► Kopiervorlage auf Seite K 11)

Hinweise zu den Aufgaben

4 bis 6 Die Aufgaben bieten den Schülerinnen und Schülern Gelegenheit, ihre Resultate auch gestalterisch darzustellen, z. B. auf einem Plakat. In diesem Rahmen können sie auch eine Umfrage zu einem Thema ihrer Wahl durchführen. Ebenso können sie zu anderen Darstellungsarten (z. B. Bilddiagramm) ermutigt werden, falls die Initiative von ihnen kommt.

7 Die beste Motivation für diese Untersuchung bieten Anlässe wie ein Radwandertag oder eine Verkehrsschule mit der Polizei.

Serviceblätter

- „Wir über uns – Umfrage durchführen und auswerten" (Seite S 7)
- „Eine Liste – Viele Infos – Daten auswerten" (Seite S 8)

2 Große Zahlen

Einstiegsaufgaben

E 2 a) Schreibe die vier Zahlen 1; 4; 7; 4 so hintereinander, dass die größtmögliche Zahl entsteht.
b) Schreibe die vier Zahlen 1; 4; 7; 4 so hintereinander, dass die kleinstmögliche Zahl entsteht.
c) Füge die Zahl 5 in die Zahlen aus a) und b) ein oder an. Es soll wieder die größtmögliche bzw. die kleinstmögliche Zahl entstehen.

d) Füge zweimal die Zahl 2 in die Zahl aus c) ein oder an. Es soll wieder die größtmögliche bzw. die kleinstmögliche Zahl entstehen.
Tipp: Kärtchen mit den obigen Zahlen an die Tafel kleben oder von Schülerinnen und Schülern halten lassen. Bei einer spielerischen Durchführung ist es ratsam, die Erklärungen nicht zu früh einzufordern. Es wird durch das Spiel selbst sichtbar, dass z. B. die 5 verschiedene Werte haben kann, je nach dem, an welcher Stelle sie steht.
(► Kopiervorlage auf Seite K 11)

E 3 Auf dem Pult liegt ein Stapel mit Kärtchen, auf denen jeweils eine Ziffer steht. Acht Schülerinnen und Schüler ziehen jeder ein Kärtchen vom Stapel und stellen sich vor der Klasse auf.
a) Stellt euch so auf, dass die größtmögliche Zahl entsteht. Lest die Zahl laut vor.
b) Stellt euch so auf, dass die kleinstmögliche Zahl entsteht. Lest die Zahl laut vor.
c) Stellt euch so auf, dass die Zahl möglichst nahe bei zwanzig Millionen liegt. Lest die Zahl laut vor.
(► Kopiervorlage auf Seite K 11)

Hinweise zu den Aufgaben

1 und 2 Das laute Vorlesen von Zahlen fordert das flüssige und sichere Erfassen einer Zahl.
Die Aufgaben können vielfach abgewandelt werden, z. B.: „Lies laut die um 10 vergrößerten Zahlen aus Aufgabe 1".
Variante: Eine Schülerin oder ein Schüler liest vor, die anderen schreiben die Zahl, dabei darf die Zahl höchstens zweimal (einmal) vorgelesen werden.

6 In diesem Zusammenhang kann angesprochen werden, dass die Begriffe „aufrunden" und „abrunden" im Alltag manchmal anders verstanden werden, z. B.: Die Kinokarte kostet 4,20 €. Die Mutter gibt 5 €, mit den Worten: „Heute bin ich großzügig und runde auf".

10 bis 12 Die Schülerinnen und Schüler können auch selbst Fragen erfinden.

24 Diese Knobelei ist gut als Hausaufgabe geeignet mit einem ausgesetzten Preis für die beste Lösung.

25 Falls eine solche Diskussion vorgespielt wird, können die Kinder sie vorher auch in eigenen Worten niederschreiben. Auf der Grundlage von selbstgewählten Begriffen und eigener Sachlogik spricht es sich leichter.

27 Die Schätzfragen besitzen alle keine exakten Lösungen – auch ein wichtiger Aspekt eines angemessenen Mathematikverständnisses – und regen zum Überschlagen, zum Einbringen von Erfahrungen und zu Plausibilitätsbetrachtungen an. Ähnliche Aufgaben finden Sie unter der Überschrift „Fermi-Fragen" auch wieder in Kapitel III auf Seite 77 des Schülerbuches. Die Aufgaben fordern besonders die problemlösende Kreativität der Schülerinnen und Schüler und führen auf meist sehr unterschiedliche Ergebnisse, die verglichen und diskutiert werden können. Die meisten Fragen lassen sich praktikabel nicht durch Messen bewältigen, sondern sind auf begründete Schätzungen und Erfahrungen angewiesen. Typische Überlegungen an einem Beispiel: Wie viele Mathestunden hast du in einem Schuljahr? Ein Jahr hat 52 Wochen, davon gehen 10 – 12 Wochen Ferien ab. Das Schuljahr hat also etwa 40 Wochen mit jeweils 4 Mathestunden also 160 Stunden.

Serviceblätter

–

3 Rechnen mit natürlichen Zahlen

Einstiegsaufgaben

E 4 Wie lauten die weiteren Zahlen?
a) 1; 2; 4; 5; 7; 8 …   b) 1; 2; 4; 7; 11; 16 …
c) 3; 2; 5; 4; 7; 6; 9 …   d) 1; 4; 2; 8; 4; 16; 8; 32 …
Tipp: Die Lehrperson schreibt die Zahlen 1; 2; 4; 5; 7; 8 an die Tafel und fragt: Wer kann weitermachen? Die Schülerinnen und Schüler kommen an die Tafel und schreiben jeweils eine Zahl weiter. Um die Spannung aufrechtzuerhalten, sollte zunächst nicht erläutert werden, nach welcher Regel es weitergeht. Die Lehrperson sagt jeweils nur richtig oder falsch. Wenn der Großteil der Klasse verstanden hat, nennt ein Kind die Regel.
(► Kopiervorlage auf Seite K 12)

Zur spielerischen Einübung der Begriffe „Addition", „addieren" usw. ist folgendes „Spiel" möglich:
E 5 Auf dem Pult liegen drei Stapel mit Kärtchen. Der linke Stapel enthält Kärtchen mit Zahlen bis 20, der rechte Stapel Kärtchen mit Zahlen bis 10, der mittlere Stapel enthält Kärtchen mit den Begriffen „Summe", „Produkt", „Differenz", „addieren", „multiplizieren", „dividieren" und „subtrahieren". Drei Schülerinnen oder Schüler stehen hinter den Stapeln und ziehen jeweils ein Kärtchen, z. B. 13; Multiplikation; 6. Eine Schülerin oder ein Schüler

der Klasse sagt das Ergebnis 78. (Vereinbarung: Bei „Division" sagt man „2 Rest 1".)
(► Kopiervorlage auf Seite K 12)

Hinweise zu den Aufgaben

8 Bei Aufgaben wie $18 + \square = 23$ ist nicht an formales Umformen gedacht.

24 Diese Aufgabe ist als freiwillige Wettbewerbsaufgabe geeignet. An eine Behandlung von kombinatorischen Regeln ist nicht gedacht.

28 Als Ergebnis dieser Aufgabe kann man beispielsweise die Zahlen 1 bis 100 auf DIN-A5-Blätter schreiben und als Zahlenkette im Klassenraum aufhängen. Die Happy Numbers kann man dann besonders hervorheben.

29 Das Problem eignet sich dazu, es der Klasse von einer interessierten Schülerin oder Schüler vorstellen zu lassen. (Das Problem formulierte der Mathematiker Lothar Collatz (1910 – 1990) schon als Student. Es wurde mit Computern ausgiebig getestet, allerdings ist bis heute weder ein Beweis noch eine Widerlegung der Vermutung bekannt).

Serviceblätter

– „1 × 1-Puzzle" (Seite S 9 – 10)
– „Pakete schnüren – Division" (Seite S 11)

4 Größen messen und schätzen

Einstiegsaufgaben

E 6 a) Schätze die Höhe und Breite der Tür, die Länge des Raumes, das Gewicht der Sprudelflasche und das eines Schuhes, die Dauer einer Pendelschwingung, die Dauer eines Durchlaufs einer kleinen Sanduhr, wie lange du die Luft anhalten kannst. Trage die Schätzwerte in eine Tabelle ein.
b) Führe bei den Größen aus a) eine Messung mit einem Maßband, einer Waage oder einer Stoppuhr durch. Füge die Messwerte in die Tabelle ein.
(► Kopiervorlage auf Seite K 15)

E 7 Fülle die Tabelle aus.

Größen	Länge	Gewicht	Geld	Zeitdauer
Maßeinheiten				
Adjektive				
Messgeräte				
Beispiele				

Tipp: Die Tabelle liegt als Folie und als Arbeitsblatt vor, die zunächst gemeinsam ausgefüllt werden. Ein Ergebnis könnte z. B. so aussehen:

Größen	Länge	Gewicht
Maßeinheiten	km; Kilometer m; Meter dm; Dezimeter cm; Zentimeter mm; Millimeter	t; Tonne kg; Kilogramm g; Gramm mg; Milligramm
Adjektive	lang; weit; hoch; dick; tief; breit; schmal; kurz	schwer; leicht
Messgeräte	Meterstab; Maß- band; Geodreieck; Schieblehre	Küchenwaage; Personenwaage
Beispiele	1 m; ein langer Schritt 1 cm; eine Finger- breite	1 t; ein Auto 100 g; eine Schokola- dentafel

Größen	Geld	Zeitdauer
Maßeinheiten	1 €; Euro 2 €; 5 € … 1 ct; Cent 2 ct; 5 ct; 10 ct … $; Dollar	d; Tag h; Stunde min; Minute s; Sekunde
Adjektive	billig; teuer; preis- wert	lang; kurz
Messgeräte	Mensch; Geldzählmaschine	Stoppuhr; Eieruhr; Sanduhr
Beispiele	1 €; 1 Liter Milch 5 €; Kino	90 min; Fußballspiel

(► Kopiervorlage auf Seite K 12)

Hinweise zu den Aufgaben

4 Die Schülerinnen und Schüler messen die Schuhgrößen zu Hause, oder die Lehrperson bringt die Umrisse von Füßen (Schuhen) verschiedener Kolleginnen und Kollegen mit in die Klasse.

4 und **5** Für die Durchführung ist ein Satz Stopp-uhren (Physiksammlung) notwendig.

7 a) Die Höhe kann teilweise (mit Maßband oder Schnur) gemessen und dann nachgerechnet wer-den.
d) Messmethode: Ein Arm wird in einen mit Wasser gefüllten Eimer gesenkt. Das Wasser läuft über. Der Arm wird herausgehoben, der Wasserspiegel sinkt. Jetzt wird das fehlende Wasser eingefüllt und je-weils vorher gewogen.

Serviceblätter

- „Längenangaben" (Seite S 14)
- „Gewichtsangaben" (Seite S 15)
- „Schätzen und Messen" (Seite S 19)
- „Rechnen mit Geld" (Seite S 20)

- „Der Euro" (Seite S 21)

5 Mit Größen rechnen

E 8 Ordne die Größenangaben wie 2 kg; 16 cm; 4 min; 3000 g; 6 dm; 200 s; 1 km … in drei Reihen (Längen; Gewichte; Zeitdauern) nach der Größe.
Tipp: Man kann die Größenangaben auf Kärtchen schreiben und diese geordnet an die Tafel heften oder von den Schülerinnen und Schülern drei Rei-hen bilden lassen, sodass jeder „sein" Kärtchen an der richtigen Stelle und in der richtigen Reihe vor sich hält.
(► Kopiervorlage auf Seite K 13)

Hinweise zu den Aufgaben

Besonders bei Aufgaben über Zeitdauern sollten unsichere Schülerinnen und Schüler angeleitet werden, zur Veranschaulichung den Rechenstrich in Form einer Skizze zu verwenden.

18 Hier bietet sich die Möglichkeit,
- die Steckbriefe auszuhängen oder
- ein kleines Heft (jede Schülerin und jeder Schü-ler gestaltet eine Viertelseite) zu erstellen.

23 Diese Aufgabe kann eine interessierte Schülerin oder ein interessierter Schüler selbstständig bearbei-ten und die Ergebnisse der Klasse präsentieren.

Serviceblätter

- „Puzzle mit Größen" (Seite S 12)
- „Längenangaben" (Seite S 14)
- „Gewichtsangaben" (Seite S 15)
- „Zeitangaben" (Seite S 16)
- „Rechnen mit Geld" (Seite S 20)
- „Der Euro" (Seite S 21)

6 Größen mit Komma

Einstiegsaufgaben

E 9 Was bedeuten diese Schilder?

Vor einer Brücke. An einer Nebenstraße.

Zul. Gesamt-
gewicht kg 1325

Im Kraftfahrzeugschein.

An einer Baustelle.

Vor einem Tunnel.

Start
42,13 km

An der Startlinie zum
Marathonlauf.

Tipp: Man legt die Schilder als Folie auf.
(► Kopiervorlage auf Seite K13)

E10 Zu jedem Auto gehört ein Kraftfahrzeugschein, in dem die technischen Daten eingetragen sind, z.B. „Maße über alles mm 4142"; „Zul. Gesamtgewicht kg 1480". Schreibe aus dem Kraftfahrzeugschein einige Größen ab und gib sie in anderen Maßeinheiten an.
(► Kopiervorlage auf Seite K13)

Hinweise zu den Aufgaben

11 Diese Aufgabe hat keinen unmittelbaren Bezug zum Thema dieser Lerneinheit. Sie kann als Wettbewerb über eine längere Zeit laufen, mit einem Rekordversuch pro Stunde, wobei die Zeit gestoppt und in eine Tabelle eingetragen wird. Diejenigen, die sich beim letzten Mal an dem Rekord versucht haben, schreiben die gewählten Zahlen für den neuen Rekordversuch auf ein Blatt (getippt) und geben dieses dem Vorleser. Ab diesem Zeitpunkt läuft die Zeit. Die Zeit wird gestoppt, wenn der Schreiber das Blatt umdreht. Der Versuch ist gültig, wenn ein Dritter die Zahlen vorlesen kann.

Serviceblätter

– „Radtour – Größen" (Seite S11)
– „Warum gibt es verschiedene Maßeinheiten?" (Seite S17)
– „Größenangaben mit Komma" (Seite S18)
– „Der Euro" (Seite S21)

Wiederholen – Vertiefen – Vernetzen

Die folgenden Aufgaben vernetzen einzelne Aspekte des Kapitels:

1 Tabellen, Größen und Kommaschreibweise von Größen.

2 Tabellen, Diagramme, Größen in verschiedenen Maßeinheiten schreiben.

7 Größen, Maßeinheiten von Größen, Textverständnis.

Die folgenden Aufgaben vertiefen einzelne Aspekte im Zusammenhang mit bestimmten Themenkomplexen des Kapitels:

3 und **4** Vergleich und Bewertung von Größenangaben.

5 und **6** Schätzen und Messen.

8, 9 und **10** Maßeinheiten für Zeitdauern.

Serviceblatt

– „Woher weht der Wind?" (Seite S73)

Exkursion: Wie die Menschen Zahlen schreiben

Diese Exkursion enthält Erkundungen, die ähnlichen Charakter haben, wie die am Beginn des Kapitels. Schüler können hier entdeckend und weitgehend selbstständig Erfahrungen mit verschiedenen Zahldarstellungen und Ziffernsystemen sammeln. Es ist der Entscheidung der Lehrkraft überlassen, ob sie im Anschluss oder im Verlauf der Erkundungen systematisierende Phasen und zusätzliche Übungen einschalten möchte.

Der in diesen Erkundungen enthaltene Stoff ist in den Kernlehrplänen nicht ausgewiesen und somit nicht obligatorisch. Langjährige Erfahrungen im Gymnasium belegen jedoch, dass das Thema „Zahldarstellungen" gut geeignet ist, um die Grunderfahrungen der Mathematik in ihrer Anwendung einerseits und als geistige Schöpfung andererseits zu erfahren (► siehe Kernlehrplan, Kapitel 1).

Zählen, bevor es Zahlzeichen gab

Hier sollen sich die Schülerinnen und Schüler in eine Situation versetzen, in der sie nicht die ihnen bekannte mathematische Notation zur Verfügung haben. Dies ist eine hohe Anforderung und es kann nicht erwartet werden, dass alle Schülergruppen die intendierte (und historisch belegte) Lösung oder eine nahe Verwandte erhalten (Abzählen mit den Händen, Übertrag alle 10, Kerben im Holz). Hier kann eine große Vielfalt an Ideen zusammengetragen und diskutiert werden. Damit Schülerinnen und Schüler bewusst reflektieren, sollten sie ihre

Gruppenergebnisse schriftlich festhalten und später vortragen.

Römische Zahlzeichen

Der Text ist so angelegt, dass Schülerinnen und Schüler die römische Ziffernschreibweise selbstständig erarbeiten können. Die ersten drei Aufgaben dienen zum Einstieg, hier soll keine normierende Schreibweise verlangt werden, richtig wäre also z.B. auch:
- XIIII für 14
- CCCXXXXV für 345
- MDXXXVIII für 1538

aber auch davon abweichende, aber dennoch richtige Angaben (z.B. CCCCCCCCCCCCCCCCXXXIIIIIIIII) sollten ernst genommen und zunächst akzeptiert werden. Erst daraus erwächst ein Gefühl für die Praktikabilität des Systems.

Die subtraktive Schreibweise (IV statt IIII) wird als praktische Abkürzung angeboten und ist keineswegs obligatorisch – sie war es auch für die Römer nicht, wie manche Zifferblätter belegen.

Ägyptische Zahlzeichen

Zusammen mit der Zahlschrift der Ägypter werden historische Hintergründe berichtet. Die in Stein gehauenen schriftlichen Additionsaufgaben sind natürlich nicht authentisch. Sie sind in einem den Schülerinnen und Schülern vertrauten Format. Sie erlauben es, spielerisch (sozusagen auf den Spuren von Champollion), den Wert der einzelnen Zeichen zu ermitteln. Es sollte Wert darauf gelegt werden, dass Schülerinnen und Schüler nicht nur das Ergebnis notieren, sondern auch Begründungen für ihre jeweilige Zuordnung aufschreiben. Möglicherweise kann man sie anhalten einen kleinen Entdeckungsbericht zu schreiben.

Computerzahlen – Zweiersystem

Der Text, der die Struktur der „Computerzahlen" (Binärzahlen) beschreibt ist vergleichsweise anspruchsvoll. Hier kann es sinnvoll sein, eine kurze gemeinsame Phase einzuschieben, in der die Schülerinnen und Schüler einander ihr Verständnis des Binärsystems an Beispielen erklären, bis alle eine sichere Ausgangsbasis für die Bearabeitung der Forschungsfragen haben. Die Tipps in der Marginalie sollen konkrete Arbeitshinweise geben.

Blick zurück

Diese Aufgabe soll Schülerinnen und Schülern einen übergreifenden und vernetzenden Blick auf die verschiedenen erarbeiteten Zahlsysteme geben. Damit sie dies aktiv tun, werden sie aufgefordert, einen Testbericht zu verfassen. Es wird empfohlen, diese Aufgabenstellung ernst zu nehmen und

solche Texte in Gruppen erarbeiten zu lassen. Die Schülerinnen und Schüler gelangen so zu einem höheren Reflexionswissen zu Zahlsystemen und die Lehrkraft kann anhand der Schülerprodukte Stärken und Schwächen der Schüler diagnostizieren.

Einstiegsaufgaben

E1 a) Kreuze in der Tabelle die für dich zutreffende Spalte an.
b) Stelle die Ergebnisse in einer Tabelle und in einem Diagramm dar.

Anzahl der Geschwister:

keins	eins	zwei	drei	mehr

Anzahl der Haustiere:

keins	eins	zwei	drei	mehr

Mein Alter in Jahren:

neun	zehn	elf	zwölf

Anzahl der Buchstaben im Nachnamen:

Weniger als vier	vier	fünf	sechs	sieben	acht	neun	zehn	elf	Mehr als elf

E2 a) Schreibe die vier Zahlen 1; 4; 7; 4 so hintereinander, dass die größtmögliche Zahl entsteht.
b) Schreibe die vier Zahlen 1; 4; 7; 4 so hintereinander, dass die kleinstmögliche Zahl entsteht.
c) Füge die Zahl 5 in die Zahlen aus a) und b) ein oder an. Es soll wieder die größtmögliche bzw. die kleinstmögliche Zahl entstehen.
d) Füge zweimal die Zahl 2 in die Zahl aus c) ein oder an. Es soll wieder die größtmögliche bzw. die kleinstmögliche Zahl entstehen.

E3 Auf dem Pult liegt ein Stapel mit Kärtchen, auf denen jeweils eine Ziffer steht. Acht Schülerinnen und Schüler ziehen jeder ein Kärtchen vom Stapel und stellen sich vor der Klasse auf.
a) Stellt euch so auf, dass die größtmögliche Zahl entsteht. Lest die Zahl laut vor.
b) Stellt euch so auf, dass die kleinstmögliche Zahl entsteht. Lest die Zahl laut vor.
c) Stellt euch so auf, dass die Zahl möglichst nahe bei zwanzig Millionen liegt. Lest die Zahl laut vor.

E4 Wie lauten die weiteren Zahlen?

a) 1; 2; 4; 5; 7; 8 …   b) 1; 2; 4; 7; 11; 16 …   c) 3; 2; 5; 4; 7; 6; 9 …   d) 1; 4; 2; 8; 4; 16; 8; 32 …

E5 Auf dem Pult liegen drei Stapel mit Kärtchen. Der linke Stapel enthält Kärtchen mit Zahlen bis 20, der rechte Stapel Kärtchen mit Zahlen bis 10, der mittlere Stapel enthält Kärtchen mit den Begriffen „Summe", „Produkt", „Differenz", „addieren", „multiplizieren", „dividieren" und „subtrahieren".
Drei Schülerinnen oder Schüler stehen hinter den Stapeln und ziehen jeweils ein Kärtchen, z. B. 13; Multiplikation; 6. Ein Schüler der Klasse sagt das Ergebnis 78. (Vereinbarung: Bei „Division" sagt man „2 Rest 1".)

E6 a) Schätze die Höhe und Breite der Tür, die Länge des Raumes, das Gewicht der Sprudelflasche und das eines Schuhes, die Dauer einer Pendelschwingung, die Dauer eines Durchlaufs einer kleinen Sanduhr, wie lange du die Luft anhalten kannst. Trage die Schätzwerte in eine Tabelle ein.
b) Führe bei den Größen aus a) eine Messung mit einem Maßband, einer Waage oder einer Stoppuhr durch. Füge die Messwerte in die Tabelle ein.

E7 Fülle die Tabelle aus.

Größen	Länge	Gewicht	Geld	Zeitdauer
Maßeinheiten				
Adjektive				
Messgeräte				
Beispiele				

978-3-12-734412-7 Lambacher Schweizer 5 NRW Serviceband
© Als Kopiervorlage freigegeben. Ernst Klett Verlag GmbH, Stuttgart 2009

E 8 Ordne die Größenangaben wie 2 kg; 16 cm; 4 min; 3000 g; 6 dm; 200 s; 1 km … in drei Reihen (Längen; Gewichte; Zeitdauern) nach der Größe.

E 9 Was bedeuten diese Schilder?

2,5 t	1,2 t	Zul. Gesamt-gewicht kg 1325	2,2 m	3,8 m	Start 42,13 km
Vor einer Brücke.	An einer Neben-straße.	Im Kraftfahrzeug-schein.	An einer Bau-stelle.	Vor einem Tunnel.	An der Start-linie zum Marathonlauf.

E 10 Zu jedem Auto gehört ein Kraftfahrzeugschein, in dem die technischen Daten eingetragen sind, z. B. „Maße über alles mm 4142"; „Zul. Gesamtgewicht kg 1480". Schreibe aus dem Kraftfahrzeugschein einige Größen ab und gib sie in anderen Maßeinheiten an.

Fahrzeugschein

WN –

Das vorstehende amtliche Kennzeichen ist
Vorname, Name (ggf. auch Geburtsname), Firma

geb. am
Postleitzahl, **Wohnort**/Firmensitz, Straße und Haus-Nr.

71397 Leutenbach

ggf. Postleitzahl, **Standort**, Straße und Haus-Nr.

für das nebenstehend beschriebene Fahrzeug zugeteilt worden.
– Anmeldung zur nächsten HU im   09/04

71328 Waiblingen
24.06.2003

LANDRATSAMT REMS-MURR-KREIS

Unterschrift

Schlüsselnummern
zu 1 010226 zu 2 7593 zu 3 4040045
1 PKW GESCHLOSSEN
   S-ARM EURO 2, G:92/97
2 SEAT (E)
3 6K
4 Fahrzeug-Ident.-Nr. VSSZZZ6KZVR226515 0
5 OTTO/GKAT 51 6 Höchstgeschwindigkeit km/h 155
7 Leistung kW bei min⁻¹ K44/4700
8 Hubraum cm³ 1390
9 Nutz- oder Aufliegelast kg –/– 10 Rauminhalt des Tanks m² –/–
11 Steh-/Liegeplätze –/– 12 Sitzplätze einschl. Führerpl. u. Nots. –/–
13 Maße über alles mm L 4142 B 1640 H 1426
14 Leergewicht kg 1095 15 Zul. Gesamtgewicht kg 1480

16 Zul. Achslast kg v 755 m – h 790
17 Räder u./od. Gleisketten 1 18 Zahl d. Achsen 2 19 davon angetriebene Achsen 1
20 vorn 155R13 76Q
21 mitten u. hinten 155R13 76Q
22 od. vorn 175/70R13 76Q
23 mitten u. hinten 175/70R13 76Q
24 Überdruck am Bremsanschluss Einleitungsbremse bar 25 Zweileitungsbremse bar
26 Anhängerkupplung DIN 740.,-Form u. Größe –
27 Anhängerkupplung Prüfzeichen ∿∿∿ –
28 Anhängelast kg bei Anhänger mit Bremse 800 29 bei Anhänger ohne Bremse 500
30 Standgeräusch dB (A) 83 31 Fahrgeräusch dB (A) 74
32 Tag der ersten Zulassung 29.09.1997 Farbe 3
33 Bemerkungen ZIFF.13:HOCH BIS 1
480 U. ZIFF.14:BIS 1152 JE NACH AUSR.*ZIFF.15:+55 B.A
NH-BE-TRIEB*ZIFF.20 BIS 23 A.FEL-GE 5JX13 OD.5.5JX13,
ET 38MMZIFF.20 BIS 23 AUCH GEN.: 185/60R14 76Q A.FELG
E 6JX14ET 38MM OD.185/55R15 76Q A.FELGE 6JX15,ET 38MM
*

978-3-12-734412-7 Lambacher Schweizer 5 NRW Serviceband

I Natürliche Zahlen   **K 13**

II Symmetrie

Überblick und Schwerpunkt

In den Lerneinheiten zur Symmetrie steht die Verzahnung der inhaltsbezogenen Kompetenz „Geometrie" mit den prozessbezogenen Kompetenzen „Argumentieren/Kommunizieren" sowie „Werkzeuge" im Vordergrund.

Es wird an das „geometrische Wissen" aus der Grundschule angeknüpft. Den Schülerinnen und Schülern wird hier Gelegenheit geboten, Formen der Ebene und ihre Beziehungen in mathematischen Zusammenhängen sowie in der beobachtbaren Wirklichkeit zu erfassen und sie anhand ihrer symmetrischen Eigenschaften zu beschreiben. Dabei sind sie gefordert, mathematische Sachverhalte zutreffend und verständlich mitzuteilen und sie als Begründung für Behauptungen und Schlussfolgerungen zu nutzen. Indem mathematische Verfahren mit eigenen Worten und geeigneten Fachbegriffen beschrieben werden, wird im Rahmen des Kompetenzbereiches „Argumentieren" ein Beitrag zum Teilprozess „Verbalisieren" geleistet. Bei den mit ୧୧୧ gekennzeichneten Aufgaben arbeiten die Schülerinnen und Schüler bei der Lösung von Problemen im Team, sprechen über eigene vorgegebene Lösungswege, Ergebnisse, Darstellungen und Fehler. Insbesondere werden hier erste Schritte von Argumentationen gefordert, bspw. Seite 53 Nr. 12 mit „Vergleiche deine Lösung mit der deines Nachbarn. Erkläre." oder Seite 63 Nr. 12 mit „Prüfe deine Vermutung".

Im ganzen Kapitel werden durchgängig klassische mathematische Werkzeuge (Lineal und Geodreieck) situationsangemessen eingesetzt.

Erste vorunterrichtliche Vorstellungen zu symmetrischen Figuren können durch die Auftaktseiten angeregt werden. Warum sind einige Dinge symmetrisch und andere nicht? Was bedeutet es eigentlich symmetrisch zu sein? Welche Dinge kenne ich noch, die symmetrisch sind? Das sind nur drei Fragen, die den Lernenden den Weg in dieses Themenfeld bereiten.

Im Anschluss erhalten die Schülerinnen und Schüler in den **Erkundungen** Gelegenheit eigentätig erste Erfahrungen mit symmetrischen Figuren und Formen zu machen.

In der Lerneinheit **1 Achsensymmetrische Figuren** werden ausgehend von Phänomenen der Wirklichkeit die wesentlichen Eigenschaften achsensymmetrischer Figuren behandelt. In den Aufgaben sind die Schülerinnen und Schüler gefordert Symmetrieachsen zu erkennen bzw. selber symmetrische Figuren zu entwerfen. Die unter dem Teilprozess „Konstruieren" formulierte notwendige Tätigkeit des Spiegelns von Teilfiguren an einer Spiegelachse wird dabei im Zusammenhang mit der Erzeugung von symmetrischen Figuren thematisiert. Die Kompetenz „Erfassen" wird insofern angesprochen, als die Begriffe „achsensymmetrisch", „parallel" und „senkrecht" zur Beschreibung und Erzeugung von Figuren benutzt werden. Letztere Begriffe werden in der Lerneinheit **2 Orthogonale und parallele Geraden** in Anknüpfung an die individuellen Erfahrungen und den umgangssprachlichen Ausdruck der Kinder fachsprachlich präzisiert. Fragen nach der Parallelität von Straßenbahnschienen bspw. unterstützen eben diese lebensweltliche Anbindung. Beim Benennen und Charakterisieren von Grundfiguren in der Lerneinheit **3 Figuren** wenden die Schülerinnen und Schüler diese Begriffe an und identifizieren sie in ihrer Umwelt. Dabei werden hauptsächlich Quadrat, Rechteck und Parallelogramm näher untersucht aber auch besondere Eigenschaften von Raute, Drachen und Trapez können entdeckt werden. In Lerneinheit **4 Koordinatensysteme** wird zum Aufbau der Kompetenz „Konstruieren" ein Beitrag geleistet, da hier parallele und senkrechte Geraden, Rechtecke, Quadrate und Muster auch im ebenen Koordinatensystem dargestellt werden. Nach einem für Schülerinnen und Schüler dieses Alters angemessenen spielerischen Einstieg anhand des Spiels „Schiffe versenken" wird das Ablesen und Einzeichnen von Punkten im Koordinatensystems zur besseren Verständigung über die Lage von Figuren verdeutlicht. Geometrische Inhalte der vorangegangenen Einheiten werden im Umgang mit dem Koordinatensystem eingebunden. Das Kapitel schließt mit der Lerneinheit **5 Punktsymmetrische Figuren**, bei dem die Schülerinnen und Schüler die Betrachtungen zu symmetrischen Eigenschaften nochmals aufgreifen. Anhand vielfältiger Abbildungen von punktsymmetrischen Figuren werden diese in Abgrenzung zu den in Lerneinheit 1 dargestellten achsensymmetrischen Figuren als weitere regelmäßige symmetrische Formen entdeckt. Auch in dieser Lerneinheit ist der Schwerpunkt auf das Erkennen und Erzeugen von symmetrischen Figuren gelegt.

Zu den Erkundungen

Mit dem Begriff der Symmetrie hat die Mathematik ein Werkzeug entwickelt, bestimmte Strukturen in unserer Umwelt zu charakterisieren und zu klassifizieren. Symmetrische Gegenstände erscheinen uns – auch ohne Theorie – unmittelbar ansprechend. Die Erkundungen in diesem Kapitel sind dazu geeignet, dass Schülerinnen und Schüler aus der noch unbewussten Wahrnehmung ihrer Umwelt einen vorläufigen und noch nicht gänzlich präzisierten Symmetriebegriff entwickeln. Daher geht es in allen Erkundungen darum, dass Schülerinnen und Schüler leicht erfassbare Gegenstände ihrer Wahrnehmungswelt ordnen, vergleichen, voneinander abgrenzen, gruppieren und mit ihnen problemlösend umgehen.

Auf diese Weise sammeln sie Erfahrungen, auf die die nachfolgenden Lerneinheiten systematisierend zurückgreifen und bilden vorläufige Begriffe – ohne die üblichen mathematischen Standardbezeichnungen verwenden zu müssen.

Die Abbildungen auf den Auftaktseiten (Seiten 46/47) können hier mit einbezogen werden, damit die Schüler erste Fragen stellen können (ohne sie hier beantworten zu müssen):
– Was ist das Gemeinsame an allen Bildern?
– Welche weiteren Bilder würden dazu passen?
Viele weitere Anregungen zum Spiegeln findet man in: Programm mathe 2000, Spiegeln mit dem Spiegel, Arbeitsheft mit Handspiegel, Von Hartmut Spiegel, ISBN 978-3-12-199071-9

Die Welt der Symmetrie

Autologos, Tiere
Die Untersuchung mit einem Spiegel lässt Schülerinnen und Schüler unterschiedliche Phänomene erkennen:
– Manche Logos sind nicht von ihren Spiegelbildern zu unterscheiden, manche schon.
– Bei manchen Logos reicht eine Hälfte, die andere wird durch den Spiegel ergänzt.
– Bei manchen gibt es verschiedene Stellen, an denen man einen Spiegel anlegen kann.
– Bei manchen ist die eine Hälfte nicht ganz genau das Spiegelbild der anderen. Farben, Schatten oder Beschriftung können dabei stören.
Schülerinnen und Schüler können die Logos danach ordnen, wie viele Möglichkeiten des Spiegelns bzw. des Aufteilens in „zwei gleiche Hälften" es gibt. Eine Einteilung kann lauten:
– keine Möglichkeit: Opel, BMW (wenn man die Schrift mit betrachtet), Renault
– 1 Möglichkeiten: Citroën, VW
– 2 Möglichkeiten: Audi (ohne Berücksichtigung der Schattierungen)
– 3 Möglichkeiten: Mercedes, Mitsubishi
Abweichende Lösungen ergeben sich aus einer anderen Auffassung der symmetriebrechenden Details.

Begriffe wie Spiegelachse, Symmetrieachse sind den Schülerinnen und Schülern zumeist noch nicht geläufig. Daher muss man auch mit vorläufigen Bezeichnungen zufrieden sein. Die Art der Einteilung und die geäußerten Argumente geben allerdings Hinweise auf die bei den Schülerinnen und Schülern zugrunde liegenden Begriffe. Bei Posterpräsentationen können alle Schüler ihre Vorstellungen darstellen, im fragend-entwickelnden Gespräch erhält man weniger Aufschluss über die individuellen Begriffe.

Schülerinnen und Schüler können auch die „Zähligkeit" eines Musters als entscheidend empfinden. Dreizählige sind dabei eher zu erfassen als zweizählige:
– „Halbe Drehung": Renault, Audi, Opel
– „Drittel Drehung": Mitsubishi, Mercedes
Die Argumentation bei den Tieren läuft analog:
– Tiere mit einer Spiegelachse: Schlange (so wie in dieser Abbildung dargestellt), Muschel, Scholle, Schmetterling, Stiefmütterchen
– Tier mit fünf Symmetrieachsen: Seestern
Bei den Tieren ist noch zu beachten, dass hier die Symmetrie nie perfekt ist. Zudem gibt es verschiedene Sichtweisen: Die Symmetrie des Tieres im Raum oder die der Abbildung. Das kann zu unterschiedlichen Lösungen führen, die ausdiskutiert werden sollten.

„Verrückte" Gesichter, „Verrückte" Bilder
Bei diesen Erkundungen bedarf es kaum eines Arbeitsauftrages. Die Bilder haben unmittelbaren Aufforderungscharakter und regen spontan zu Fragen an, wie z. B.: „Wie ist das gemacht?"
Eine Schülerlösung zum „verrückten" Bild könnte etwa so lauten: „Mit einem Spiegel kann man erkennen, dass die rechte Seite das Spiegelbild der linken ist. Der Spiegel muss auf einer Linie stehen, die senkrecht durch die Mitte des Kopfes geht. Das stehende Bein ist dann noch auf derselben Seite und deswegen hat das Mädchen 4 Beine.
Eine Schülerlösung zu den „verrückten Gesichtern" könnte etwa so lauten: Mit einem Spiegel ist ein halbes Gesicht gespiegelt worden. Deswegen schauen die beiden Augen des Jungen in einem Bild auseinander und im anderen zusammen.

Derartige Bilder lassen sich auch leicht mit einer Digitalkamera und einem einfachen Grafikprogramm selbst erstellen: Man schneidet ein Bild in zwei Hälften, spiegelt diese und setzt sie mit der Ursprungshälfte zusammen. Nachkorrekturen sind nicht nötig, da das Spiegelverfahren den sauberen Anschluss garantiert.

Man kann als Einstiegsprojekt z.B.

- Schülerinnen und Schüler fotografieren und originale und vollständig gespiegelte Bilder ausdrucken und dann mit Schere und Kleber bearbeiten lassen.
- Schülerinnen und Schüler in den Gebrauch eines Grafikprogramms einweisen und eigene Ideen für verrückte Bilder ausprobieren lassen.
- Schülerinnen und Schüler vor einen Spiegel stellen, der an einer Flurecke angebracht ist.

Buchstabensalat

Bei dieser Erkundung gibt es wieder den Auftrag zu spiegeln und nach dem Ergebnis zu klassifizieren. Die große Zahl und die Einfachheit der Formen können zu präziseren Begriffen führen. Gegebenenfalls kann nach den vorangehenden Erkundungen der Begriff „Spiegelachse" (z.B. anhand eines Infozettels) an die Schülerinnen und Schüler gegeben werden.

Ein mögliches Gruppierungsergebnis kann sein:
- Buchstaben, die bleiben wie sie sind
  ... wenn sie senkrecht durch die Mitte gespiegelt werden: A, H, I, M, O, T, U, V, W, X, Y
  ... wenn sie wagerecht durch die Mitte gespiegelt werden: B, C, D, E, H, I, K, O, X
  ... wenn sie diagonal durch die Mitte gespiegelt werden: O, X
- Buchstaben, die zu anderen Buchstaben werden: Q→O, Y→X, R→B, C→O, J→U

Viele andere Beobachtungen sind möglich z.B.
p→b, q→p usw.

Blick zurück

Der Rückblick zeigt, dass die Figuren immer nach ganz ähnlichen Aspekten untersucht wurden. Hieraus kann ein präziserer Symmetriebegriff entwickelt werden.

1 Achsensymmetrische Figuren

Einstiegsaufgaben

E1 Zeichne das Gesicht ab und stelle einen Spiegel (oder das Geodreieck) darauf. Wo muss der Spiegel stehen, damit du genau das vollständige Gesicht siehst? Kannst du den Spiegel auch so aufstellen, dass du zwei Gesichter siehst?
(► Kopiervorlage auf Seite K 20)

E2 Ordne die folgenden Figuren in zusammengehörenden Gruppen an.

Aus der Diskussion über die verschiedenen Ordnungsmerkmale wird die Achsensymmetrie als näher zu beleuchtende Eigenschaft herausgestellt.
Tipp: Jedes Bild auf ein Blatt kopieren und mit Magneten an die Tafel hängen.
(► Kopiervorlage auf Seite K 20)

Hinweise zu den Aufgaben

7 Für diese Aufgabe sind Schere und Papier erforderlich. Je nach Schnittwinkel entstehen im zweiten Aufgabenteil unterschiedliche Figuren, die jedoch die gemeinsamen Symmetrieeigenschaften besitzen.

8 Das selbstständige Kreieren von achsensymmetrischen Blattmustern auf dem Gitter nach dem Vorbild der Natur ist nicht so einfach, wie es anfänglich aussieht. Je kleiner die Blätter sind, um so anspruchsvoller wird die Aufgabe, da man mit wenigen Linien auskommen muss. Es werden einfache Modellbildungsprozesse (Abstraktion auf Wesentliches, Vereinfachung) angesprochen. Häufig sind mehrere Versuche notwendig, um anspruchsvolle Bilder zu erzeugen. Diese Aufgabe bietet sich deshalb auch als Hausaufgabe an.

11 und **12** Im Unterschied zu den anderen Aufgaben der Lerneinheit wird hier die achsensymmetrische Lage von Bildern betrachtet und nicht die Achsensymmetrie einer Figur. Dabei steht der Gedanke der Spiegelung im Vordergrund.

Serviceblätter

- „Wo steckt der Fehler? – Achsensymmetrische Figuren" (Seite S 22)
- „Masken – Achsensymmetrische Figuren" (Seite S 23)
- „Symmetrieachsen gesucht" (Seite S 24)
- „Partnersuche – Achsensymmetrische Figuren" (Seite S 25, S 26)
- Hochwasser in der Altstadt (Seite S 75)

2 Orthogonale und parallele Geraden

Einstiegsaufgaben

E 3 Schneide ein Stück Papier aus. Wenn du es so faltest wie in der Abbildung, siehst du nach dem Aufklappen Knicklinien, die sich in besonderer Weise kreuzen.
(► Kopiervorlage auf Seite K 21)

E 4 Wozu benutzt ein Schreiner sein Winkeleisen?
(► Kopiervorlage auf Seite K 21)

Hinweise zu den Aufgaben

5 Die Fragestellung eignet sich zum Experimentieren und Entdecken. Viele kleine Teilerkenntnisse können unabhängig voneinander herausgefunden werden. Die Aufgabe lässt sich auch auf vier, fünf oder n Geraden erweitern.

7 Hier werden praktische Erfahrungen mit mathematischen Erkenntnissen verknüpft. Durch die Demonstration von Arbeitsschritten mit realem Werkzeug kann der Lernprozess erheblich unterstützt werden.

8, **9** und **10** Diese Aufgaben erfordern ein sauberes und genaues Arbeiten. Die Ergebnisse zeigen eine ästhetische Komponente der Mathematik. Die Aufgaben bieten sich daher unter anderem als Zusatzaufgaben im Unterricht oder als längerfristige Hausaufgabe oder als fakultative Station in einem Lernzirkel an.

Serviceblatt

- „Auf dem Schulweg" (Seite S 78)

3 Figuren

Einstiegsaufgaben

E 5 Auf dem Fußballplatz soll der Mittelkreis nachgezogen werden. Wie erreicht es der Platzwart, dass die Linie genau kreisförmig wird?
(► Kopiervorlage auf Seite K 21)

E 6 Welche besonderen Flächen sind an dem Fachwerkhaus zu erkennen?
(► Kopiervorlage auf Seite K 22)

Hinweise zu den Aufgaben

2 und **5** Da die Schülerinnen und Schüler bis jetzt nur den rechten Winkel kennen, können in dieser Aufgabe keine eindeutig zeichenbare Parallelogramme angegeben werden. Eventuell kann auf spezielle durch Zeichendreiecke vorgegebene Winkel hingewiesen werden.

8 Zum ersten Mal werden die speziellen Vierecke Drachen und Raute angesprochen. Bilder dieser Vierecke findet man auf der Einstiegsseite zur Lerneinheit.

10, **12** und **13** Zur Veranschaulichung der Prozesse bietet es sich an, eine dynamische Geometriesoftware einzusetzen. Eventuell können die Schülerinnen und Schüler auch selbst versuchen, die geometrischen Sachverhalte im DGS umzusetzen.

Serviceblatt

– „How many? – Dreiecke und Vierecke" (Seite S 27)

4 Koordinatensysteme

Einstiegsaufgaben

E 7 Es gibt Städte, vor allem in den USA, mit einem sehr regelmäßigen Straßennetz.
a) Im Zentrum Z der Stadt befindet sich ein Platz. Welche Straßen treffen dort zusammen?
b) Beschreibe ebenso die Lage der Punkte A bis D.

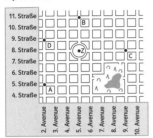

(► Kopiervorlage auf Seite K 22)

E 8 Gegeben ist ein Gitter mit der Beschriftung A, B, C … und 1, 2, 3 … Gib an, wo die Tiere auf der Koordinaten-Wiese stehen.

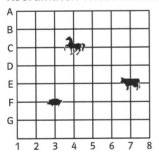

Tipp: Besonders reizvoll wird die Aufgabe, wenn man drei weiteren Gitterpunkten einen kleinen Preis zuordnet, der an die Kinder ausgeteilt werden kann. Die Schülerinnen und Schüler nutzen dabei die Alltagserfahrung (Spiele wie Schiffe versenken, Schach usw.), um mit Buchstaben und Zahlen die möglichen Objektlagen zu erraten.
(► Kopiervorlage auf Seite K 22)

Hinweise zu den Aufgaben

Bis zur Aufgabe **5** geht es um das Ablesen und Einzeichnen von Punkten in ein Koordinatensystem. Ab

der Aufgabe **6** werden komplexere Anforderungen gestellt.

10 Dieses Spiel ist als Wettstreit zu verstehen. Jeder sucht nach dem besten Weg. Nach einer vereinbarten Zeit werden die Wege verglichen.

Serviceblatt

– „Wie der Osterhase gleich zweimal auf den Schulhof kam" (Seite S 28)

5 Punktsymmetrische Figuren

Einstiegsaufgaben

E 9 Mithilfe eines Computers ist es möglich, sehr schöne, regelmäßige Figuren, wie dies hier gezeigte Fraktal, zu erzeugen. Beschreibe die Regelmäßigkeit, die in diesem Bild auftritt.

(► Kopiervorlage auf Seite K 23)

E 10 Im Bild ist die Aufstellung der Volleyballmannschaften mit den entsprechenden Platznummern auf dem Spielfeld angegeben. Welcher Spieler jeder Mannschaft macht den Aufschlag? Beschreibe einem Spieler aus Mannschaft A, wo sein Platz nach dem Seitenwechsel ist. Kann man eine Regel für den Platztausch zum Seitenwechsel angeben?
(► Kopiervorlage auf Seite K 23)

Hinweise zu den Aufgaben

In den Aufgaben **1** bis **7** wird die Symmetrie nur auf die Form der Figuren bezogen. Die nachfolgenden Aufgaben betrachten die Symmetrie der Form und der Färbung der Figur.

Serviceblätter

- „Symmetriezentren gesucht" (Seite S 29)
- „Symmetriefaltschnitte – Punktsymmetrie mit der Schere" (Seite S 30)
- „Mandala – Punktsymmetrische Figuren" (Seite S 31)
- „Symmetrietafel" (Seite S 32)
- „Fünf Freunde stellen sich vor" (Seite S 77)

Wiederholen – Vertiefen – Vernetzen

Hinweise zu den Aufgaben

9 Diese Aufgabe erscheint durch die geforderten Geradenspiegelungen einfach. Das mehrfache Ausführen der Spiegelungen führt jedoch zu einem punktsymmetrischen Bild, welches nicht einfach zu überblicken ist.

12 Der Arbeitsauftrag kann in allgemeiner Form auch mit dynamischer Geometriesoftware gelöst werden. Dies bietet sich aber nur an, wenn bereits damit gearbeitet wurde.

Die folgenden Aufgaben vernetzen einzelne Aspekte des Kapitels:

1 Koordinatensystem, achsensymmetrische Figuren.

2 Koordinatensystem, kreatives Erweitern von Aufgaben.

3 Koordinatensystem, Bestimmen von Längen, Vergleichen von Längen, Parallel und Orthogonal.

4 Erkennen und Beschreiben von Figuren, Koordinatensystem.

5 Geradenspiegelung, Begründungen geben, Argumentieren.

6 Punkt- und Achsensymmetrie.

7 Achsensymmetrie, Spiegelung, Messen von Längen.

8 Spiegelung, Vorstellung im Raum, Umgang mit Größe Zeit.

9 Achsensymmetrie in komplexer Form.

10 Achsen- und Punktsymmetrie, Musik.

11 Koordinatensystem, Figuren (Parallelogramm, Quadrat).

12 Koordinatensystem, Figuren (Quadrat).

Serviceblätter

- „Vierecke, Symmetrie und Koordinaten" (Seite S 33)
- „Kreuzworträtsel" (Seite S 34)
- „Blütenzauber" (Seite S 80)
- „Fadenbilder" (Seite S 87)

Exkursion: Die alte Villa

Hier liegt eine spannend erzählte Geschichte vor, die von den Kindern (einzeln oder gemeinsam) gelesen werden sollte. Im Anschluss geht es darum, das Wesentliche der Geschichte selbst wiederzugeben, Fragen, die sich aus der Erzählung ergeben zu stellen und Mathematik im Zusammenhang mit dem Gelesenen zu erkennen.

Es bietet sich an, die Situation mit einem kleinen Spiegel nachzustellen, um den Sachverhalt besser erklären zu können. Achtung! Der Spiegel vertauscht natürlich nicht Rechts und Links. Sonst könnte er nach einer Drehung um 90° auch Oben und Unten vertauschen. Vielmehr entsteht durch den Spiegel ein Bild, welches sich auf der entgegengesetzten Seite des Spiegels vom Original befindet (Spiegel als Spiegelachse oder Spiegelebene). Um zwischen Original und Bild zu wechseln, dreht sich der Beobachter um 180°. Dabei entsteht die Vertauschung von Rechts und Links.

Die Exkursion bietet sich zum Einstieg in die Lerneinheit an. Man kann mit den Lernenden über Spiegelbilder und achsensymmetrisch liegende Bilder ins Gespräch kommen. Oder man bearbeitet die Exkursion am Ende des Kapitels, um die Problematik der Spiegelung in der Praxis nochmals zu thematisieren.

E1 Zeichne das Gesicht ab und stelle einen Spiegel (oder das Geodreieck) darauf. Wo muss der Spiegel stehen, damit du genau das vollständige Gesicht siehst? Kannst du den Spiegel auch so aufstellen, dass du zwei Gesichter siehst?

E2 Ordne die folgenden Figuren in zusammengehörenden Gruppen an.

978-3-12-734412-7 Lambacher Schweizer 5 NRW Serviceband
© Als Kopiervorlage freigegeben. Ernst Klett Verlag GmbH, Stuttgart 2009

E 3 Schneide ein Stück Papier aus. Wenn du es so faltest wie in der Abbildung, siehst du nach dem Aufklappen Knicklinien, die sich in besonderer Weise kreuzen.

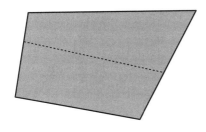 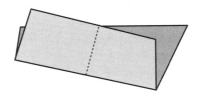 

E 4 Wozu benutzt ein Schreiner sein Winkeleisen?

E 5 Auf dem Fußballplatz soll der Mittelkreis nachgezogen werden. Wie erreicht es der Platzwart, dass die Linie genau kreisförmig wird?

E6 Welche besonderen Flächen sind an dem Fachwerkhaus zu erkennen?

E7 Es gibt Städte, vor allem in den USA, mit einem sehr regelmäßigen Straßennetz.
a) Im Zentrum Z der Stadt befindet sich ein Platz. Welche Straßen treffen dort zusammen?
b) Beschreibe ebenso die Lage der Punkte A bis D.

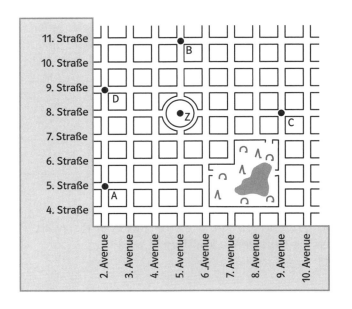

E8 Gegeben ist ein Gitter mit der Beschriftung A, B, C … und 1, 2, 3 …
Gib an, wo die Tiere auf der Koordinaten-Wiese stehen.

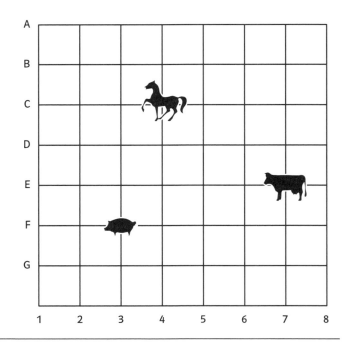

978-3-12-734412-7 Lambacher Schweizer 5 NRW Serviceband
© Als Kopiervorlage freigegeben. Ernst Klett Verlag GmbH, Stuttgart 2009

E 9 Mithilfe eines Computers ist es möglich, sehr schöne, regelmäßige Figuren, wie das hier gezeigte Fraktal, zu erzeugen.
Beschreibe die Regelmäßigkeit, die in diesem Bild auftritt.

E 10 Im Bild ist die Aufstellung der Volleyballmannschaften mit den entsprechenden Platznummern auf dem Spielfeld angegeben. Welcher Spieler jeder Mannschaft macht den Aufschlag? Beschreibe einem Spieler aus Mannschaft A, wo sein Platz nach dem Seitenwechsel ist. Kann man eine Regel für den Platztausch zum Seitenwechsel angeben?

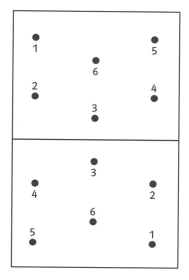

III Rechnen

Überblick und Schwerpunkt

Im Mittelpunkt des Kapitels III steht die Vertiefung der Grundrechenarten, die aus der Grundschule bereits bekannt sind.

Hierbei sollen die Fähigkeiten der Schülerinnen und Schüler im Durchführen der Grundrechenarten, sowohl im Kopf als auch im gemäßigten Umfang schriftlich, sowie das Überschlagen und Schätzen gefördert werden. Für das sichere Berechnen von Termen werden die zum Teil aus der Grundschule schon bekannten Rechengesetze (Assoziativ-, Kommutativ- und Distributivgesetz) benannt und ihr sicherer Einsatz trainiert. Gänzlich neu ist die Hinführung zum sinnvollen Einsatz des Taschenrechners. Damit liegt der Schwerpunkt des Kapitels auf der Leitidee *Zahl und Maß* und es wird an die Inhalte von Kapitel I angeknüpft.

Bei den Aufgaben zu den einzelnen Rechenarten stehen sowohl die Rechentechnik als auch die kerntextbezogene Problemlösefähigkeit im Vordergrund.

Am Ende des Kapitels (Lerneinheit 9) treten die Rechentechniken (zugunsten des Modellbildungsgedankens) in den Hintergrund. Die Schülerinnen und Schüler sind aufgefordert, alltägliche Fragestellungen in mathematische Sachverhalte bzw. Modelle umzusetzen. Die Leitidee von *Modell und Simulation* kommt noch stärker als in vorausgegangenen Lerneinheiten zum Tragen.

Die einzelnen Lerneinheiten bauen sachlogisch aufeinander auf.

In der Lerneinheit **1 Rechenausdrücke** wird nur auf die Reihenfolge bei der Berechnung von Rechenausdrücken eingegangen. Es sollen hier keinesfalls „versteckte" Termumformungen durchgeführt oder auf Rechenvorteile bei Umformungen eingegangen werden.
In dieser Lerneinheit wird zum ersten Mal der Taschenrechner eingesetzt.
Die „normalen" Schultaschenrechner beherrschen alle die „Punkt-vor-Strich-Rechnung". Es gibt allerdings auch „Scheckkarten-Rechner", bei denen dies nicht der Fall ist. Das könnte man im Unterricht gegebenenfalls an Beispielen zeigen.
Bei der Nutzung des Taschenrechners ist es ratsam, die Schülerinnen und Schüler darauf hinzuweisen, dass es zwei Tasten mit dem Zeichen „–" gibt und welche dieser Tasten benutzt werden muss.

Der Taschenrechner kommt in der Infobox sowie in den Aufgaben immer in Kombination mit einer Überschlagsrechnung als Kontrollmöglichkeit zum Einsatz.

In den Lerneinheiten **2** und **3 Rechengesetze und Rechenvorteile** lernen die Schülerinnen und Schüler, nach welchen Regeln man Rechenausdrücke umformen und dadurch geschickt berechnen kann.
In der Lerneinheit 2 stehen die Rechenvorteile, die sich durch die Anwendung des Kommutativ- bzw. des Assoziativgesetzes beim Berechnen von Summen ergeben, im Vordergrund.
Die Lerneinheit 3 überträgt diese Gesetze auch auf die Multiplikation. Darüber hinaus wird das Distributivgesetz eingeübt, mit dem man Ausdrücke umformen kann, in denen die Rechenoperationen Addition und Subtraktion mit den Rechenoperationen Multiplikation und Division verknüpft sind.
Hierbei werden das Ausmultiplizieren und das Ausklammern als zwei Anwendungen des Distributivgesetzes unterschieden.

In der Lerneinheit **4 Schriftliches Addieren** wird vor allem die Sicherheit beim Addieren von großen Zahlen sowie die Addition von Größen gefördert.

Für das schriftliche Subtrahieren in Lerneinheit **5 Schriftliches Subtrahieren** gibt es verschiedene Darstellungsformen. Das Subtraktionsverfahren wird zur Einführung herangezogen. Das Ergänzungsverfahren wird auf der folgenden Seite in einem Infokasten erläutert. Für welche Schreibform man sich entscheidet, kann man von den Vorkenntnissen der Schülerinnen und Schüler abhängig machen.

In der Lerneinheit **6 Schriftliches Multiplizieren** sollte man die Auswirkungen der Ziffer 0 beim Multiplizieren ausführlich besprechen.
Sowohl bei den reinen Rechenaufgaben als auch in Sachkontexten (vgl. Lerneinheit 9 und Lerneinheit 10) sollen durch Überschlagsrechnungen, d.h. mit grob gerundeten Zahlen, Behauptungen überprüft bzw. grobe Näherungslösungen angegeben werden.

Als Einstieg in die Lerneinheit **7 Schriftliches Dividieren** bietet es sich an, die im Folgenden angegebene erste Einstiegsaufgabe von den Schülerinnen und Schülern im Unterricht durchspielen zu lassen. Hierzu werden die entsprechenden Beträge als Spielgeld benötigt. Während des Spiels können die

Schülerinnen und Schüler unmittelbar erfahren, wie jedes Mal in die nächst kleinere Einheit gewechselt wird. Ebenso kann hierbei der Rest einer Divisionsaufgabe veranschaulicht werden.

Auch beim Dividieren ist es oft sinnvoll, eine Überschlagsrechnung durchzuführen. Das Runden führt hierbei aber nicht immer zu einer im Kopf durchführbaren Division, z. B. ergibt 42356 : 27 gerundet 40000 : 30. Dies sollte man mit den Schülern besprechen und dann so runden, dass man die Überschlagsrechnung im Kopf durchführen kann, also in diesem Fall 40000 : 20.

Im Infokasten auf Seite 102 wird erläutert, wie das Ergebnis einer Division mit Rest mithilfe des Taschenrechners zu deuten ist.

In der Lerneinheit **8 Bruchteile von Größen** geht es nicht um Bruchzahlen, sondern nur um die Bruchteile von den bisher behandelten Größen Länge, Gewicht und Zeit, die in der Regel schon aus dem Alltag bekannt sind. Das Alltagswissen wird genutzt, um einen ersten unformalen Einstieg in das Rechnen mit Bruchteilen zu ermöglichen.

Beim Lösen der Anwendungsaufgaben in der Lerneinheit **9 Anwendungen** sind unterschiedliche Darstellungsformen möglich, z. B. in Form einer Tabelle (Beispiel 1 im Lehrbuch) oder einer textlichen Darstellung (Beispiel 2 im Lehrbuch). Bei einigen Aufgaben wäre auch die Angabe eines Rechenausdrucks denkbar. Werden die Lösungen besprochen, ist es somit denkbar, verschiedene Darstellungen miteinander zu vergleichen und Vor- oder Nachteile herauszustellen.

Auf jeden Fall sollte auf eine Dokumentation des Rechenweges und eine sinnvollen Angabe der Lösung geachtet werden.

In der Lerneinheit **10 Rechnen mit Hilfsmitteln** wird die Entscheidungskompetenz der Schülerinnen und Schüler hinsichtlich des Taschenrechner-Einsatzes geschult. Sie sollen lernen abzuwägen, wann es sinnvoll ist, den Taschenrechner einzusetzen. Diese Fähigkeit wird in späteren Jahren bei allen angewandten technischen Medien (GTR, CAS, DGS etc.) weiter entwickelt.

Zu den Erkundungen

In diesem Kapitel geht es zentral um die vier Grundrechenarten und deren Verwendung beim Rechnen und Schätzen. Neben der Wiederholung von Routinefertigkeiten wird besonderer Wert darauf gelegt, geschickt zu rechnen und insbesondere in Anwendungssituationen das Rechnen durch

Überschlag zu überprüfen und zu unterstützen. Diese beiden Fähigkeiten stellen die Erkundungen in den Vordergrund.

Die Erkundung **Die erste „Rechenmaschine" der Welt** fokussiert stärker das Rechnen. In der Erkundung **Fermi-Fragen** muss geschätzt und überschlagen werden.

1. Die erste „Rechenmaschine" der Welt

Bei dieser Erkundung steht die Grundrechenart „Multiplikation" im Vordergrund. Die Schülerinnen und Schüler erhalten die Gelegenheit, dieses Rechenverfahren tiefgründig zu reflektieren. Sie werden dabei angehalten, Vergleiche anzustellen, eigene Aufgaben zu erfinden und mathematisch zu argumentieren.

Die Aufträge können auch von einzelnen Gruppen oder Schülern bearbeitet und in einem kleinen Vortrag präsentiert werden. Ebenso kann ein Lerntagebuch oder Forschungsheft zur Dokumentation der Arbeitsergebnisse genutzt werden.

Im Folgenden werden einige Lösungsansätze beschrieben:

1. Auftrag: In der Abbildung sehen Sie die mit der Rechenmaschine bestimmten Aufgaben:

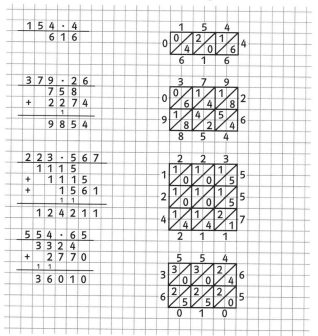

3. Auftrag: Lara hat recht, wie die folgenden Rechnungen für die Aufgabe 936 · 72 zeigen:
Lösung mit schriftlicher Multiplikation:

```
 9 3 6 · 7 2
   6 5 5 2
     1 8 7 2
   6 7 3 9 2
```

Dazu sind folgende ergänzende Überlegungen von Bedeutung:

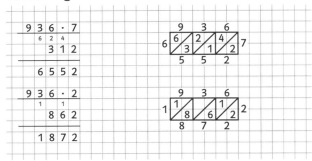

Ausführlich aufgeschrieben:

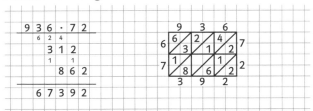

Übertrag und stellenrichtiges Addieren beim schriftlichen Multiplizieren werden ersetzt durch „schräges" Addieren. Dabei gehen aber die bei der schriftlichen Multiplikation im Kopf gemerkten Überträge nicht verloren. Insofern ist die schriftliche Multiplikation vermutlich fehleranfälliger als das Verfahren mit den Napier'schen Streifen, das wiederum langsamer ist, da mehr Rechenoperationen aufgeschrieben werden müssen.

2. Fermi-Fragen

Fermi-Fragen sind ein Typ von Aufgaben, bei denen es darum geht, Größen abzuschätzen, zu denen man weder vollständige Informationen noch eine eindeutige Berechnungsformel hat. Fermi-Fragen erfordern und fördern die folgenden Kompetenzen:
- heuristische Strategien: Fragen stellen
- Alltagswissen benutzen
- mit großen Zahlen arbeiten
- Umrechnen von Größen
- Überschlagsrechnen, geschicktes Rechnen
- Unklarheit verkraften, also auch bei vagen Angaben weiterarbeiten
- Ergebnisse überprüfen und bewerten
- Kontroll- und Bewertungsstrategien

Für das Lösen der Aufgabe „Wie viele Zahnärzte gibt es in Deutschland?" können die folgenden Strategien helfen:
1. Hilfsfragen
2. Abschätzen
3. Plausibiltätsprüfung

Schritt 1: Suche nach geeigneten Hilfsfragen
- Wie viel Zahnärzte werden wohl benötigt?
- Wie viel Menschen gehen in Deutschland zum Zahnarzt? Etwa 80 000 000.
- Wie oft geht jeder? 1–2 mal im Jahr, einige gar nicht, einige viel öfter.
- Wie lange dauert ein Termin durchschnittlich? Manche 15 Minuten, manche 1 Stunde.
- Wie viel Stunden arbeitet ein Zahnarzt? Wahrscheinlich etwa 35 Stunden, vielleicht mehr.
- Wie viel Arbeitswochen hat er? Bei 6 Wochen Urlaub etwa 45 Wochen.

Diese Schätzungen sind ein Vorschlag, in dem schon das Verhalten von Kindern und Erwachsenen gemittelt und überschlagen wurden. Auch sind solche Menschen, die größere Behandlungen haben und jene, die am liebsten nie zum Zahnarzt gehen, durch diese Schätzung gegeneinander aufgerechnet. Hier müssen Sie mit vielen unterschiedlichen, aber möglicherweise auch tragfähigen Ansätzen rechnen.

Schritt 2: Abschätzen (oder Nachschlagen) der benötigten Werte und Berechnen
- Man benötigt also etwa $80\,000\,000 \frac{1}{2} =$ 40 000 000 Zahnarztstunden.
- Jeder Zahnarzt arbeitet etwa $35 \cdot 45 \approx 40 \cdot 40$ = 1600 Stunden
- Das können $40\,000\,000 : 1600 = 400\,000 : (4 \cdot 4)$ ≈ 25 000 Zahnärzte bewältigen

Schritt 3: Auf Plausibilität prüfen.
- Kann das sein? Was würde das für eine Großstadt bedeuten?
- Essen mit 800 000 Einwohnern hätte also 25 000 : 100 = 250 Zahnärzte
- Ein Blick ins Branchenverzeichnis liefert mehr als 300 Zahnärzte.
- Welche Annahmen könnten falsch gewesen sein?
- Wie wirkt sich eine Veränderung der Schätzungen auf das Ergebnis aus?

Oft erlauben Fermi-Fragen unterschiedliche Lösungsmethoden (Das Nachschauen im Branchenbuch hätte auch als Ausgangspunkt der Rechnung dienen können).

Ein weiteres Einsatzgebiet für Fermi-Fragen kann darin bestehen, einen Überblick über Größenordnungen von schwer vorstellbaren Mengen oder Größen zu bekommen. Dazu dienen die weiteren angegebenen Fragen.

Die Schülerinnen und Schüler können sich auch selber Fermi-Fragen ausdenken und diese sammeln, z.B. auf einem Plakat oder schwarzen Brett in der Klasse. Eine Gruppe von Schülerinnen und Schülern sucht sich interessante Fragen heraus und bearbeitet sie.

Man kann die Lösung auch als Wettbewerb ausschreiben. Zum Beispiel die Aufgabe „Wie viel Erbsen sind in dem Behälter?". Die Schülerinnen und Schüler dürfen beispielsweise vor der Abgabe ihrer Schätzung Maße nehmen und experimentieren. Nach der Auflösung werden die verwendeten Rechenstrategien diskutiert.

Fermi-Fragen sind nicht auf Übungsphasen beschränkt, sondern man kann mit ihnen insbesondere selbstständige Arbeitsstrategien entwickeln und stabilisieren und Vorstellungen von Größenordnungen entwickeln.

1 Rechenausdrücke

Einstiegsaufgaben

E1 Anika blickt vom Dachgeschoss auf den Parkplatz und zählt Autos. Sie schreibt auf einen Zettel: 5 + 4 · 3.
Sebastian findet den Zettel und überlegt, wie viele Autos Anika gesehen hat: 5 plus 4 sind 9; 9 mal 3 sind 27.
(► Kopiervorlage auf Seite K 32)

Annika: 5 + 4 · 3

Sebastian: 5 + 4 · 3

E2 Für die Klassen 5 a mit 31 und die Klasse 5 b mit 29 Schülerinnen und Schülern muss die Schulbücherei je einen neuen Satz Bücher für Biologie und Mathematik anschaffen.

Lieferschein
Biologietitel Band 1:   à 18,– €
Mathetitel Band 1:   à 15,– €

a) Schreibe zuerst den Rechenterm dazu auf.
b) Wie viel Euro muss die Schule bezahlen?
c) Wie viel Euro muss die Schule bezahlen, wenn sie für jeden Klassensatz zwei Freiexemplare gutgeschrieben bekommt?
(► Kopiervorlage auf Seite K 32)

Hinweise zu den Aufgaben

1 bis 6 Generell sollte man darauf achten, dass nur die entsprechend gekennzeichneten Aufgaben mithilfe des Taschenrechners gelöst werden, damit auch Kopfrechnen geübt wird.

11 Die Lösungen sollen nicht durch formales Umformen bestimmt werden.

13 Es sind unterschiedliche Rechenausdrücke möglich. Hieran kann man schon Rechenvorteile erkennen.

15 Bei diesem Spiel kann man nach dem Würfeln für die Angabe des Rechenterms eine Zeitspanne festsetzen.

16, 17 Die Bearbeitung dieser Aufgaben ist zeitintensiv. Sie können deshalb gut zur Differenzierung eingesetzt werden.

Serviceblätter

– „Keine Angst vor Texten! – Vom Text zum Rechenausdruck" (Seite S 35)
– „Rechnen und schreiben – Vom Rechenausdruck zum Text" (Seite S 35)
– „Text – Rechenausdruck – Text" (Seite S 36)

2 Rechengesetze und Rechenvorteile I

Einstiegsaufgaben

E3 Klaus und Norbert berechnen die Summe 247 + 191 + 409. Während Klaus noch die Summanden in den Taschenrechner eintippt, hat Norbert das Ergebnis bereits im Kopf ermittelt. Wie rechnet er?
(► Kopiervorlage auf Seite K 32)

E4 Schneidet die Würfelnetze aus und klebt sie zusammen. Würfelt abwechselnd mit allen Würfeln. Jeder versucht nun, so schnell wie möglich die Summe der Augenzahlen zu berechnen. Wer am schnellsten war, bekommt einen Punkt. Sieger ist, wer nach einer vorher vereinbarten Zeit die meisten Punkte hat.
(► Kopiervorlage auf Seite K 32)

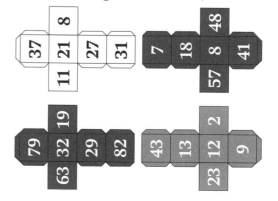

Hinweise zu den Aufgaben

8 und **9** Diese Aufgaben sind nicht ganz einfach.

Serviceblätter

– Vorfahrtsregeln – Rechenausdrücke (Seite S 37)

3 Rechengesetze und Rechenvorteile II

Einstiegsaufgabe

E 5 Die acht Mitglieder einer Tischtennismannschaft erhalten neue Sportkleidung. Für jeden einzelnen Spieler werden eine Sporthose zu 13 €, ein Hemd zu 19 €, ein Paar Socken zu 6 € sowie ein passender Trainingsanzug zu 77 € benötigt. Der Trainer rechnet: „8 Hosen zu 13 € kosten $8 \cdot 13$ € $= 104$ €, 8 Hemden zu 19 € kosten …" Martin findet dies umständlich. Könnte man geschickter rechnen?
(► Kopiervorlage auf Seite K 33)

Hinweise zu den Aufgaben

In Aufgabe **9** sollen sich die Schülerinnen und Schüler typische Fehlerquellen im Umgang mit den Rechengesetzen bewusst machen und die Regeln dadurch festigen.

In Aufgabe **10** wird über den Einsatz von Rechenregeln mit dem Ziel eines ökonomischen Rechnens reflektiert.

Serviceblätter

– Vorfahrtsregeln – Rechenausdrücke (Seite S 37)

4 Schriftliches Addieren

Einstiegsaufgaben

E 6 Sebastians Fahrrad hat einen Kilometerzähler.
a) Nach wie vielen Kilometern erscheint statt der 3 eine 8, nach wie vielen eine 0?
b) Bewegt sich die Zehnerziffer, wenn er 6 Kilometer gefahren ist?
Wie viele Kilometer muss man fahren, damit sie sich verändert?
(► Kopiervorlage auf Seite K 33)

E 7 Im Stuttgarter Gottlieb-Daimler-Stadion fanden die deutschen Leichtathletikmeisterschaften statt. Die Kassierer meldeten folgende Zuschauerzahlen: Freitag 17 366, Samstag 34 988 und Sonntag 58 907. Wie viele Besucher kamen insgesamt?
(► Kopiervorlage auf Seite K 33)

Hinweise zu den Aufgaben

In Aufgabe **8** sind die Schülerinnen und Schüler aufgefordert, strategische Überlegungen beim Addieren großer Zahlen mit einzubeziehen, z. B. „Wie viele Zahlen müssen drei-, wie viele vierstellig sein?" oder „Welche Zahlen können an der Einerposition stehen, damit deren Summe auf 0 endet?" usw.

10 Bei solchen Aufgaben lernen die Schülerinnen und Schüler die Grenzen des Taschenrechners kennen. Dies ist durch die begrenzte Anzahl der angezeigten Ziffern bedingt und abhängig von dem jeweils benutzten Modell.
Analog lässt sich die Frage stellen, welche Aufgaben noch mit einem Abakus berechnet werden können.

In Aufgabe **11** geht es wie schon in Aufgabe 8 um strukturelle Überlegungen bei der Addition von Zahlen: Es wird die Anordnung verschiedener Ziffern in einer Zahl und deren Auswirkung bei der Durchführung einer Addition untersucht.

13, **14**, **15** und **18** Es wird auf die Größen aus Kapitel I zurückgegriffen. In der Aufgabe 13 soll ein kritischer Umgang mit den verschiedenen Einheiten geübt werden.

Serviceblätter

– „Text – Rechenausdruck – Text" (Seite S 36)
– „Schnellrechner – Addition" (Seite S 37)

5 Schriftliches Subtrahieren

Einstiegsaufgaben

E 8 Bei einem Würfelspiel werden die Punkte mithilfe von Spielmarken vergeben.

Eine blaue Marke ist einen Punkt wert. Für zehn blaue Marken erhält man eine rote und für zehn rote Marken erhält man eine grüne Marke. Das Spiel gewinnt derjenige, der zuerst 555 Punkte erreicht. Stefans Spielmarken sind auf dem Bild zu sehen. Wie viele Punkte fehlen ihm zum Sieg? (► Kopiervorlage auf Seite K 33)

E 9 Gabi setzt morgens eine Schnecke auf einen Zweig in einem Meter Höhe. Die Schnecke beginnt nach oben zu klettern. Tagsüber schafft sie eine 3 m lange Strecke. Nachts rutscht sie wieder 2 m zurück.
a) In welcher Höhe ist die Schnecke am ersten Abend (am nächsten Morgen)?
b) Wann erreicht die Schnecke den großen Ast in 7 m Höhe?
(► Kopiervorlage auf Seite K 34)

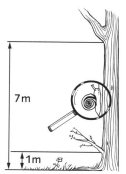

Hinweise zu den Aufgaben

4 Die Lösungen sollen nicht durch formales Umformen bestimmt werden.

7 Schülerinnen und Schüler können aufgefordert werden, eigene Aufgaben zu erstellen. Nicht lösbare Aufgaben bieten hierbei Stoff für Diskussionen.

14 Diese Aufgabe dient dem Bewusstmachen der Bedeutung der Überschläge beim schriftlichen Subtrahieren.

16 bis **19** und **22** bis **25** Es wird auf die Größen aus Kapitel I zurückgegriffen.

In Aufgabe **21** geht es um strukturelle Überlegungen bei der Subtraktion von Zahlen: Es wird die Anordnung verschiedener Ziffern in einer Zahl und deren Auswirkung bei der Durchführung einer Subtraktion untersucht.

23 und **25** Die Bearbeitung der Aufgaben erfordert Kreativität und kann zur Differenzierung eingesetzt werden.

Serviceblatt

– „Text – Rechenausdruck – Text" (Seite S 36)

6 Schriftliches Multiplizieren

Einstiegsaufgabe

E 10 Auf dem internationalen Flughafen von Chicago starten rund um die Uhr im Durchschnitt stündlich 45 Flugzeuge.
a) Wie viele Starts und Landungen sind dies an einem Tag?
b) Wie viele Menschen fliegen täglich von diesem Flughafen ab, wenn in jedem Flugzeug durchschnittlich 78 Passagiere sind?
(► Kopiervorlage auf Seite K 34)

Hinweise zu den Aufgaben

2 Es bietet sich die Möglichkeit, die Auswirkung von „angehängten Nullen" beim Multiplizieren anzusprechen.

4 Es wird die Auswirkung der begrenzten Stellenanzeige des Taschenrechners aufgezeigt.

Die Aufgaben **12** und **13** sind etwas anspruchsvoller. Hier wird in besonderem Maße die Kompetenz des Kommunizierens und Argumentierens eingefordert.

14, 15 Auf die Probleme beim „Multiplizieren von Größen" sollte an dieser Stelle nicht näher eingegangen werden.
Die Rechenschritte können ohne Größenangaben durchgeführt werden und erst die Formulierung des Ergebnisses sollte wieder die Größe enthalten.

Serviceblätter

–

7 Schriftliches Dividieren

Einstiegsaufgaben

E 11 Bei einem Glücksspiel gewinnen Sebastian, Anika und Janine 411 Euro. Der Betrag soll unter ihnen gerecht aufgeteilt werden. Zum Aufteilen des Gewinns haben sie nur 100-Euro-Scheine, 10-Euro-Scheine und 1-Euro-Münzen.

Wie müssen sie beim Aufteilen vorgehen, wenn sie möglichst wenig Geld wechseln wollen?
Wie viel Geld erhält jeder?
Tipp: Das Spiel kann mit Spielgeld in der Klasse durchgeführt werden.
(► Kopiervorlage auf Seite K34)

E12 Eier werden in Packungen zu je 6, 10, 12, 18 und 36 Stück verkauft.
Wie viele Schachteln werden jeweils benötigt, um 24 000 Eier zu verpacken?
(► Kopiervorlage auf Seite K34)

Hinweise zu den Aufgaben

2 und **4** Es tauchen die oben angesprochenen Probleme bei der Überschlagsrechnung auf.

3 Es sollten die entsprechenden Umkehraufgaben formuliert werden.

10 bis **16** und **18** Auf die Probleme „Dividieren von Größen" sollte an dieser Stelle nicht näher eingegangen werden.
Die Rechenschritte können ohne Größenangaben durchgeführt werden und erst die Formulierung des Ergebnisses sollte wieder die Größe enthalten.

Aufgabe **18** ist etwas anspruchsvoller. Hier muss mit Schätzungen und Überschlägen gearbeitet werden.

Serviceblätter

– „Schriftliches Dividieren selbst erarbeiten"
  (Seite S38, S39)
– „Rechnen mit Köpfchen – Schriftliches Rechnen"
  (Seite S40, S41)
– „Fadenspiel mit Zahlen" (Seite S42)

8 Bruchteile von Größen

Einstiegsaufgaben

E13 Thomas hat auf dem Markt zwei Melonen gekauft, die jeweils 1 kg wiegen. Zu Hause schneidet er jede Melone in vier gleiche Teile.
Am Abend sind noch zwei Teile übrig. Wie viel wurde von den Melonen gegessen?
(► Kopiervorlage auf Seite K34)

E14 Falte ein Blatt Papier zweimal. Danach falte es wieder auseinander. In wie viele Teile wird das Blatt geteilt?
Falte das zusammengelegte Blatt ein weiteres Mal. Welche Unterteilung erkennst du nun?
(► Kopiervorlage auf Seite K34)

Serviceblätter

–

9 Anwendungen

Einstiegsaufgaben

E15 Sebastian wünscht sich zum Geburtstag eine Autorennbahn. Seine Oma will ihm 40 € dafür geben. Für dieses Geld will Sebastian die Straßenstücke kaufen.

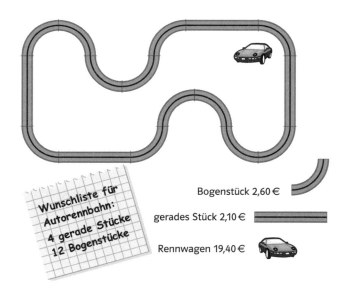

Wunschliste für Autorennbahn:
4 gerade Stücke
12 Bogenstücke

Bogenstück 2,60 €

gerades Stück 2,10 €

Rennwagen 19,40 €

a) Kann er mit den Straßenstücken seiner Wunschliste die im Katalog abgebildete Rennbahn bauen?
b) Stelle einen Rechenausdruck für die Kosten auf. Reicht das Geld seiner Oma aus?
(► Kopiervorlage auf Seite K35)

E16 Anika bekommt an ihrem Geburtstag von ihrem Onkel 25 € und von ihrer Tante 35 € geschenkt. Ihre Eltern geben ihr einen Zuschuss von 120 €. Vor dem Geburtstag hatte sie bereits 28 € gespart. Wie viel Euro muss sie noch sparen, um sich das neue Fahrrad mit Profigangschaltung kaufen zu können?

Super Mountainbike
nur 215 €

Profi-Gangschaltung statt Serienausstattung nur 16 €

Satteltasche 9 €

(► Kopiervorlage auf Seite K 35)

Hinweise zu den Aufgaben

4 und **5** Zur Lösung ist es notwendig, dass sich die Schülerinnen und Schüler entsprechende Angaben durch Umfragen (Wie viele Schülerinnen und Schüler kommen mit dem Fahrrad zur Schule? Körpergewicht von Jugendlichen?) besorgen.
Angaben zur Anzahl der Autos und Länge der Autobahnen lassen sich z. B. aus dem Internet entnehmen.

Serviceblätter

–

10 Rechnen mit Hilfsmitteln

Einstiegsaufgaben

E17 Entscheide und begründe, welche Aufgaben im Kopf lösbar sind.
a) (2315 · 63 – 15 · 16) · (72 – 8 · 9)
b) (7256 + 625 : 25) · (6 · 7 – 18)
c) (1200 · 3 + 45) : 81 – 80
d) (5642 – 5642) · 162354
(► Kopiervorlage auf Seite K 35)

E18 Eine Klasse möchte für ein Schulfest fünf Kuchen backen. Die Zutaten kosten insgesamt 16,67 €. Für Pappteller und Servietten müssen sie 5,88 € bezahlen, für die farbigen Werbeplakate 3,85 €. Jeder Kuchen wird in zwölf Stücke zerteilt.

a) Überschlage, wie teuer ein Stück Kuchen sein muss, damit kein Verlust entsteht, wenn alle Stücke verkauft werden.
b) Wie viel muss für ein Stück verlangt werden, damit beim Verkauf des gesamten Kuchens mindestens ein Gewinn von 20 € entsteht?
(► Kopiervorlage auf Seite K 35)

Serviceblätter
– „Rätselhafte Tiere – Taschenrechnereinsatz" (Seite S 43)

Exkursion: Multiplizieren mit den Fingern

Das Rechnen mit den Fingern – einst gelernt in frühen Grundschultagen – findet hier eine überraschende Fortsetzung. Strategien zum Rechnen mit Zahlen und nicht zum Anzeigen von Zahlen stehen hier im Vordergrund. Zwar ist der Rechenbereich begrenzt, doch tut dies der Faszination und dem eifrigen Probieren keinen Abbruch. In dieser Klassenstufe liegt der Schwerpunkt eindeutig beim Experiementieren. Ein Aufgreifen dieser motivierenden Aufgabenstellung in der Klassenstufe 7/8 führt direkt zu algebraischen Untersuchungen.
Beispiel:
    a und b stehen für die beiden Faktoren zwischen 5 und 10.
    a – 5 für die ausgestreckten Finger der linken Hand
    b – 5 für die ausgestreckten Finger der rechten Hand
    10 – a für die eingeklappten Finger der linken Hand
    10 – b für die eingeklappten Finger der rechten Hand
$[(a − 5) + (b − 5)]$ ist die Summe der Zehner
$[(10 − a) · (10 − b)]$ entspricht den Einern
$10 · [(a − 5) + (b − 5)] + [(10 − a)] · (10 − b)]$
$= 10a − 50 + 10b − 50 + 100 − 10b − 10a + a · b$
$= a · b$
Auch die anderen Beispiele lassen sich in ähnlicher Weise algebraisch untersuchen.

Einstiegsaufgaben

E1 Anika blickt vom Dachgeschoss auf den Parkplatz und zählt Autos.
Sie schreibt auf einen Zettel: $5 + 4 \cdot 3$.
Sebastian findet den Zettel und überlegt, wie viele Autos Anika gesehen hat:
5 plus 4 sind 9; 9 mal 3 sind 27.

E2 Für die Klassen 5 a mit 31 und die Klasse 5 b mit 29 Schülerinnen und Schülern muss die Schulbücherei je einen neuen Satz Bücher für Biologie und Mathematik anschaffen.
a) Schreibe zuerst den Rechenterm dazu auf.
b) Wie viel Euro muss die Schule bezahlen?
c) Wie viel Euro muss die Schule bezahlen, wenn sie für jeden Klassensatz zwei Freiexemplare gutgeschrieben bekommt?

Firma Oberschlau
Schulbuchversand

Lieferschein

Biologietitel Band 1:   à 18,– €
Mathetitel Band 1:   à 15,– €

E3 Klaus und Norbert berechnen die Summe $247 + 191 + 409$. Während Klaus noch die Summanden in den Taschenrechner eintippt, hat Norbert das Ergebnis bereits im Kopf ermittelt. Wie rechnet er?

E4 Schneidet die Würfelnetze aus und klebt sie zusammen. Würfelt abwechselnd mit allen Würfeln. Jeder versucht nun, so schnell wie möglich die Summe der Augenzahlen zu berechnen. Wer am schnellsten war, bekommt einen Punkt. Sieger ist, wer nach einer vorher vereinbarten Zeit die meisten Punkte hat.

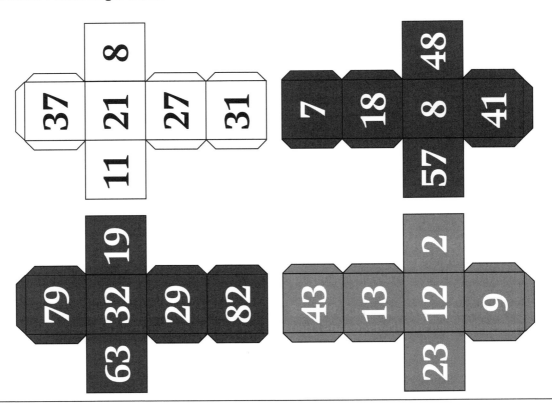

978-3-12-734412-7 Lambacher Schweizer 5 NRW Serviceband
© Als Kopiervorlage freigegeben. Ernst Klett Verlag GmbH, Stuttgart 2009

E5 Die acht Mitglieder einer Tischtennismannschaft erhalten neue Sportkleidung. Für jeden einzelnen Spieler werden eine Sporthose zu 13 €, ein Hemd zu 19 €, ein Paar Socken zu 6 € sowie ein passender Trainingsanzug zu 77 € benötigt. Der Trainer rechnet: „8 Hosen zu 13 € kosten 8 · 13 € = 104 €, 8 Hemden zu 19 € kosten ..." Martin findet dies umständlich. Könnte man geschickter rechnen?

E6 Sebastians Fahrrad hat einen Kilometerzähler.
a) Nach wie vielen Kilometern erscheint statt der 3 eine 8, nach wie vielen eine 0?
b) Bewegt sich die Zehnerziffer, wenn er 6 Kilometer gefahren ist?
Wie viele Kilometer muss man fahren, damit sie sich verändert?

E7 Im Stuttgarter Gottlieb-Daimler-Stadion fanden die deutschen Leichtathletikmeisterschaften statt. Die Kassierer meldeten folgende Zuschauerzahlen: Freitag 17 366, Samstag 34 988 und Sonntag 58 907. Wie viele Besucher kamen insgesamt?

E8 Bei einem Würfelspiel werden die Punkte mithilfe von Spielmarken vergeben. Eine blaue Marke ist ein Punkt wert. Für zehn blaue Marken erhält man eine rote und für zehn rote Marken erhält man eine grüne Marke. Das Spiel gewinnt derjenige, der zuerst 555 Punkte erreicht.
Stefans Spielmarken sind auf dem Bild zu sehen.
Wie viele Punkte fehlen ihm zum Sieg?

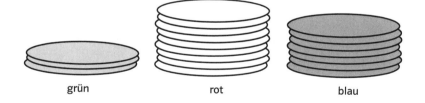

grün   rot   blau

978-3-12-734412-7 Lambacher Schweizer 5 NRW Serviceband

E9 Gabi setzt morgens eine Schnecke auf einen Zweig in einem Meter Höhe. Die Schnecke beginnt nach oben zu klettern. Tagsüber schafft sie eine 3 m lange Strecke. Nachts rutscht sie wieder 2 m zurück.

a) In welcher Höhe ist die Schnecke am ersten Abend (am nächsten Morgen)?

b) Wann erreicht die Schnecke den großen Ast in 7 m Höhe?

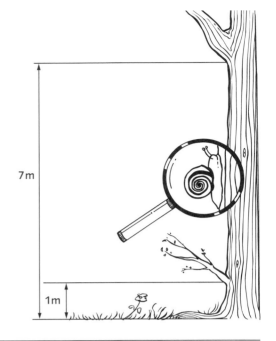

E10 Auf dem internationalen Flughafen von Chicago starten rund um die Uhr im Durchschnitt stündlich 45 Flugzeuge.

a) Wie viele Starts und Landungen sind dies an einem Tag?

b) Wie viele Menschen fliegen täglich von diesem Flughafen ab, wenn in jedem Flugzeug durchschnittlich 78 Passagiere sind?

E11 Bei einem Glücksspiel gewinnen Sebastian, Anika und Janine 411 Euro. Der Betrag soll unter ihnen gerecht aufgeteilt werden. Zum Aufteilen des Gewinns haben sie nur 100-Euro-Scheine, 10-Euro-Scheine und 1-Euro-Münzen.

Wie müssen sie beim Aufteilen vorgehen, wenn sie möglichst wenig Geld wechseln wollen?

Wie viel Geld erhält jeder?

E12 Eier werden in Packungen zu je 6, 10, 12, 18 und 36 Stück verkauft.
Wie viele Schachteln werden jeweils benötigt, um 24 000 Eier zu verpacken?

E13 Thomas hat auf dem Markt zwei Melonen gekauft, die jeweils 1 kg wiegen. Zu Hause schneidet er jede Melone in vier gleiche Teile.
Am Abend sind noch zwei Teile übrig.
Wie viel wurde von den Melonen gegessen?

E14 Falte ein Blatt Papier zweimal. Danach falte es wieder auseinander. In wie viele Teile wird das Blatt geteilt? Falte das zusammengelegte Blatt ein weiteres Mal. Welche Unterteilung erkennst du nun?

978-3-12-734412-7 Lambacher Schweizer 5 NRW Serviceband
© Als Kopiervorlage freigegeben. Ernst Klett Verlag GmbH, Stuttgart 2009

E15 Sebastian wünscht sich zum Geburtstag eine Autorennbahn. Seine Oma will ihm 40 € geben. Für dieses Geld will Sebastian die Straßenstücke kaufen.

a) Kann er mit den Straßenstücken seiner Wunschliste die im Katalog abgebildete Rennbahn bauen?

b) Stelle einen Rechenausdruck für die Kosten auf. Reicht das Geld seiner Oma aus?

Wunschliste für Autorennbahn:
4 gerade Stücke
12 Bogenstücke

Bogenstück 2,60 €

gerades Stück 2,10 €

Rennwagen 19,40 €

E16 Anika bekommt an ihrem Geburtstag von ihrem Onkel 25 € und von ihrer Tante 35 € geschenkt. Ihre Eltern geben ihr einen Zuschuss von 120 €. Vor dem Geburtstag hatte sie bereits 28 € gespart. Wie viel Euro muss sie noch sparen, um sich das neue Fahrrad mit Profigangschaltung kaufen zu können?

Super Mountainbike nur 215 €

Profi-Gangschaltung statt Serienausstattung nur 16 €

Satteltasche 9 €

E17 Entscheide und begründe, welche Aufgaben im Kopf lösbar sind.

a) $(2315 \cdot 63 - 15 \cdot 16) \cdot (72 - 8 \cdot 9)$

b) $(7256 + 625 : 25) \cdot (6 \cdot 7 - 18)$

c) $(1200 \cdot 3 + 45) : 81 - 80$

d) $(5642 - 5642) \cdot 162\,354$

E18 Eine Klasse möchte für ein Schulfest fünf Kuchen backen. Die Zutaten kosten insgesamt 16,67 €. Für Pappteller und Servietten müssen sie 5,88 € bezahlen, für die farbigen Werbeplakate 3,85 €. Jeder Kuchen wird in zwölf Stücke zerteilt.

a) Überschlage, wie teuer ein Stück Kuchen sein muss, damit kein Verlust entsteht, wenn alle Stücke verkauft werden.

b) Wie viel muss für ein Stück verlangt werden, damit beim Verkauf des gesamten Kuchens mindestens ein Gewinn von 20 € entsteht?

978-3-12-734412-7 Lambacher Schweizer 5 NRW Serviceband

© Als Kopiervorlage freigegeben. Ernst Klett Verlag GmbH, Stuttgart 2009

IV Flächen

Überblick und Schwerpunkt

In diesem Kapitel wird insbesondere die Verzahnung zwischen der inhaltsbezogenen Kompetenz „Arithmetik/Algebra" und den prozessbezogenen Kompetenzen „Argumentieren/Kommunizieren", sowie „Problemlösen" fokussiert.

Während im Kapitel I Größen wie „Länge", „Zeit", „Gewicht" und ihre Einheiten aus dem Alltag bzw. dem Grundschulunterricht als bekannt vorausgesetzt werden, wird auch in den Erkundungen (► Seite 118–119) das intuitive Verständnis des Flächenbegriffs benutzt.

Zunächst werden verschiedene Möglichkeiten diskutiert, Flächen ihrer „Größe" nach zu vergleichen. Das Zerlegen einer Figur und das Zusammensetzen der Teile zu einer neuen Figur bereitet dabei die Berechnung das Flächeninhalts von Dreieck und Parallelogramm vor, während das Auslegen mit gleichen Plättchen auf die Definition des Flächeninhalts und seine Berechnung beim Rechteck abzielt.

In der Lerneinheit **1 Welche Fläche ist größer?** sind verschiedene Strategien zum Flächenvergleich gefordert. Dabei werden insbesondere die unter „Problemlösen" zu fassenden Teilkompetenzen „Erkunden", „Lösen" und „Reflektieren" bei den Schülern angesprochen. Näherungswerte für erwartete Ergebnisse können durch Schätzen und Überschlagen ermittelt werden. Elementare Verfahren, wie Messen und das Zerlegen in Teilflächen bieten Grundlagen zum Entwickeln von Strategien zum Flächenvergleich.

Das Verständnis für die Größe von Flächen und für deren Vergleich wird durch den Umgang mit Flächeneinheiten in Lerneinheit **2 Flächeneinheiten** gefestigt. Hier müssen die Schüler Größen in Sachsituationen in geeigneten Einheiten darstellen, was als Teilkompetenz unter „Arithmetik" formuliert ist. Auch beim Umformen der Flächenmaße werden Kompetenzen, wie „Ordnen" und „Operieren" insbesondere gefordert.

In der Lerneinheit **3 Flächeninhalt eines Rechtecks** wird an das Vergleichen von Flächen aus Lerneinheit 1 angeknüpft, da durch das Abschätzen des Flächeninhaltes eines Rechtecks durch Auslegen der Umgang mit der Einheit „Quadratmeter" motiviert wird. In dieser Lerneinheit können bisherige Strategien zum Ermitteln von Flächengrößen durch Berechnungen mit konkreten Einheiten weiter ausgebaut werden. „Die wissenschaftlich korrekte und ... wie im alten bis ... erwähnt"

Ein besonderer Schwerpunkt von Lerneinheit **4 Flächeninhalte veranschaulichen** liegt in der Anwendungsorientierung. Es werden zwei verschiedene Verfahren zur näherungsweisen Bestimmung von Flächeninhalten vorgestellt (Karogitter und Abschätzung über Rechtecke). Die gesamte Lerneinheit 4 befasst sich mit der Veranschaulichung und der Ermittlung von Inhalten bei sehr großen Flächen. Problemlösen wird insofern motiviert, als die Schüler gefordert sind, komplexe Probleme in Teilprobleme zu zerlegen und Verfahren zu entwickeln, diese zu lösen. Um die Menge an Sauerstoff zu ermitteln, die eine Buche am Tag produziert (siehe Impuls) muss erst herausgefunden werden, wie viele Blätter die Buche besitzt. Dafür muss man wissen, wie viele Blätter an einer Knospe, wie viele Knospen an einem Ast, wie viele Äste sich an einem Baum befinden usw. So nutzen die Schülerinnen und Schüler elementare mathematische Regeln und Verfahren (Messen, Rechnen, Schließen) zum Lösen von anschaulichen Alltagsproblemen. Die Teilkompetenz „Lösen" wird durch das Deuten der Ergebnisse in Bezug auf die ursprüngliche Problemstellung angesprochen. Immer wieder sind die Schülerinnen und Schüler aufgefordert, ihre Überlegungen zu begründen, was zum Ausbau von Argumentationsfähigkeit führt. Die Kompetenz Modellieren wird insofern gefördert als zur Berechnung von Flächengrößen von Seen oder Kontinenten o. ä. zunächst ein adäquates Modell gefunden werden muss, das in Bezug auf die Realsituation validiert werden muss.

In Lerneinheit **5 Flächeninhalt eines Parallelogramms und eines Dreiecks** wird auf das Zerlegen und Zusammensetzen von Rechtecksflächen zur Bestimmung des Flächeninhaltes von Parallelogramm und Dreieck zurückgegriffen. Die Formelschreibweise wird als Kurzschreibweise eingeführt und bereitet so die Verwendung von Variablen vor. Es ist allerdings nicht daran gedacht, schon in Klasse 5 damit weitgehend (z. B. Auflösen nach verschiedenen Variablen) zu arbeiten.

Die Lerneinheit **6 Umfang einer Fläche** befasst sich mit der Größe „Länge" in einem neuen Kontext. Durch den Impuls wird der Unterschied zwischen „Länge" und „Fläche" problematisiert.

Zu den Erkundungen

In **Erkundung 1 Der geometrische Flickenteppich** können die Schüler wesentliche Eigenschaften geometrischer Figuren erkunden und entwickeln durch anschaulichen Flächenvergleich erste Ideen zur Bestimmung von Flächeninhalten. Unter dem Fokus der Abhängigkeit vom jeweiligen Figurentyp, wird der Aspekt der Flächengleichheit in **Erkundung 2 Geobrett** aufgegriffen.

1. Der geometrische Flickenteppich

In dieser Erkundung können die Schülerinnen und Schüler an ihr Vorwissen aus der Grundschule anknüpfen. Sie kennen schon charakteristische Eigenschaften von Figuren, können diese benennen 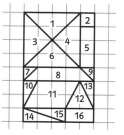 und mit dem Aspekt der Flächenbestimmung verknüpfen. Der Flächenvergleich leitet zu einer zentralen Idee der Flächenberechnung: das Zerlegen von Flächen in Basiseinheiten. In dieser Erkundung bietet sich eine Gruppenarbeit bis zu vier Personen aber auch Partnerarbeit an. Die Lehrperson sollte den Schülerinnen und Schülern die Kopiervorlage bereitstellen, das Aufkleben und Ausschneiden kann sinnvoll in die vorbereitende Hausaufgabe gegeben werden. Die Schülerinnen und Schüler sollten aufgefordert werden, Leinenbeutel als „Säcke" mit in die Schule zu bringen. Ein vorheriges Durchnummerieren der einzelnen Teilflächen macht Sinn, um diese später eindeutig zuordnen und im Gespräch benennen zu können.

Bei **Ab in den Sack** erfühlen die Schülerinnen und Schüler Dreiecke, Rechtecke, Trapeze, Parallelogramme und Quadrate. Je nachdem, ob die Begriffe schon vorhanden sind, beschreiben die Schülerinnen und Schüler die Figuren auf ihre Weise: „Die Figur, die ich fühle, hat drei Ecken. Zwei Seiten sind viel länger als die eine". Um das Trapez zu beschreiben, benötigt man möglicherweise die Eigenschaft der Parallelität. Viele Kinder kennen diesen Begriff schon aus der Grundschule. Andernfalls haben sie hier die Gelegenheit ihn intuitiv zu verwenden bzw. zu umschreiben. Mögliche Umschreibungen für das Trapez könnten sein: „Die Figur hat 4 Ecken. Zwei Seiten sind lang. Zwei Seiten sind kurz und verlaufen schräg zueinander." oder „Die Seiten oben und unten sind überall gleich weit voneinander entfernt. Die obere Seite ist kürzer als die untere. An den Enden sind sie miteinander verbunden." oder „Bei der Figur handelt es sich um ein Rechteck, bei dem an

beiden Seiten eine Ecke abgeschnitten ist." Solche fachsprachlich nicht immer exakten Beschreibungen nutzen der späteren Begriffsentwicklung und sollten auf dieser frühen Stufe des Erkundens auf jeden Fall zugelassen werden. Bei **Von klein nach groß** werden die verschiedenen Figuren aus dem Sack der Größe nach auf den Tisch gelegt. Dabei können sich bei einigen Figuren evtl. Unstimmigkeiten ergeben, so dass argumentiert werden muss. Mögliche Argumentationen sind: „Fläche 12 und 16 sind gleich groß. Bei Fläche 12 kann man die obere Ecke in Gedanken abschneiden, in zwei gleiche Flächen zerschneiden und an der Seite anlegen, so erhält man Fläche 16.". Natürlich kann von den Schülerinnen und Schülern auch hier schon eine Einteilung in Kästchen vorgenommen werden, anhand derer besser verglichen werden kann. Eine Anordnung der Größe nach: 7, 9 (jeweils $\frac{1}{2}$ Kästchen groß); 2, 10, 13 (jeweils 1 Kästchen groß); 14, 15 (jeweils $1\frac{1}{2}$ Kästchen groß); 12, 16 (jeweils 2 Kästchen groß); 5 (3 Kästchen groß); 1, 3, 4, 6, 8 (jeweils 4 Kästchen groß); 11 (6 Kästchen groß).

Bei **Manche gehören zusammen** sind verschiedene Einteilungsmöglichkeiten denkbar. Nach Anzahl der Ecken zu sortieren, ist naheliegend. Auf diese Weise können die Schülerinnen und Schüler Dreiecke und Vierecke unterscheiden (vgl. unten). Aber auch eine differenziertere Sicht ist möglich, z.B. wenn die Dreiecke und Vierecke nach Anzahl der gleich langen Seiten noch mal unter die Lupe genommen werden. Auch könnten die Schülerinnen und Schüler schauen, welche Figuren zwei, welche 4 Parallelen haben. Hier eine mögliche Lösung: Dreiecke: 1, 3, 4, 6, 7, 9, 10, 12, 13, 14, 15; Dreiecke mit zwei gleichlangen Seiten: 1, 3, 4, 6, 7, 9, 12; Vierecke: 2, 5, 8, 11, 16; Rechtecke: 2, 5, 16.

In **Wer steckt in wem schon drin** wird der Gedanke des Flächenvergleichs aufgegriffen und leitet schon zu ersten Schritten der Herleitung des Flächeninhaltes hin. Die Schülerinnen und Schüler können hier entdecken, dass bspw. zwei gleiche Dreiecke zusammen so groß wie ein Rechteck sein können, vgl. 14 und 15. Der Flächeninhalt des Trapezes kann aus dem Flächeninhalt der Fläche 9 durch Abschneiden an beiden Seiten gewonnen werden. Dadurch ist erkennbar, dass der Flächeninhalt des Trapezes 4 Kästchen beträgt und dass die Fläche 9 gerade achtmal im Trapez enthalten ist. Hier sind einige Möglichkeiten angegeben, wie sich die Flächen durch andere zusammensetzen lassen: 5 = 14 + 15; 8 = 7 + 9 + 16 + 2; 11 = 12 + 13 + 16 + 10; 16 = 2 + 7 + 9 = 10 + 13; 12 = 10 + 13.

2. Das Geobrett

In dieser Erkundung stehen die Eigenschaften aller Figuren mit 4 Ecken (Trapez, Quadrat, Rechteck Drachen und Parallelogramm) im Vordergrund. Durch das eigenständige Umspannen der Figuren mit Gummibändern werden die Besonderheiten der Figuren betont. Die Motivation Figuren zu legen, die viereckig sind, aber andere Eigenschaften haben als die bisher gelegten, initiiert eine Systematisierung der verschiedenen Figuren hinsichtlich ihres Flächeninhaltes und ihres Aussehens. Diese Vorstellung schafft eine Basis zum Entdecken von Formeln zur Flächenberechnung.

Die Schülerinnen und Schüler umspannen vermutlich die oben genannten verschiedenen Vierecke, wobei sie immer begründen sollten, warum die jetzt gelegte Figur gleich oder anders ist als die vorherigen. In diesem Kontext können die Schülerinnen und Schüler Zusammenhänge zwischen den Flächeninhalten von Rechteck, Trapez, Parallelogramm und Dreieck entdecken. Zum Beispiel kann man bei einem Trapez oder bei einem Parallelogramm ein Dreieck abschneiden und an anderer Stelle wieder ergänzen, so dass ein Rechteck entsteht.

Die Figuren lassen sich auch nach Anzahl der gleich langen Seiten, nach gleichen Flächen, nach Anzahl der Parallelen, nach Vorhanden-Sein von rechten Winkeln oder nach Symmetrie ordnen.

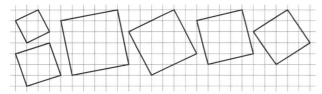

Folgende verschieden große Quadrate können erzeugt werden: 1 LE (Längeneinheit), 2 LE, 3 LE, 4 LE, 5 LE, 6 LE, 1 KD (Kästchendiagonale), 2 KD, 3 KD, sowie folgende:

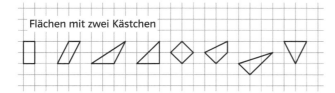
Flächen mit zwei Kästchen

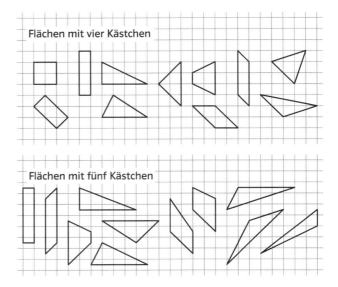
Flächen mit vier Kästchen

Flächen mit fünf Kästchen

Wenn die Schülerinnen und Schüler zu gleichen Flächeninhalten unterschiedliche Figuren legen, sollten sie begründen, wieso die Flächen gleich groß sind. Dafür ist es wichtig, dass sie die Flächen gedanklich in Teilflächen zerlegen. Evtl. leiten die Schülerinnen und Schüler hier schon her, wie man zum Beispiel selbstständig den Flächeninhalt von Parallelogrammen herleitet.

1 Welche Fläche ist größer?

Einstiegsaufgaben

E1 a) Zerschneide ein Quadrat mit der Seitenlänge 10 cm in vier gleiche Dreiecke wie in Figur 1. Lege aus diesen vier Dreiecken die Figuren 2 bis 4.

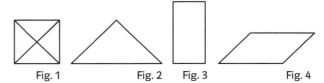

Fig. 1   Fig. 2   Fig. 3   Fig. 4

b) Welche Eigenschaft haben die Figuren 1 bis 4 gemeinsam?
(► Kopiervorlage auf Seite K 42)

E2 Im Lageplan eines Hauses sind zwei Terrassen eingezeichnet. Welche von beiden ist die größere? Begründe.

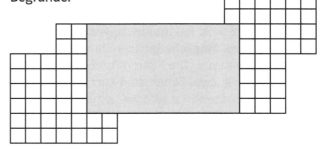

(► Kopiervorlage auf Seite K 42)

Hinweise zu den Aufgaben

2, 3c, **4, 5, 6**b, c, d Bei diesen Aufgaben gibt es jeweils eine Vielzahl von möglichen Lösungen, sodass eine Ergebniskontrolle erschwert ist. In solchen Fällen hat es sich bewährt, einige Schülerinnen und Schüler ihre Lösungen mit wasserlöslichem Stift auf Folie schreiben und vor der Klasse präsentieren zu lassen.

7 Diese Aufgabe ist als langfristige (freiwillige) Aufgabe gedacht. Lösungsvorschläge können über einige Zeit auf einem Wandplakat gesammelt werden.

Serviceblatt

– „Flächenzerlegung" (Seite S 44)

2 Flächeneinheiten

Einstiegsaufgaben

E 3 Ist der Bauplatz für ein Einfamilienhaus groß genug? Hast du schon andere Angaben für die Größe eines Bauplatzes gelesen?
(► Kopiervorlage auf Seite K 42)

> **Bauplatz zu verkaufen!**
> Ruhige Lage, 400 m²

E 4 Ein Quadrat mit der Seitenlänge 1 dm soll in lauter Quadrate mit der Seitenlänge 1 cm zerschnitten werden. Wie viele solche Quadrate erhält man dabei?
(► Kopiervorlage auf Seite K 42)

Hinweise zu den Aufgaben

Bei der Umwandlung von Flächenangaben in andere Einheiten ist bei den meisten Aufgaben nur eine Umwandlung in die nächstkleinere oder -größere Einheit verlangt. Ausnahmen und damit schwierigere Aufgaben sind die Aufgaben **7, 8**d), **14**c), **18**e), f), **19** und **20**c) bis f)
Besonders zu beachten sind Umwandlungsaufgaben, bei denen Nullen eingefügt werden müssen (z. B. Aufgabe **8**b bis d, 2. Zeile; die jeweilige 1. Zeile führt auf diese Schwierigkeit hin).

13 Aus dieser Aufgabe kann man auch ein kleines Projekt im Schulgebäude ableiten. Schülergruppen zeichnen auf einem Blatt Papier ein Quadrat mit der Seitenlänge 1 dm (F = 1 dm²) und schätzen dann mit dieser Vergleichsfläche die Flächeninhalte von vier bis zehn Gegenständen im Schulgebäude.

Anschließend können die einzelnen Gruppen ihre Ergebnisse der ganzen Klasse vorstellen.

Serviceblätter

– „Flächen(stechen) in der EU" (Seite S 45, S 46)
– „Fadenspiel mit Größen" (Seite S 47)
– „Trimono" (Seite S 48)

3 Flächeninhalt eines Rechtecks

Einstiegsaufgaben

E 5 Erkläre, wieso man an der Schokolade zeigen kann, wieviele Stückchen Schokolade Jörg schon gegessen hat.
(► Kopiervorlage auf Seite K 42)

E 6 Reicht der Plattenvorrat, um die Terrasse mit Platten zu belegen?
(► Kopiervorlage auf Seite K 43)

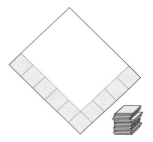

Hinweise zu den Aufgaben

7 Es ist nicht an ein maßstäbliches Rechnen gedacht. Länge und Breite eines Rechtecks, das ungefähr so groß wie der See ist, kann mithilfe der Entfernungsangabe 4 km in der Zeichnung abgeschätzt werden.

14 Bei der Besprechung der Aufgabe sollten zwei prinzipielle Lösungswege angesprochen werden: Zerlegung der Figur in einfachere Teilflächen und Ergänzung der Figur zu einer einfacheren Figur. Beispiel anhand Figur 2:

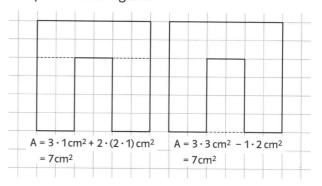

$A = 3 \cdot 1\,cm² + 2 \cdot (2 \cdot 1)\,cm²$
$= 7\,cm²$

$A = 3 \cdot 3\,cm² - 1 \cdot 2\,cm²$
$= 7\,cm²$

16 Die Aufgabe eignet sich gut zur Differenzierung: Sie kann an einem konkreten Zahlenbeispiel, an der verbalen Formulierung der Berechnung des Flächeninhalts oder sogar an der Flächeninhaltsformel diskutiert werden.

18 Vgl. Aufgabe 16.

Serviceblätter

–

4 Flächeninhalte veranschaulichen

Einstiegsaufgabe

E7 Herr Stark reinigt den Teppichboden seines 6 m langen und 5 m breiten Wohnzimmers einmal jede Woche mit dem Staubsauger.
Wie groß ist die Fläche, die er im Lauf von zehn Jahren gereinigt haben wird? Wo liegen die Schwachstellen an diesen rechnerischen Überlegungen? Überprüfe, ob realistisch ist, was du für deine Berechnung voraussetzt.
(► Kopiervorlage auf Seite K 43)

Hinweise zu den Aufgaben

Für alle Aufgaben ist der Einsatz des Taschenrechners angebracht. Unerlässlich ist dabei ein sinnvolles Runden der berechneten Zahlenwerte.

6 und **7** Beide Aufgaben können als kleines Projekt in verschiedenen Gruppen über einen längeren Zeitraum bearbeitet werden. Wichtige Kompetenzen die dabei erworben werden können, sind Informationsbeschaffung, Modellieren und Präsentieren. Die Aufgaben eignen sich daher auch als Grundlage für eine alternative Form der Leistungsbewertung.

Serviceblätter

–

5 Flächeninhalt eines Parallelogramms und eines Dreiecks

Einstiegsaufgaben

E8 a) Zeichne vier verschiedene Parallelogramme mit den Seitenlängen 6 cm und 4 cm.
Haben alle diese Parallelogramme denselben Flächeninhalt?

b) Welches Parallelogramm mit diesen Seitenlängen hat den größten Flächeninhalt?
(► Kopiervorlage auf Seite K 43)

E9 Zeichne ein Rechteck mit den Seitenlängen 6 cm und 3 cm. Eine Diagonale zerlegt das Rechteck in zwei Dreiecke. Wie groß sind die Flächeninhalte der beiden Dreiecke?
(► Kopiervorlage auf Seite K 43)

Hinweise zu den Aufgaben

9 Nachdem die Schülerinnen und Schüler die Berechnung der Flächeninhalte beherrschen, ist nun ein weiteres Ziel, möglichst ökonomisch zu arbeiten (Seitenlänge ablesen ohne zu messen, rechte Winkel erkennen). Analoges gilt für Aufgabe 13.

13 Statt vom großen Rechteck vier Dreiecke wegzunehmen, kann man sich auch zwei Rechtecke (3 cm · 4 cm und 2 cm · 3 cm) weggenommen denken.

15 Bei diesem Spiel geht es um das Erkennen von Dreiecken in einem relativ unübersichtlichen Muster aus Punkten und Strecken.
Als Zusatzregel kann eingeführt werden, dass der Spieler, dem das Dreieck mit dem größten Flächeninhalt gehört, zusätzliche Gewinnpunkte erhält.

Serviceblätter

– „Längen messen, Flächeninhalte berechnen" (Seite S 49)
– „In der Pause" (Seite S 79)

6 Umfang einer Fläche

Einstiegsaufgabe

E10 Auf einem Schulsportgelände sind zwei Kleinspielfelder mit den Maßen 30 m · 12 m und 24 m · 15 m eingezeichnet.
Der Sportlehrer der Klasse 5 b meint: „Jeder von euch rennt jetzt fünfmal um ein Spielfeld. Da beide Spielfelder gleich groß sind, könnt ihr euch aussuchen, um welches Feld ihr rennen wollt."
Welches Spielfeld würdest du auswählen?
(► Kopiervorlage auf Seite K 43)

Hinweise zu den Aufgaben

1 Gesucht ist eine Strategie, wie man eine Fläche verkleinern kann, ohne den Umfang zu verändern.

Lässt man die Figuren aus 20 Streichhölzchen legen, so erleichtert dies die Lösung.

3 Bei den Aufgabenteilen a) bis c) sollten die Schülerinnen und Schüler erkennen, dass alle benötigten Längenangaben abgelesen werden können, sodass keine Strecke gemessen werden muss.

12 Die Aufgabe eignet sich zur Differenzierung: Sie kann anhand konkreter Beispiele, aber auch durch Argumentation oder sogar mithilfe von Formeln gelöst werden.
Wichtig ist, dass die Schülerinnen und Schüler erkennen, dass die funktionalen Zusammenhänge zwischen Seitenlänge und Umfang bzw. Seitenlänge und Flächeninhalt von unterschiedlicher Art sind (linear bzw. quadratisch).

15 Auch hier gibt es Lösungen auf unterschiedlichem Niveau. Zunächst wird die Aufgabe durch die Bestimmung von Umfang und Flächeninhalt der beiden Figuren gelöst.
Anschließend kann thematisiert werden, dass eine Verfeinerung der „Treppe" z u einer immer besseren Annäherung an den Flächeninhalt des Dreiecks führt, aber den Umfang unverändert lässt.

Serviceblätter

–

Wiederholen – Vertiefen – Vernetzen

Hinweise zu den Aufgaben

Die folgenden Aufgaben dienen der Vertiefung einzelner Aspekte des Kapitels:

2 Vor- und Nachteile bei verschiedenen Flächeneinheiten.

8 Erarbeitung der Flächeninhaltsberechnung bei einer speziellen Figur (Transfer der Vorgehensweise beim Parallelogramm und Dreieck auf den Drachen).

9 Bestimmung des Flächeninhalts bei komplexeren Figuren.

Die folgenden Aufgaben vernetzen verschiedene Aspekte innerhalb des Kapitels bzw. mit Aspekten aus anderen Kapiteln:

1 Flächenangaben und Zehnerpotenzen.

3 Flächeninhaltsangabe mit Datenrecherche.

5, 6 und **7** Flächeninhalt mit anderen Größen (Gewicht, Geld).

10 Flächeninhalt mit Umfang.

Serviceblätter

- „Das Klimadiagramm" (Seite S 70)
- „Schräges Wetter!" (Seite S 74)
- „Gartenkunst" (Seite S 81)
- „Daheim in der Deichstraße" (Seite S 82)
- „Verwandelte Flächen" (Seite S 83)

Einstiegsaufgaben

E1 a) Zerschneide ein Quadrat mit der Seitenlänge 10 cm in vier gleiche Dreiecke wie in Figur 1.
Lege aus diesen vier Dreiecken die Figuren 2 bis 4.

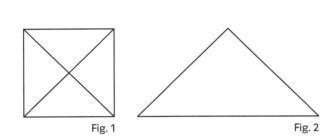

Fig. 1   Fig. 2   Fig. 3   Fig. 4

b) Welche Eigenschaft haben die Figuren 1 bis 4 gemeinsam?

_____

E2 Im Lageplan eines Hauses sind zwei Terrassen
eingezeichnet. Welche von beiden ist die größere?

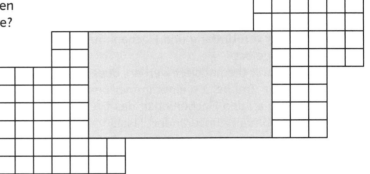

_____

E3 Ist der Bauplatz für ein Einfamilienhaus groß genug?
Hast du schon andere Angaben für die Größe eines Bauplatzes gelesen?

> **Bauplatz zu verkaufen!**
> Ruhige Lage, 400 m²

_____

E4 Ein Quadrat mit der Seitenlänge 1 dm soll in lauter Quadrate mit der Seitenlänge 1 cm zerschnitten werden. Wie viele solche Quadrate erhält man dabei?

_____

E5 Wie viele Stückchen Schokolade hat Jörg schon gegessen?

_____

978-3-12-734412-7 Lambacher Schweizer 5 NRW Serviceband
© Als Kopiervorlage freigegeben. Ernst Klett Verlag GmbH, Stuttgart 2009

E6 Reicht der Plattenvorrat, um die Terrasse mit Platten zu belegen?

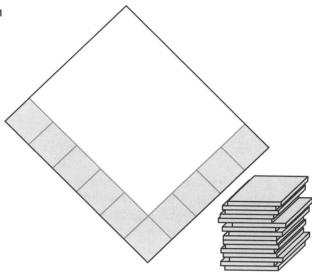

E7 Herr Stark reinigt den Teppichboden seines 6 m langen und 5 m breiten Wohnzimmers einmal jede Woche mit dem Staubsauger.
Wie groß ist die Fläche, die er im Lauf von zehn Jahren gereinigt haben wird? Wo liegen die Schwachstellen an diesen rechnerischen Überlegungen? Überprüfe, ob realistisch ist, was du für deine Berechnung voraussetzt.

E8 a) Zeichne vier verschiedene Parallelogramme mit den Seitenlängen 6 cm und 4 cm.
Haben alle diese Parallelogramme denselben Flächeninhalt?
b) Welches Parallelogramm mit diesen Seitenlängen hat den größten Flächeninhalt?

E9 Zeichne ein Rechteck mit den Seitenlängen 6 cm und 3 cm. Eine Diagonale zerlegt das Rechteck in zwei Dreiecke. Wie groß sind die Flächeninhalte der beiden Dreiecke?

E10 Auf einem Schulsportgelände sind zwei Kleinspielfelder mit den Maßen 30 m · 12 m und 24 m · 15 m eingezeichnet.
Der Sportlehrer der Klasse 5 b meint: „Jeder von euch rennt jetzt fünfmal um ein Spielfeld. Da beide Spielfelder gleich groß sind, könnt ihr euch aussuchen, um welches Feld ihr rennen wollt."
Welches Spielfeld würdest du auswählen?

978-3-12-734412-7 Lambacher Schweizer 5 NRW Serviceband

V Körper

Überblick und Schwerpunkt

Während bisher nur ebene Figuren besprochen wurden, kommt nun die dritte Dimension hinzu: Das Kapitel handelt von räumlich ausgedehnten Formen, also insbesondere von realen Gegenständen.

In den ersten drei Lerneinheiten geht es schwerpunktmäßig um die Leitidee **Form und Raum**. Um die Bedeutung des Begriffs „geometrischer Grundkörper" zu verstehen, sind mehrere Abstraktionsschritte zu leisten. Man muss sich bei der Vielfalt möglicher Eigenschaften von Dingen auf einige Grundeigenschaften beschränken. In der Mathematik kommt es in diesem Zusammenhang nur auf die Eigenschaft „Form" an, andere Eigenschaften, wie Farbe, Gewicht etc., spielen keine Rolle. Aber es ist nicht die Form alleine, denn z. B. ganz verschieden geformte Gegenstände werden als Zylinder bezeichnet. Erst durch eine weitere Abstraktion, die an Beispielen des Alltags erarbeitet wird, erkennt man die zentralen Eigenschaften der Form der jeweiligen geometrischen Grundkörper. Ein weiterer Abstraktionsschritt von der Wirklichkeit zum Modell besteht darin zu erkennen, dass wirkliche Gegenstände aus den Grundkörpern zusammengesetzt sind oder durch Grundkörper angenähert werden können.

Ein Kerngedanke der ersten drei Lerneinheiten ist das Wachsen der Formen im Raum aus den ebenen Figuren bzw. umgekehrt die möglichen Reduktionen der räumlichen Körper zu ebenen Figuren. Ersteres erlernt man durch Basteln und Falten von Figuren aus Netzen, das zweite durch Zeichnen von Netzen und Schrägbildern. Dieses Wechselspiel zwischen Ebene und Raum fördert in besonderem Maße das räumliche Anschauungsvermögen.
In den letzten beiden Lerneinheiten werden die räumlichen Formen mit **Zahl und Maß** in Verbindung gebracht. Neu ist insbesondere der Begriff „Rauminhalt" als Platzbedarf eines Körpers. Gemessen wird aber auch der Oberflächeninhalt oder die Kantenlänge von Körpern.

Die beiden Säulen des Kapitels sind also die räumlichen Körper einerseits und die Raumeinheiten andererseits. Bei der Rauminhaltsbestimmung werden beide Säulen in Verbindung gebracht. Die Säule „Körper" hat als roten Faden die Wechselwirkung zwischen ebenen und räumlichen Figuren.

Beide Säulen fußen auf Grundtechniken, die im gesamten vorausgegangenen Buch erarbeitet wurden. Dies wird im folgenden Flussdiagramm deutlich.

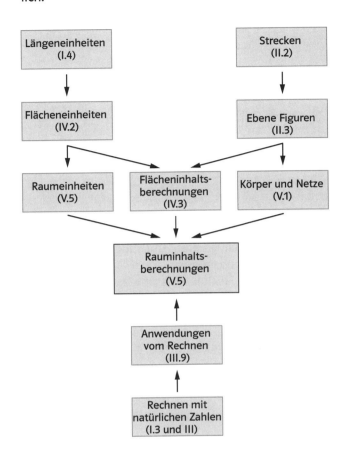

Um an die Alltagswelt anzuknüpfen, wird in Lerneinheit **1 Körper und Netze** mit den Körpern allgemein begonnen, bevor in Lerneinheit **2 Quader** speziell Quader gezeichnet und untersucht werden. Bei der Darstellung der Körper werden von Beginn an Schrägbilder verwendet, die erst in Lerneinheit **3 Schrägbilder** systematisch behandelt werden.

Bei der Rauminhaltsberechnung in den Lerneinheiten **4 Messen von Rauminhalten** und **5 Rauminhalt von Quadern** wird in Analogie zu den Flächenberechnungen vorgegangen. Zunächst werden durch Rauminhaltsvergleiche die Raumeinheiten erarbeitet und veranschaulicht. Hier ist der Aspekt des Zerlegens und Zusammensetzens sehr wesentlich. Anschließend werden in Lerneinheit 5 Rauminhalte berechnet. Dabei liegt der Schwerpunkt anfangs auf einfachen Quadern. In einem nächsten Schritt wird dies dann auf andere zusammengesetzte Körper übertragen. Das Umrechnen zwischen den einzelnen Raumeinheiten wird in Lerneinheit 4 erarbeitet und in Lerneinheit 5 weitergeführt.

Zu den Erkundungen

Die drei Erkundungen geben den Schülern einen vielseitigen Einblick rund um Körper. Dabei können erste Erfahrungen im Zeichnen und Herstellen von Körpern gemacht werden. Sowohl das Zeichnen als auch das Herstellen führt zur Exploration besonderer Eigenschaften von Körpern. Ein Umgang mit Maßeinheiten und die Entwicklung von Vorstellungen zum Umgang mit Volumeneinheiten wird durch Erkundung **1. Haibecken** und Erkundung **3. Lauter Würfel** angeregt. Eine Beschreibung der Eigenschaften von Körpern ist auch in der Erkundung **2. Montagsmaler mit Figuren und Körpern** erforderlich.

Insbesondere in der Erkundung **3. Lauter Würfel** wird das Organisationsvermögen und die Kooperationsbereitschaft der Schülerinnen und Schüler untereinander und das Verhalten in Gruppenarbeitsphasen gefordert und gefördert.

1. Haibecken

Die Erkundung knüpft an die Alltagserfahrung der Schülerinnen und Schüler an und stellt einen Zusammenhang zwischen dem Volumen eines Quaders und der Länge der Seitenflächen her. Die Erkundung kann in Schülergruppen mit ca. 4 Schülerinnen und Schülern oder auch in Partnerarbeit ohne viel Aufwand durchgeführt werden. Als vorbereitende Hausaufgabe kann den Schülerinnen und Schülern der Auftrag gegeben werden, Spielwürfel mit in die Schule zu bringen. Dabei muss man sich auf eine Größe einigen.
Um die Größe des Submarine Forest mit der des Klassenzimmers zu vergleichen, können die Schülerinnen und Schüler Schätzungen vornehmen. Die Größe des Klassenzimmers kann „abgeschritten" oder aber auch nachgemessen werden. Anhand dieser Daten können die Schülerinnen und Schüler vergleichen, wie oft das Klassenzimmer in den Submarine Forest passt. Zum Vergleich der auf diese Weise ermittelten Schülerergebnisse sind im folgenden rechnerisch ermittelte Werte angegeben:
Das Volumen des Submarine Forest:
$800\,m^3 = 800\,000\,l = 800\,000\,000\,cm^3$;
mögliches Volumen eines Klassenzimmers:
$8\,m \cdot 5\,m \cdot 4\,m = 160\,m^3 = 160\,000\,l = 160\,000\,000\,cm^3$.
Das Klassenzimmer würde fünf mal in das Becken des Submarine Forest passen. In das Becken würden $160\,000\,000$ Spielwürfel passen:
$800\,000\,000\,cm^3 : 5\,cm^3 = 160\,000\,000$.
Ein ebenfalls zu erwartender möglicher Bearbeitungsweg zur Überprüfung der Tankgröße, wäre ein Vergleich über die Maßeinheit Liter. Beim Looter Tank ist ein Inhalt von 2 Millionen Liter angegeben. Die Schülerinnen und Schüler haben aus dem Alltag Vorstellungen über die Maße eines Behälters der einen Liter fasst (Milchtüten, Saftpakete). Diese können sie abschätzen, nachmessen und dann auf 2 Mio. l hochrechnen. Im Looter Tank ist mehr Wasser, als im Submarine Forest: $2\,000\,m^3 > 800\,m^3$. Auch um die Höhe, Breite und Tiefe des Looter Tanks anzugeben, werden die Schülerinnen und Schüler voraussichtlich über einen Vergleich mit ihnen bekannten 1 l Behältnissen argumentieren. Je nachdem ob man die ihnen bekannten Gefäße hintereinander stellt oder verschieden hoch aufeinander stapelt, ergeben sich verschiedene Möglichkeiten für das Messen. Ein mögliches Maß für den Looter Tank ist z. B.: $20\,m \cdot 20\,m \cdot 5\,m$.

2. Montagsmaler mit Figuren und Körpern

Montagsmaler ist ein Spiel, das mit 4 Personen gespielt werden muss. Die Schülerinnen und Schüler benötigen dafür ein Spielkartenset, Papier, einen Bleistift und eine Uhr.
In dieser Erkundung werden die Eigenschaften von Körpern und Figuren in den Fokus genommen. Eine Kennzeichnung des Spiels besteht darin, dass die Eigenschaften der Figuren und Körper präzise benannt werden müssen und dadurch das genaue Hinschauen auf die Besonderheiten der Körper und Figuren gefordert und gefördert wird. Dadurch, dass die Schülerinnen und Schüler nacheinander die Eigenschaften der jeweiligen Körper beschreiben, wird der „Begriffspool" der einzelnen Schülerinnen und Schüler im Verlaufe des Spiels sukzessiv erweitert. Schülerinnen und Schüler, die zu Beginn Schwierigkeiten im Benennen bestimmter Eigenschaften haben, können die neuen Begriffe, wie „parallel" oder „Kanten" lernen und in der nächsten Runde evtl. selber anwenden. Durch das gleichzeitige Aufzeichnen des Gesagten, erhält der jeweilige Schüler direkt eine Kontrolle seiner eigenen Beschreibung.

3. Lauter Würfel

Hier wird den Schülerinnen und Schülern ermöglicht, herauszufinden wie viele Kubikdezimeterwürfel in einen Kubikmeter passen. Die Schülerinnen und Schüler sollten ganz zu Beginn der Erkundung schätzen, wie viele Würfel benötigt werden. Es ist zu erwarten, dass die Anzahl der Würfel unterschätzt wird und es später zu einem Aha-Erlebnis kommt, wenn erkannt wird, dass 1000 Würfel in einen Kubikmeter passen. Auf diese Weise erleben die Schülerinnen und Schüler handelnd die Maßeinheit des m^3 und das Verhältnis von m^3 zu dm^3.

Überlegungen zu anderen Maßeinheiten cm³, mm³ usw. können sich daraus ergeben. Es ist auch denkbar, dass in dem gemeinsamen Gespräch erkannt wird, dass sehr viele kleine Würfel notwendig sind, und somit die Herstellung der Würfel zeitlich – ohne die Hilfe anderer Klassen – nicht umsetzbar ist. Dazu kann es schon ausreichen, von jeder Schülerin und jedem Schüler einen Würfel herstellen zu lassen und diese auf einem skizzierten Quadratmeter zu platzieren. Auf diese Weise kann schon – ohne den ganzen Würfel zu bauen – ein Eindruck über die große Anzahl an benötigten Würfeln gewonnen werden.

Für die Organisation ist zu empfehlen, dass alle Schülerinnen und Schüler dieselbe Papiersorte benutzen, damit keine Ungenauigkeiten durch unterschiedliche Dicke des Papiers entstehen. Auch sollten die Schülerinnen und Schüler möglichst genau schneiden und falten, damit die Würfel auch tatsächlich zusammenpassen. Es bietet sich an, dazu einen Holzrahmen aus Holzleisten herzustellen. Für die Seitenflächen eignet sich Kaninchendraht, o. ä. Eventuell kann ein solcher Körper im Kunstunterricht hergestellt werden.

Die organisatorischen Entscheidungen sollten im Plenum getroffen werden. Um in diese Phase mehr Schüleraktivität einzubinden bietet es sich an, die einzelnen, unten in der Erkundung mit Spiegelstrichen gekennzeichneten Fragestellungen, zur Vorbereitung arbeitsteilig an einzelne Tischgruppen zu geben. So können die Gruppen beispielsweise über den Ausstellungsort beraten und das Ergebnis ihrer Überlegungen den übrigen vorstellen.

1 Körper und Netze

Einstiegsaufgaben

E 1 Das Foto auf der Schülerbuchseite 148 zeigt die romanische Kirche St. Michael in Hildesheim. Die Türme und Dächer der Kirche setzen sich aus verschiedenen Formen zusammen. Beschreibe diese Formen. (► Kopiervorlage auf Seite K 49)

E 2 Welche Gemeinsamkeiten und welche Unterschiede kannst du bei den abgebildeten Gegenständen erkennen? (► Kopiervorlage auf Seite K 49)

Hinweise zu den Aufgaben

4 Hier bietet sich die Möglichkeit, herausfinden zu lassen, ob es einen Zusammenhang zwischen Flächenzahl, Eckenzahl und Kantenzahl bei den verschiedenen Körpern gibt (eulerscher Polyedersatz).

5 Man kann ein Modell eines Körpers in einer Tasche verstecken. Eine Schülerin oder ein Schüler muss den Körper durch Fühlen erraten oder er muss ihn durch Fühlen beschreiben und ein anderer muss ihn erraten (vgl. ► Serviceblatt Seite S 51 „Ich fühle was, was wir nicht sehen!").

6 Bereits hier kann man den Lesetext „Mein Tisch, mein Körper und ich" auf Schülerbuchseite 173 lesen. In ihm geht es ebenfalls um mathematische und physikalische Eigenschaften der Grundkörper. Die Fragen können an dieser Stelle bearbeitet werden.

Serviceblätter

– „Ich fühle was, was wir nicht sehen!" (Seite S 51)
– „Punkte, Kanten und Flächen am Würfelnetz" (Seite S 53)
– „Unser Geometrie-Dorf" (Seiten S 54, S 55)

2 Quader

Einstiegsaufgaben

E 3 Sammelt verschiedene quader- und würfelförmige Verpackungen und Schachteln.
Schneidet sie so entlang der Kanten auf, dass man sie flach auf dem Tisch ausbreiten kann. Es entsteht das Netz eines Quaders.
a) Welche Gemeinsamkeiten, welche Unterschiede haben die entstandenen Netze?
b) Fertige eine Skizze einer ausgebreiteten Packung ohne Falze und Klebelaschen auf Karopapier an.
(► Kopiervorlage auf Seite K 49)

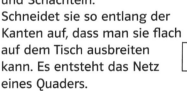

E 4 Suche dir drei Bücher mit unterschiedlicher Form, z. B. Taschenbuch, Mathematikbuch, Atlas. Wie lang und wie breit sollte ein Geschenkpapier sein, in das man das Buch einwickeln kann? Gibt es mehrere Möglichkeiten?
(► Kopiervorlage auf Seite K 49)

Hinweise zu den Aufgaben

3 Es soll nicht bewiesen werden, warum keine Netze vorliegen. Eine anschauliche Begründung, warum es beim Basteln Schwierigkeiten geben könnte, genügt.

Serviceblätter

– „Quadernetze" (Seite S 56)
– „Quaderspiel" (Seite S 57)

3 Schrägbilder

Einstiegsaufgaben

E 5 a) Welche Kanten des Quaders sind im Bild gleich lang wie die untere Vorderkante?

b) Welche Flächen des Quaders haben im Bild die gleiche Form wie in Wirklichkeit, welche eine andere?
c) Nenne zwei Kanten, die in Wirklichkeit zueinander senkrecht sind, im Bild aber nicht.
(► Kopiervorlage auf Seite K 49)

E 6 Mit dem Karopapier kannst du leicht 3-D-Bilder von Gegenständen zeichnen (► Kopiervorlage „Schrägbilder auf Karopapier", Seite S 61). Zeichne 3-D-Bilder von Schachteln, Buchstaben, Häusern, Bauwerken, Tieren oder sogar von einer Burg.
(► Kopiervorlage auf Seite K 50)

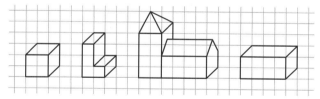

Hinweise zu den Aufgaben

4 Im Rahmen dieser Aufgabe kann man auch nach Kirchtürmen oder anderen ähnlichen Gebäudeformen recherchieren lassen und auf der Basis von Fotos Schrägbilder erstellen. Hier könnte auch maßstäbliches Arbeiten integriert werden (auch als Projekt ausbaubar).

5 und **6** Mit diesen Aufgaben kann man die räumliche Anschauung schulen, da das Wechselspiel von räumlichen zu ebenen Figuren und umgekehrt geübt wird.

Serviceblätter

– „Würfel-Domino" (Seite S 58)
– „Schrägbilder auf Punktpapier" (Seiten S 59, S 60)
– „Schrägbilder auf Karopapier" (Seite S 61)

4 Messen von Rauminhalten

Einstiegsaufgaben

E 7 Im Alltag misst man Flüssigkeiten oft in den Einheiten: 1 Tropfen, 1 Esslöffel, 1 Tasse, 1 Liter.

Einnahme-empfehlung: „Täglich 30 Tropfen direkt ins Auge geben."	Einnahme-empfehlung: „Zweimal täglich 1 Esslöffel einnehmen."	Aus einem Rezept für Kuchenteig: „... dann eine halbe Tasse Milch in den Teig geben."	Aus einem Suppenrezept: „Einen Brüh-würfel in 0,5 Liter kochendes Wasser geben."

a) Untersuche: Wie viele Tropfen ergeben ungefähr 1 Esslöffel, wie viele Esslöffel ergeben eine Tasse, wie viele Tassen ein Liter?
b) Gib 0,3 Liter in Tassen, Esslöffel und Tropfen an.
c) Was ist der Nachteil, was der Vorteil dieser Einheitsangaben?
(► Kopiervorlage auf Seite K 50)

E 8 Ein Verwandter von Kaiser Napoleon hat regelmäßig in Rotwein gebadet. Schätze, wie viele Flaschen dazu jeweils geleert werden mussten.
(► Kopiervorlage auf Seite K 50)

Hinweise zu den Aufgaben

12 Hier wird in besonderem Maße thematisiert, wie man Schätzungen aufstellen und sie anhand von Rechnungen überprüfen kann.

In Aufgabe **13** spielen strukturelle Überlegungen beim Rechnen mit Rauminhalten eine Rolle: Wann erhält man große, wann kleine Volumina und welche Aufgaben kann man (noch) nicht berechnen?

18 Die durchschnittlichen Zahlen können mit den Verbrauchszahlen der Kinder der Klasse verglichen werden. Dazu können die Schülerinnen und Schüler zuhause die einzelnen Daten ermitteln, woraus dann ein Klassendurchschnitt ermittelt werden kann. Darüber hinaus kann man diese Aufgabe zum Anlass nehmen über Umweltfragen im Zusammenhang mit dem Wasserverbrauch zu diskutieren.

19 Hier sollen die Schülerinnen und Schüler schätzen. Man kann die Aufgabe auch dazu verwenden, die Schülerinnen und Schüler eigene Schätzaufgaben stellen zu lassen (siehe auch die Fermi-Fragen in den Erkundungen zu Kapitel III im Schulbuch, Seite 77).

20 Diese Aufgabe ist zum Knobeln gedacht. Auf dem einfachsten Niveau kann man verschiedene Beispiele von Vierlingen skizzieren. Auf etwas höherem Niveau sollte man erkennen, dass verschiedene Skizzen zum gleichen Körper gehören. Wie man die verschiedenen Körper systematisch untersuchen und anordnen kann, erfordert viel Kreativität und Argumentationsgeschick.

Serviceblätter

– „Der Regenmesser" (Seite S 71)
– „Wir bauen einen Regenmesser" (Seite S 72)
– „Wanted – Körper gesucht!" (Seite S 86)

5 Rauminhalt von Quadern

Einstiegsaufgaben

E 9 a) Wie viele kleine Würfel passen in die große Kiste?
b) Wie viele Vierlinge, wie viele Drillinge passen hinein?

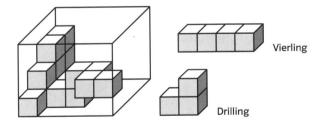

Vierling

Drilling

(► Kopiervorlage auf Seite K 50)

E 10 Von den vier Kisten ist die erste mit Sand gefüllt. Passt der Sand auch in die anderen Kisten?

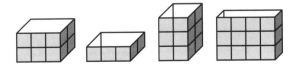

(► Kopiervorlage auf Seite K 50)

Hinweise zu den Aufgaben

15 Man kann diese Aufgabe lösen, indem man zunächst anhand von Beispielen die funktionalen Zusammenhänge erkennt. Durch verbale Argumentation oder sogar durch Formeln kann man sie begründen.

16 Hier wird das räumliche Vorstellungsvermögen geschult: Anhand zweier Ansichten muss eine Vor-

stellung von dem dargestellten Körper entwickelt werden.

8, 19 und **20** Diese Aufgaben entsprechen im Raum den Aufgaben in Kapitel IV, Lerneinheit 4. Es soll das Abschätzen und Überschlagen geübt werden. Alternative Lernformen bieten sich an. Das Vorgehen wurde schon auf der Auftaktseite angedeutet: auch komplizierte Körper wie ein Nashorn oder ein Auto können durch Quader angenähert werden und damit kann ihr Rauminhalt näherungsweise bestimmt werden.

22 In eine Milchpackung passt nach Ausmessen meist weniger als ein Liter, obwohl es im Messbecher doch 1 Liter ist. Das kommt daher, dass die Packungswände bauchig gewölbt sind und eigentlich kein Quader vorliegt.

Serviceblatt

– „Der rote Holzwürfel" (Seite S 52)

Wiederholen – Vertiefen – Vernetzen

Hinweise zu den Aufgaben

Folgende Aufgaben dienen der Wiederholung und Vertiefung:

2 und **3** Netze und Schrägbilder werden wiederholt und vertieft.

5 Schrägbilder von aus Würfeln zusammengesetzten Körpern.

6 Rauminhalt von aus Würfeln zusammengesetzten Körpern.

Folgende Aufgaben dienen der Vertiefung und Vernetzung:

1 Schrägbild einer Pyramide, Netz einer Pyramide mit Dreiecksflächeninhalt.

4 Hier geht es um Modellierung von Alltagsgegenständen durch geeignete mathematische Vorstellungen, sowie den Vergleich verschiedener Modelle.

8 und **9** Rauminhaltsberechnungen mit Flächen- und Längenberechnungen in Alltagssituationen.

Serviceblatt

– „Symmetrische Körper" (Seite S 85)

Einstiegsaufgaben

E1 Das Foto auf der Schülerbuchseite 148 zeigt die romanische Kirche St. Michael in Hildesheim. Die Türme und Dächer der Kirche setzen sich aus verschiedenen Formen zusammen. Beschreibe diese Formen.

E2 Welche Gemeinsamkeiten und welche Unterschiede kannst du bei den abgebildeten Gegenständen erkennen?

E3 Sammelt verschiedene quader- und würfelförmige Verpackungen und Schachteln. Schneidet sie so entlang der Kanten auf, dass man sie flach auf dem Tisch ausbreiten kann. Es entsteht das Netz eines Quaders.
a) Welche Gemeinsamkeiten, welche Unterschiede haben die entstandenen Netze?
b) Fertige eine Skizze einer ausgebreiteten Packung ohne Falze und Klebelaschen auf Karopapier an.

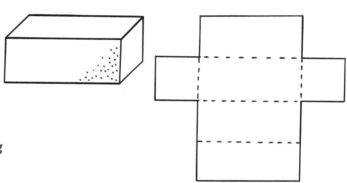

E4 Suche dir drei Bücher mit unterschiedlicher Form, z.B. Taschenbuch, Mathematikbuch, Atlas. Wie lang und wie breit sollte ein Geschenkpapier sein, in das man das Buch einwickeln kann? Gibt es mehrere Möglichkeiten?

E5 a) Welche Kanten des Quaders sind im Bild gleich lang wie die untere Vorderkante?
b) Welche Flächen des Quaders haben im Bild die gleiche Form wie in Wirklichkeit, welche eine andere?
c) Nenne zwei Kanten, die in Wirklichkeit zueinander senkrecht sind, im Bild aber nicht.

E6 Mit dem Karopapier kannst du leicht 3D-Bilder von Gegenständen zeichnen. Zeichne 3D-Bilder von Schachteln, Buchstaben, Häusern, Bauwerken, Tieren oder sogar von einer Burg.

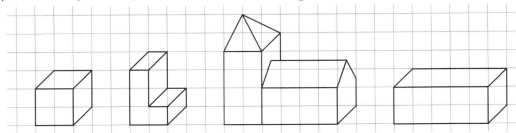

E7 Im Alltag misst man Flüssigkeiten oft in den Einheiten: 1 Tropfen, 1 Esslöffel, 1 Tasse, 1 Liter.
a) Untersuche: Wie viele Tropfen ergeben ungefähr 1 Esslöffel, wie viele Esslöffel ergeben eine Tasse, wie viele Tassen ein Liter?
b) Gib 0,3 Liter in Tassen, Esslöffel und Tropfen an.
c) Was ist der Nachteil, was der Vorteil dieser Einheitsangaben?

| Einnahme-empfehlung: „Täglich 30 Tropfen direkt ins Auge geben." | Einnahme-empfehlung: „Zweimal täglich 1 Esslöffel einnehmen." | Aus einem Rezept für Kuchenteig: „... dann eine halbe Tasse Milch in den Teig geben." | Aus einem Suppenrezept: „Einen Brüh-würfel in 0,5 Liter kochendes Wasser geben." |

E8 Ein Verwandter von Kaiser Napoleon hat regelmäßig in Rotwein gebadet. Schätze, wie viele Flaschen dazu jeweils geleert werden mussten.

E9 a) Wie viele kleine Würfel passen in die große Kiste?
b) Wie viele Vierlinge, wie viele Drillinge passen hinein?

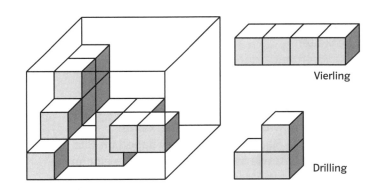

Vierling

Drilling

E10 Von den vier Kisten ist die erste mit Sand gefüllt. Passt der Sand auch in die anderen Kisten?

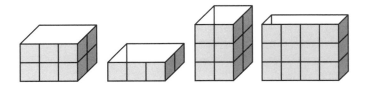

978-3-12-734412-7 Lambacher Schweizer 5 NRW Serviceband
© Als Kopiervorlage freigegeben. Ernst Klett Verlag GmbH, Stuttgart 2009

VI Ganze Zahlen

Überblick und Schwerpunkt

Dem gesamten Kapitel liegen die zentralen Leitideen **Zahl und Maß** und **Muster und Struktur** zugrunde. Dabei wird in jeder Lerneinheit an das Wissen der Schülerinnen und Schüler angeknüpft, das sie in Kapitel I und Kapitel III mit den natürlichen Zahlen und dem Rechnen mit natürlichen Zahlen erworben haben. Mustererkennung und die Fortsetzung von Mustern legen nahe, wie mit ganzen Zahlen gerechnet werden kann.

Die Einführung der Verknüpfungen erfolgt stets über den Grundgedanken, bekanntes Vorgehen weiterzuführen. Die formale Erläuterung und Bezeichnung der Rechengesetze bzgl. der Addition und der Multiplikation stehen nicht im Vordergrund (vgl. auch Kapitel I und III). Die Kommutativität wird nur intuitiv verwendet. Auf eine allgemeine Begründung einer Aussage wird verzichtet, stattdessen wird sie daher an Beispielen plausibel gemacht.

Die Einführung der negativen Zahlen in Lerneinheit **1 Negative Zahlen** erfolgt durch vielfältige Beispiele aus der Erfahrungswelt der Schülerinnen und Schüler. Die Vorzeichenschreibweise +3 für positive Zahlen wird zunächst zur deutlichen Unterscheidung von 3 bzw. −3 verwendet, jedoch bereits in Lerneinheit **2 Anordnung** langsam wieder zurückgenommen und gleichberechtigt verwendet, um an den geeigneten Stellen (Lerneinheit 4 und Lerneinheit 5) möglichst schnell zur vereinfachten Schreibweise zu gelangen.

Des Weiteren werden in dieser Lerneinheit die Begriffe „natürliche Zahlen" und „ganze Zahlen" eingeführt. Dabei verzichtet man bewusst auf die Mengenbezeichnungen $\mathbb{N}$ und $\mathbb{Z}$ und die Mengenschreibweise mit Mengenklammern.

Die Anordnung der ganzen Zahlen entnimmt man in Lerneinheit **2 Anordnung** der Anschauung (Temperaturvergleich). Die Betragsschreibweise wird nicht verwendet, da sie in den folgenden Schuljahren nicht von Bedeutung ist.

Mit ganzen Zahlen kann man neben Zuständen auch Zustandsänderungen beschreiben. Kennt man neben der Änderung auch noch den Startzustand, so lässt sich der Endzustand berechnen. Daher kann Lerneinheit **3 Zunahme und Abnahme** nicht nur zur Beschreibung von Änderungen verwendet werden, sondern auch zur Vorbereitung der Addition bzw. Subtraktion.

Die Addition und Subtraktion von ganzen Zahlen ist in zwei Abschnitte gegliedert: Lerneinheit **4 Addieren und Subtrahieren positiver Zahlen** und Lerneinheit **5 Addieren und Subtrahieren negativer Zahlen**. Dadurch kann man im ersten Teil das Addieren und Subtrahieren so weiterführen, wie von den natürlichen Zahlen her bekannt, als Bewegung auf der Zahlengeraden nach rechts bzw. nach links. In den beiden neuen Situationen, in denen man beim Rechnen die Zahl Null überschreitet oder die Startzahl negativ ist, können die Lösungen berechnet werden, wenn klar ist, in welche Richtung man sich um wie viele Schritte bewegt. Schülerinnen und Schüler können dies zu Beginn immer mithilfe des Rechenstrichs lösen. Auf eine Regel zur Berechnung des Ergebnisses mithilfe der Beträge wird verzichtet. Dadurch, dass man in den Lerneinheiten 2 bis 5 positive Zahlen sehr schnell wieder ohne das Vorzeichen + schreibt, liegt hier bereits die vereinfachte Schreibweise vor.

Addition und Subtraktion negativer Zahlen wird in Lerneinheit **5 Addition und Subtraktion negativer Zahlen** über die Fortsetzung bekannter Zahlenreihen festgelegt. Der Vergleich mit der Addition und Subtraktion positiver Zahlen führt auch hier sofort zur vereinfachten Schreibweise.

In Lerneinheit **6 Verbinden von Addition und Subtraktion** wird der Inhalt des Kastens (Vertauschen der Reihenfolge bei Addition oder Subtraktion) durch den Vergleich verschiedener Rechnungen plausibel gemacht, aber nicht formal begründet.

In Lerneinheit **7 Multiplizieren von ganzen Zahlen** wird die Multiplikation ganzer Zahlen unter dem Gesichtspunkt „Fortsetzung von Bekanntem" erarbeitet. Die Multiplikation zweier negativer Zahlen wird durch die Fortsetzung einer günstigen Zahlenreihe plausibel gemacht, sodass es keiner formalen Einführung des Distributivgesetzes bedarf.

Das Dividieren von ganzen Zahlen wird in Lerneinheit **8 Dividieren von ganzen Zahlen** aus den zugehörigen Multiplikationen hergeleitet.

Bei der Verbindung der Rechenarten in Lerneinheit **9 Verbindung der Rechenarten** übernimmt man die Rechenregeln aus Kapitel III.

Da neben der Begriffsbildung das Rechnen mit den ganzen Zahlen abwechslungsreich gefestigt werden soll, werden immer wieder Anregungen zum spielerischen Üben gemacht.

Der Taschenrechnereinsatz beschränkt sich im Wesentlichen auf das Einüben des Gebrauchs von Klammern und Vorzeichen. Daher wird der Taschenrechner in Lerneinheit 1 bis 3 nicht verwendet. In Lerneinheit 4 und Lerneinheit 5 ist es möglich, ihn zum Auffinden der vereinfachten Schreibweise einzusetzen.

Zu den Erkundungen

In diesem Kapitel wird der Zahlenraum der natürlichen Zahlen zu dem der ganzen Zahlen erweitert. In der Regel haben die Schülerinnen und Schüler in ihrem Alltag mit negativen Zahlen schon viele Erfahrungen gemacht: Sie erkennen negative Temperaturangaben als Gegenzahlen zu den entsprechenden positiven Temperaturen. Sie können auch bei Spielabrechnungen negative Punkte – umgangssprachlich Minuspunkte – zusammenfassen. In all diesen alltäglichen Situationen zeigen sie sich in der Regel in der Lage, mit negativen Zahlen umzugehen.

Diese Fähigkeit soll bei den Erkundungen in diesem Kapitel produktiv genutzt werden. In einer Spielsituation und einer Situation, in der es um den Umgang mit Geld geht, wird den Schülerinnen und Schülern Gelegenheit gegeben, ihre Erfahrungen aus der Alltagswelt zu abstrahieren. Da die Voraussetzungen von Schülern in der Regel jedoch sehr inhomogen sind, ist es das Ziel eine gemeinsame Grundlage für die Klasse zu legen.

Die Erkundungen dieses Kapitels umfassen viele Aspekte des Umgang mit ganzen Zahlen: Addieren und Subtrahieren, Aspekte der Ordnung und der Gegenzahl sowie die besondere Berücksichtigung der Null bieten für die einzelne Schülerin und den einzelnen Schüler je nach Erfahrungshorizont individuelle Einstiegsmöglichkeiten.

Es wird empfohlen, die gesamten Aufgaben des Erkundungsteils von Schülerinnen und Schülern möglichst selbstständig bearbeiten zu lassen und nur moderierend bzw. organisierend einzugreifen. Auf diese Weise können die Schülerinnen und Schüler die Selbstständigkeitserfahrungen der Grundschule fortsetzen bzw. für ihr weiteres Lernen am Gymnasium ausbauen.

Erkundung 1: Guthaben und Schulden

Das Spiel Guthaben und Schulden knüpft an die Erfahrungen der Schülerinnen und Schüler im Umgang mit ihrem Taschengeld an.
Kontobewegungen werden bilanziert. Die Entdeckung, dass das „Erlassen von Schulden" auf ein Hinzufügen von Taschengeld hinausläuft, verankert das Subtrahieren negativer Zahlen im Erlebnishorizont der Schülerinnen und Schüler.

Erkundung 2: Hin und her

Das vielfach bewährte Spiel „Hin und her" unterstützt das handlungsorientierte Entdecken, also das „Aushandeln" der Rechenregeln für den Umgang mit negativen Zahlen enaktiv.

Beide Spiele sind erfahrungsgemäß Selbstläufer, die die Inhalte des folgenden Kapitels ausgezeichnet vorbereiten.

1 Negative Zahlen

Einstiegsaufgaben

E1 Die Bergwettervorhersage lautet: „In Westösterreich ist am Wochenende in den Tälern bei Frühnebel mit Temperaturen zwischen 7 Grad und 9 Grad über Null zu rechnen; in den Bergen in 1000 m Höhe sinkt das Thermometer auf 2 Grad über Null. In 2000 m Höhe erwarten wir eine Temperatur von 3 Grad unter Null und in 3000 m Höhe von 8 Grad unter Null …"
Was bedeutet die Angabe „über Null" und „unter Null"?
Veranschauliche diese Nachricht zeichnerisch.
In welcher Höhe ist mit Schneefällen zu rechnen?
(► Kopiervorlage auf Seite K 57)

E2 a) Was bedeuten die verschiedenfarbigen Zahlen auf dem Thermometer?
b) Herr Frank erzählt seinem Kollegen, dass er durch den Kauf eines Autos in die „roten Zahlen" kam. Was meint er damit?
c) Im Fahrstuhl werden die zu drückenden Knöpfe von einem Knopf mit der Aufschrift „E" aus nummeriert. Warum haben die Knöpfe darunter meist eine andere Farbe?
(► Kopiervorlage auf Seite K 57)

Hinweise zu den Aufgaben

9 und **10** Achsen- und Punktspiegelung werden wiederholt.

11 Die Flächenberechnung wird wieder aufgegriffen.

12 Das Zeichnen von Orthogonalen und Parallelen kann noch einmal geübt werden.

13 Es besteht die Möglichkeit, die Temperaturangabe mit Dezimalzahlen für einen Ausblick auf eine weitere Zahlbereichserweiterung zu nutzen, sowie das Runden von Dezimalzahlen anzusprechen. Das Eintragen des Temperaturverlaufs kann thematisiert werden, insbesondere die Lage des Ursprungs. Die Interpretation eines Diagramms wird an einem einfachen Beispiel aufgegriffen.

Serviceblatt

– „Die Wetterhütte" (Seite S 69)

2 Anordnung

Einstiegsaufgaben

E 3 Die Tabelle zeigt die geographische Höhe des Wasserspiegels einiger bekannter Seen.

Plattensee	106 m üNN
Ijsselmeer	5 m uNN
Aralsee	53 m üNN
Ammersee	533 m üNN
Bodensee	396 m üNN
Gardasee	65 m üNN
Kaspisches Meer	28 m uNN
Genfer See	375 m üNN

a) Ordne die Seen nach der Höhe ihres Wasserspiegels.
b) Weißt du auswendig, in welchem Land jeder der Seen liegt?
(► Kopiervorlage auf Seite K 57)

E 4 Die Geschichtslehrerin erläutert: „Im Jahr 51 erhob Caesar die Prinzessin Kleopatra zur Königin." Karl meint: „Das ist unmöglich. Caesar ist im Jahr 44 ermordet worden." Ist es wirklich unmöglich?
(► Kopiervorlage auf Seite K 57)

E 5 Das war früher.

776 v. Chr.	Die ersten Olympischen Spiele
64 n. Chr.	Brand von Rom
51 v. Chr.	Kleopatra wird Königin
2530 v. Chr.	Bau der Cheopspyramide
220 v. Chr.	Bau der Chinesischen Mauer
753 v. Chr.	Gründung Roms

Sucht in einem Lexikon oder im Internet weitere Ereignisse, die vor langer Zeit stattfanden.
Stellt eine Reihenfolge dieser geschichtlichen Daten auf.
Fertigt eine große Zeitleiste aus Packpapier für euer Klassenzimmer an. Worauf müsst ihr bei der Planung der Zeitleiste achten?
(► Kopiervorlage auf Seite K 57)

E 6 Münzen werfen.

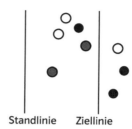

Ralf markiert auf dem Hof mit Kreide eine Standlinie und eine Ziellinie. Pro Spielrunde werfen Ralf und seine sieben Freunde eine Münze in Richtung Ziellinie. Die Münze muss dabei möglichst nahe an der Ziellinie liegen bleiben.

Standlinie   Ziellinie

Wer ist Sieger der 1. Runde? Versuche eine Reihenfolge aufzustellen. Wo gibt es Probleme? Würdest du weitere Spielregeln hinzunehmen?
(► Kopiervorlage auf Seite K 58)

Hinweise zu den Aufgaben

3 Die Mathematik reduziert das Anstellen von Vergleichen auf die Verwendung des Größer- bzw. Kleinerzeichens. Im Alltag hingegen benutzen wir dafür vielfältige Formulierungen.

Serviceblätter

–

3 Zunahme und Abnahme

Einstiegsaufgabe

E 7 Rheinpegel: **Neues Rekordtief in Düsseldorf** (Stand MO 28.8.2003)
Schiffer warten weiter auf mehr Wasser
Schon wieder ein neuer Rekord beim Rheinpegel in Düsseldorf. Erst am Dienstag war mit 74 Zentimetern eine neue Marke aufgestellt worden. Jetzt zeigt der Pegel nur noch 69 Zentimeter an. Und er könnte weiter fallen, meint Hans-Achim Theelen vom Wasser- und Schifffahrtsamt Duisburg-Rhein. Ein derartiger Tiefststand sei seit dem Beginn der Pegel-Messungen in Düsseldorf vor mehr als 100 Jahren noch nicht registriert worden. Anders die Tendenz in Köln: Hier lag der Pegel Samstagmittag bei 1,14 Meter – am Sonntagmorgen aber schon wieder bei 1,17 Meter. Auf den Rekord-

Tiefststand von 1947 (83 cm) wird das Wasser hier wohl nicht fallen.

a) Um wie viel ist der Rheinpegel in Düsseldorf von Dienstag bis zum Montag der darauffolgenden Woche gefallen? Um wie viel ist er in Köln von Samstag auf Sonntag angestiegen?

b) Um wie viel müsste der Pegel in Köln von Sonntag an fallen, um den Rekord-Tiefststand von 1947 zu erreichen?

(► Kopiervorlage auf Seite K 58)

Hinweise zu den Aufgaben

2 Schülerinnen und Schüler geben die Arbeitsanweisung selbst an.

5 Die Temperaturangaben kommen in Dezimalschreibweise vor (Anknüpfen an Alltagswissen).

Serviceblatt

– „Höhlenforscher" (Seite S 62)

4 Addieren und Subtrahieren positiver Zahlen

Einstiegsaufgabe

E 8 Carsten und Bernd möchten sich gerne den gleichen PC kaufen. Er ist gerade im Angebot für 1234 €. Carsten hat 1452 € gespart und Bernd 1107 €. Wie viel Geld hat Carsten nach dem Kauf noch übrig, wie viele Schulden muss Bernd bei seiner Mutter machen, damit er den PC kaufen kann?
(► Kopiervorlage auf Seite K 58)

Serviceblatt

– „Dreiecksmühle" (Seite S 63)

5 Addieren und Subtrahieren negativer Zahlen

Einstiegsaufgabe

E 9

Stadt	Kairo	Moskau	New York	Paris
Höchsttemperatur	36 °C	35 °C	38 °C	36 °C
Tiefsttemperatur	8 °C	−29 °C	−28 °C	−14 °C

a) Wie groß war in den Städten die Temperaturschwankung innerhalb eines Jahres?

b) Welche Stadt weist den geringsten Temperaturunterschied auf, welche den höchsten?
(► Kopiervorlage auf Seite K 58)

Hinweise zu den Aufgaben

8 Die Aufgabe bietet viele Rechenanlässe.

9 Der Taschenrechner kann (bei manchen Taschenrechnertypen) zur Einführung der vereinfachten Schreibweise genutzt werden.

Serviceblätter

–

6 Verbinden von Addition und Subtraktion

Einstiegsaufgabe

E 10 Unsere Zeitrechnung bezieht sich auf die Geburt von Jesus Christus. Man zählt die Jahre ab seiner Geburt als 1. Jahr nach seiner Geburt, 2. Jahr nach seiner Geburt usw. Entsprechend werden die Jahre davor rückwärts gezählt. Dadurch gibt es kein Jahr 0!
Stelle Geburts- und Todesjahr mithilfe von ganzen Zahlen dar. Wie alt wurden die folgenden Personen? Gib zur Berechnung jeweils einen Rechenausdruck an.

	Geburtsjahr	Todesjahr
Archimedes	287 v. Chr.	212 v. Chr.
Augustus	63 v. Chr.	14 n. Chr.
Euklid	365 v. Chr.	300 v. Chr.
Pythagoras	580 v. Chr.	496 v. Chr.
Tiberius	42 v. Chr.	37 v. Chr.
Kepler	1571 n. Chr.	1630 n. Chr.
Galilei	1564 n. Chr.	1642 n. Chr.

(► Kopiervorlage auf Seite K 58)

Hinweise zu den Aufgaben

9 Hier können die Vorzeichenregeln systematisch entdeckt werden.

10 Der Wert von Überschlagsrechnungen wird erfahren und das Zahlgefühl trainiert.

12 und **15** Die Fragestellungen bieten Anlass für viele Rechenübungen.

16 Häufige Rechenfehler werden aufgegriffen. Schülerinnen und Schüler müssen sie finden und in eigenen Worten formulieren.

18 Das Auflösen von Minusklammern wird als nützliche Strategie erfahrbar.

20 Durch die Verbindung mit Internetrecherchen erhält man immer wieder aktuelle Bezüge.

21 Das Muster soll erkannt und als Regel formuliert werden. Weiteres Beispiel:
$-2 + 1$; $3 + (-2 + 1)$; $4 - (3 + (-2 + 1))$ …
Wann taucht das Ergebnis der ersten Rechnung zum zweiten Mal auf, wann zum dritten Mal? Erkennst du eine Regel?

Infokasten:
Er stellt den Bezug zur Auftaktseite her. Die Erläuterungen von Euler können von Schülern und Schülerinnen als kleine Szene gespielt werden.

Serviceblätter

- „Das Schneckenrennen – Taschenrechnereinsatz" (Seite S 64)
- „Schwarze und rote Zahlen" (Seite S 65)
- „Zahlenjagd" (Seite S 66)

7 Multiplizieren von ganzen Zahlen

Einstiegsaufgabe

E 11 Frau Hall liest ihren Kontostand und sagt: „Mein Kontostand hat sich verdoppelt." Darauf ihr Mann: „Aber du warst doch in den roten Zahlen und hast inzwischen noch 150 € abgehoben." Kann es sein, dass Frau Hall trotzdem Recht hat? Welcher neue Kontostand ist auf dem Kontoauszug angegeben?
(► Kopiervorlage auf Seite K 59)

Hinweise zu den Aufgaben

1, **2** und **Randbemerkung** Es wird u.a. darauf geachtet, wie Multiplikationen, in denen die Faktoren 0, 1, −1 oder Zehnerpotenzen und deren Vielfache vorkommen, durchgeführt werden.

3 Produkte sollen nicht nur berechnet werden, sondern auch der Zerlegungsgedanke und die Nicht-Eindeutigkeit der Zerlegung sollen geschult werden.

9 Die Muster werden erkannt und als Regel formuliert.

Serviceblätter

–

8 Dividieren von ganzen Zahlen

Einstiegsaufgaben

E 12 In einem Kühllabor wird die Temperatur gleichmäßig von 0 °C auf −36 °C gesenkt. Wie groß ist die durchschnittliche Temperaturänderung in einer Stunde, wenn der Vorgang zwölf Stunden dauert? (► Kopiervorlage auf Seite K 59)

E 13 Setze die richtige Zahl ein.

Stelle weitere Aufgaben zusammen, in denen du die Vorzeichen variierst.
Versuche Regeln zur Division von ganzen Zahlen zu formulieren.
(► Kopiervorlage auf Seite K 59)

Hinweise zu den Aufgaben

1, **2** und **Randbemerkung**: Es wird u.a. darauf geachtet, wie Divisionen, in denen die Zahlen 0, 1, −1 oder Zehnerpotenzen und deren Vielfache vorkommen, durchgeführt werden.

Serviceblätter

–

9 Verbindung der Rechenarten

Einstiegsaufgaben

E 14 In der Abbildung siehst du, was du brauchst, um einen „Plattfuß" an deinem Fahrrad zu reparieren. Was brauchst du zuerst, was dann, was zuletzt?
Verfasse eine Gebrauchsanweisung, die man einem Flickzeugpäckchen beilegen könnte. Genügt es zu sagen, was mit jedem der drei Dinge gemacht wird?
(► Kopiervorlage auf Seite K 59)

E 15 Ein Sportgeschäft bezieht 30 Paar Sportschuhe zu einem Preis von je 84 €. Wegen eines Hochwasserschadens bietet es die beschädigten Schuhe zum Preis von 59 € je Paar an. Welche Einbuße entsteht dem Geschäft?

(► Kopiervorlage auf Seite K 59)

Hinweise zu den Aufgaben

4 Es wird auf den bewussten Taschenrechnereinsatz hingewiesen (vgl. dazu auch Kapitel III, Lerneinheit 10).

17 Abschlussspiel
Eine Rechenanweisung, die eine Division enthält, muss den Zusatz „Dividiere ..., rechne ohne den Rest weiter" haben.

Die Aufgaben **8, 9, 10, 11, 12, 13** und **14** stellen weiter gehendes und vertiefendes Übungsmaterial in operativem Kontext dar.

Serviceblätter

– „Zahlenjagd" (Seite S 66)
– „Geheime Botschaft" (Seite S 67)
– „Rechenspiegel" (Seite S 84)

Einstiegsaufgaben

E1 Die Bergwettervorhersage lautet: „In Westösterreich ist am Wochenende in den Tälern bei Frühnebel mit Temperaturen zwischen 7 Grad und 9 Grad über Null zu rechnen; in den Bergen in 1000 m Höhe sinkt das Thermometer auf 2 Grad über Null. In 2000 m Höhe erwarten wir eine Temperatur von 3 Grad unter Null und in 3000 m Höhe von 8 Grad unter Null ..."
Was bedeutet die Angabe „über Null" und „unter Null"?
Veranschauliche diese Nachricht zeichnerisch.
In welcher Höhe ist mit Schneefällen zu rechnen?

E2 a) Was bedeuten die verschiedenfarbigen Zahlen auf dem Thermometer?
b) Herr Frank erzählt seinem Kollegen, dass er durch den Kauf eines Autos in die „roten Zahlen" kam. Was meint er damit?
c) Im Fahrstuhl werden die zu drückenden Knöpfe von einem Knopf mit der Aufschrift „E" aus nummeriert. Warum haben die Knöpfe darunter meist eine andere Farbe?

E3 Die Tabelle zeigt die geographische Höhe des Wasserspiegels einiger bekannter Seen.

Plattensee	106 m üNN
Ijsselmeer	5 m uNN
Aralsee	53 m üNN
Ammersee	533 m üNN
Bodensee	396 m üNN
Gardasee	65 m üNN
Kaspisches Meer	28 m uNN
Genfer See	375 m üNN

a) Ordne die Seen nach der Höhe ihres Wasserspiegels.
b) Weißt du auswendig, in welchem Land jeder der Seen liegt?

E4 Die Geschichtslehrerin erläutert: „Im Jahr 51 erhob Caesar die Prinzessin Kleopatra zur Königin." Karl meint: „Das ist unmöglich. Caesar ist im Jahr 44 ermordet worden." Ist es wirklich unmöglich?

E5 Das war früher.

776 v. Chr.	Die ersten Olympischen Spiele
64 n. Chr.	Brand von Rom
51 v. Chr.	Kleopatra wird Königin
2530 v. Chr.	Bau der Cheopspyramide
220 v. Chr.	Bau der Chinesischen Mauer
753 v. Chr.	Gründung Roms

Sucht in einem Lexikon oder im Internet weitere Ereignisse, die vor langer Zeit stattfanden.
Stellt eine Reihenfolge dieser geschichtlichen Daten auf.
Fertigt eine große Zeitleiste aus Packpapier für euer Klassenzimmer an. Worauf müsst ihr bei der Planung der Zeitleiste achten?

978-3-12-734412-7 Lambacher Schweizer 5 NRW Serviceband
© Als Kopiervorlage freigegeben. Ernst Klett Verlag GmbH, Stuttgart 2009

E6 Münzen werfen. Ralf markiert auf dem Hof mit Kreide eine Standlinie und eine Ziellinie. Pro Spielrunde werfen Ralf und seine sieben Freunde eine Münze in Richtung Ziellinie. Die Münze muss dabei möglichst nahe an der Ziellinie liegen bleiben. Wer ist Sieger der 1. Runde? Versuche eine Reihenfolge aufzustellen. Wo gibt es Probleme? Würdest du weitere Spielregeln hinzunehmen?

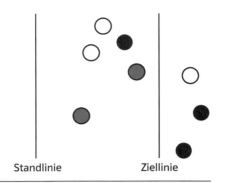

Standlinie   Ziellinie

E7 a) Um wie viel ist der Rheinpegel in Düsseldorf von Dienstag bis zum Montag der darauffolgenden Woche gefallen? Um wie viel ist er in Köln von Samstag auf Sonntag angestiegen?
b) Um wie viel müsste der Pegel in Köln von Sonntag an fallen, um den Rekord-Tiefststand von 1947 zu erreichen?

> *Rheinpegel: Neues Rekordtief in Düsseldorf* (Stand MO 28.8.2003)
>
> ## Schiffer warten weiter auf mehr Wasser
>
> Schon wieder ein neuer Rekord beim Rheinpegel in Düsseldorf. Erst am Dienstag war mit 74 Zentimetern eine neue Marke aufgestellt worden. Jetzt zeigt der Pegel nur noch 69 Zentimeter an. Und er könnte weiter fallen, meint Hans-Achim Theelen vom Wasser- und Schifffahrtsamt Duisburg-Rhein. Ein derartiger Tiefststand sei seit dem Beginn der Pegel-Messungen in Düsseldorf vor mehr als 100 Jahren noch nicht registriert worden. Anders die Tendenz in Köln: Hier lag der Pegel Samstagmittag bei 1,14 Meter − am Sonntagmorgen aber schon wieder bei 1,17 Meter. Auf den Rekord-Tiefststand von 1947 (83 cm) wird das Wasser hier wohl nicht fallen.

E8 Carsten und Bernd möchten sich gerne den gleichen PC kaufen. Er ist gerade im Angebot für 1234 €. Carsten hat 1452 € gespart und Bernd 1107 €. Wie viel Geld hat Carsten nach dem Kauf noch übrig, wie viele Schulden muss Bernd bei seiner Mutter machen, damit er den PC kaufen kann?

E9

Stadt	Kairo	Moskau	New York	Paris
Höchsttemperatur	36 °C	35 °C	38 °C	36 °C
Tiefsttemperatur	8 °C	−29 °C	−28 °C	−14 °C

a) Wie groß war in den Städten die Temperaturschwankung innerhalb eines Jahres?
b) Welche Stadt weist den geringsten Temperaturunterschied auf, welche den höchsten?

E10

	Geburtsjahr	Todesjahr
Archimedes	287 v. Chr.	212 v. Chr.
Augustus	63 v. Chr.	14 n. Chr.
Euklid	365 v. Chr.	300 v. Chr.
Pythagoras	580 v. Chr.	496 v. Chr.
Tiberius	42 v. Chr.	37 v. Chr.
Kepler	1571 n. Chr.	1630 n. Chr.
Galilei	1564 n. Chr.	1642 n. Chr.

Unsere Zeitrechnung bezieht sich auf die Geburt von Jesus Christus. Man zählt die Jahre ab seiner Geburt als 1. Jahr nach seiner Geburt, 2. Jahr nach seiner Geburt usw. Entsprechend werden die Jahre davor rückwärts gezählt. Dadurch gibt es kein Jahr 0!
Stelle Geburts- und Todesjahr mithilfe von ganzen Zahlen dar. Wie alt wurden die folgenden Personen? Gib zur Berechnung jeweils einen Rechenausdruck an.

978-3-12-734412-7 Lambacher Schweizer 5 NRW Serviceband
© Als Kopiervorlage freigegeben. Ernst Klett Verlag GmbH, Stuttgart 2009

E11 Frau Hall liest ihren Kontostand und sagt: „Mein Kontostand hat sich verdoppelt." Darauf ihr Mann: „Aber du warst doch in den roten Zahlen und hast inzwischen noch 150 € abgehoben." Kann es sein, dass Frau Hall trotzdem Recht hat? Welcher neue Kontostand ist auf dem Kontoauszug angegeben?

E12 In einem Kühllabor wird die Temperatur gleichmäßig von 0 °C auf −36 °C gesenkt. Wie groß ist die durchschnittliche Temperaturänderung in einer Stunde, wenn der Vorgang zwölf Stunden dauert?

E13 Setze die richtige Zahl ein.
Stelle weitere Aufgaben zusammen, in denen du die Vorzeichen variierst. Versuche Regeln zur Division von ganzen Zahlen zu formulieren.

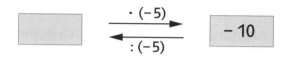

E14 In der Abbildung siehst du, was du brauchst, um einen „Plattfuß" an deinem Fahrrad zu reparieren. Was brauchst du zuerst, was dann, was zuletzt? Verfasse eine Gebrauchsanweisung, die man einem Flickzeugpäckchen beilegen könnte. Genügt es zu sagen, was mit jedem der drei Dinge gemacht wird?

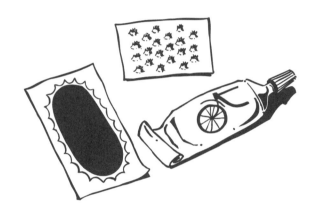

E15 Ein Sportgeschäft bezieht 30 Paar Sportschuhe zu einem Preis von je 84 €. Wegen eines Hochwasserschadens bietet es die beschädigten Schuhe zum Preis von 59 € je Paar an. Welche Einbuße entsteht dem Geschäft?

Sonderangebot:
reduzierte Sportschuhe
statt 84,- € nur noch
59,- €

Sachthemen

Grundgedanke

Die Sachthemen haben das Ziel, unter einem anderen Blickwinkel als die Kapitel an die Mathematik heranzuführen. Sie können damit insbesondere auch für das – neben den vom Bildungsplan vorgegebenen Inhalten – freie Drittel an Unterrichtszeit genutzt werden.

Um eine möglichst große Wahlfreiheit bezüglich Anzahl und Inhalt zu bieten, werden insgesamt drei Sachthemen, eins im Schülerbuch und zwei im Serviceband, angeboten. Sie haben jeweils sehr unterschiedliche inhaltliche Schwerpunkte. Die Übersichten (auf den Seiten K 61, S 68 und S 76) zeigen aber, dass alle ein sehr breites Spektrum mathematischer Inhalte der Klasse 5 ansprechen. Und zwar sind diese in einer zusammenhängenden Geschichte aus der Erfahrungswelt der Kinder verarbeitet. Ein Sachthema führt damit nicht Schritt für Schritt auf die mathematischen Inhalte, sondern diese werden hier aus den Alltagszusammenhängen herausgearbeitet. Bei der Erarbeitung wird klar, dass verschiedene Aspekte der Mathematik nicht isoliert zu betrachten, sondern – je nach Problemstellung – in einem besonderen Zusammenhang zu vernetzen sind.

Es gibt verschiedene Möglichkeiten, ein Sachthema im Unterricht einzusetzen. Einige dieser Aspekte können auch Teil des Schulcurriculums sein.

Wiederholung und Vertiefung

Das Sachthema kann zur Wiederholung und Vertiefung am Ende einer Unterrichtsphase eingesetzt werden, wenn die mathematisch relevanten Inhalte im vorangehenden Unterricht bereits erarbeitet wurden.

Breiter Einstieg

Ein Sachthema kann dazu verwendet werden, um einen breiten Einstieg in ein umfangreiches Thema (z. B. Größen) zu machen. Dabei wird zunächst gesammelt, welche Fragestellungen zum Thema von Interesse sein könnten. Anschließend wird herausgearbeitet, welche mathematischen Inhalte dazu erschlossen werden müssen.

Dies gibt Anlass, in eine der Fragestellungen einzusteigen und die zugehörigen mathematischen Inhalte zu erarbeiten. Mit dieser Grundlage wird dann ein Teilaspekt des Sachthemas beleuchtet und bearbeitet.

Mit den weiteren Teilaspekten kann ebenso verfahren werden. Ob dies sofort im Anschluss geschieht oder über das Schuljahr verteilt („Oberthema" für das gesamte Schuljahr), wird individuell geregelt.

Andere Lernleistung

Anhand eines Sachthemas können einzelne Schülerinnen und Schüler oder Schülergruppen sich in die Fragestellungen einarbeiten und ihre Ergebnisse z. B. in Form eines Referates vor der Klasse vortragen.

Differenzierung

Ein Sachthema bietet die Gelegenheit in arbeitsteiliger Gruppenarbeit zu unterrichten. Die Aufgabenstellungen für die einzelnen Gruppen können dabei den Interessen, dem Vorwissen und dem Leistungsvermögen der Gruppenmitglieder angepasst werden. Auf diese Weise ist es möglich, den Aspekt „innere Differenzierung" in idealer Weise zu berücksichtigen.

Fächerverbindendes Arbeiten

Jedes Sachthema eignet sich in besonderer Weise, mit anderen Fächern zu kooperieren, das Thema unter Berücksichtigung von unterschiedlichem Expertenwissen zu betrachten und diese Sichtweisen sinnvoll zusammenzuführen. Dabei besteht die Möglichkeit, projektartig zu arbeiten.

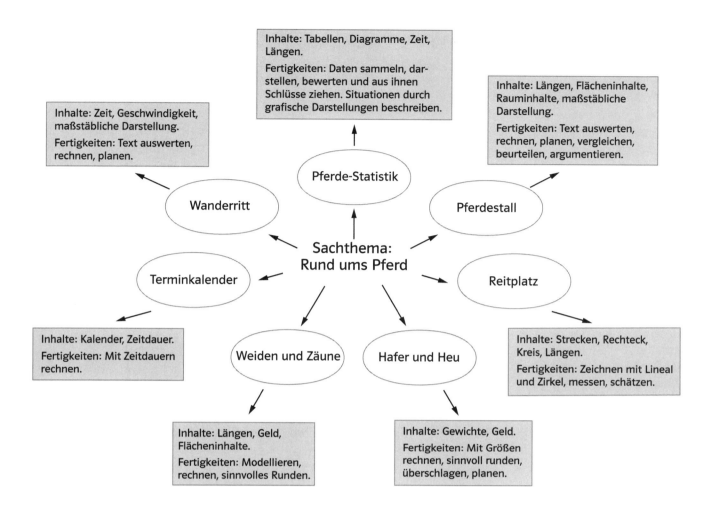

Inhalte: Tabellen, Diagramme, Zeit, Längen.

Fertigkeiten: Daten sammeln, darstellen, bewerten und aus ihnen Schlüsse ziehen. Situationen durch grafische Darstellungen beschreiben.

Inhalte: Längen, Flächeninhalte, Rauminhalte, maßstäbliche Darstellung.

Fertigkeiten: Text auswerten, rechnen, planen, vergleichen, beurteilen, argumentieren.

Inhalte: Zeit, Geschwindigkeit, maßstäbliche Darstellung.

Fertigkeiten: Text auswerten, rechnen, planen.

Pferde-Statistik

Wanderritt

Pferdestall

Sachthema: Rund ums Pferd

Terminkalender

Reitplatz

Inhalte: Kalender, Zeitdauer.

Fertigkeiten: Mit Zeitdauern rechnen.

Weiden und Zäune

Hafer und Heu

Inhalte: Strecken, Rechteck, Kreis, Längen.

Fertigkeiten: Zeichnen mit Lineal und Zirkel, messen, schätzen.

Inhalte: Längen, Geld, Flächeninhalte.

Fertigkeiten: Modellieren, rechnen, sinnvolles Runden.

Inhalte: Gewichte, Geld.

Fertigkeiten: Mit Größen rechnen, sinnvoll runden, überschlagen, planen.

Methodenlernen in Klasse 5

Entwicklung der Teamfähigkeit – Einführung in die Gruppenarbeit

Warum Gruppenarbeit in der 5. Klasse? – Theoretischer Hintergrund

Durch den Wechsel von Unterrichtsmethoden lassen sich sehr unterschiedliche Kompetenzen und Fähigkeiten der Schülerinnen und Schüler ansprechen und stärken. Gruppenarbeit ist eine Möglichkeit Teamfähigkeit zu entwickeln.

Wenn teamfähige Gruppen zusammen arbeiten, so wird einerseits die Klassengemeinschaft gefördert, jede Schülerin, jeder Schüler macht wichtige Lernerfahrungen und es wird andererseits gründliche Sacharbeit geleistet. Da sich diese drei Punkte zudem positiv beeinflussen, lohnt es sich besonders, Gruppenarbeit zu fördern.

Sinnvoll ist es zudem, diese Methode verstärkt in der 5. Klasse einzusetzen, da sich in diesem Alter wichtige Sozialkompetenzen positiv prägen lassen, an die in späteren Jahren angeknüpft werden kann. Das Gehirn entwickelt sich in dieser Altersstufe intensiv in dem Bereich, in dem zwischenmenschliche Signale und Gefühle erkannt werden. Für bisher unreflektierte Impulse entsteht eine Kontrollinstanz. Das betrifft gerade die Situation, wenn eine Gruppe zusammensitzt und es neben der Sachaufgabe eben auch um Zuneigung – Abneigung und Vertrautheit – Fremdheit geht. Die Schülerinnen und Schüler benötigen für die Entwicklung der eigenen Sensibilität und den Aufbau entsprechender Verhaltensmuster Hilfestellungen. Können diese sinnvoll eingebracht werden, so führt dies zu einem konstruktiven miteinander Arbeiten.

Wie entsteht ein Team? – Wichtige Einflussfaktoren

Unter einem Team versteht man eine Gruppe von Personen, die engagiert und effektiv handeln und eine gemeinsame Zielsetzung haben. Voraussetzung dazu ist die Bereitschaft und die Fähigkeit zur Zusammenarbeit, ein guter Informationsfluss mit klaren Gesprächsregeln, wechselnde Rollenverteilung und auch Teamgeist.

In der Schule und vor allem in der 5. Klasse spielen zusätzlich Lernbedingungen wie die Leistungsfähigkeit des Einzelnen, die Vertrautheit innerhalb der Gruppe, die emotionale Befindlichkeit des Einzelnen, die räumliche Situation und der zeitliche Ort im Wochen- und Tagesplan eine wichtige Rolle. Aus dem Zusammenspiel dieser Faktoren beziehen die Schülerinnen und Schüler ihre Lernanreize oder auch Lernhemmungen.

Um möglichst viele Schülerinnen und Schüler zu motivieren und positiv zu prägen, ist es deshalb hilfreich, wenn die Lehrperson neben den inhaltlichen Zielen bei der Betreuung der Gruppen auf die folgenden Aspekte achtet:
Ist die Aufgabenstellung angemessen?
Ist das Klima so, dass jeder Stärken und Schwächen zeigen kann und entsprechend Mitverantwortung für das Ergebnis übernehmen kann? Können die Schüler miteinander und voneinander lernen?

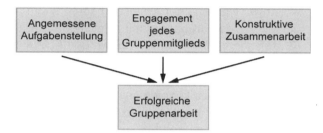

Wünsche und Bedürfnisse auf der Beziehungsebene können dann neben der Aufgabe ganz erheblich zur Motivation beitragen: Sich in der Kleingruppe sicher fühlen, seine persönlichen Stärken zeigen können, dazugehören.

Wie kann die Einführung praktisch gestaltet werden? – Ein Unterrichtsvorschlag

Die Einführung in die Gruppenarbeit geschieht in zwei Phasen. In der ersten Phase werden Regeln für die Gruppenarbeit erstellt (ca. 2 bis 3 Unterrichtsstunden). Die zweite Phase erstreckt sich über den gesamten folgenden Fachunterricht. Hier erhalten die Schüler immer wieder an geeigneten Stellen die Möglichkeit, mathematische Aufgabenstellungen in einer Gruppe zu bearbeiten.

1. Unterrichtsphase: Erarbeitung der Verhaltensregeln und der Organisation bei Gruppenarbeit

Die Hilfe der Lehrperson beginnt beim Nachdenken über das Gesprächsverhalten. Nicht indem sie Gesprächsregeln vorgibt, sondern aus den Schülererfahrungen heraus Anregungen entwickeln hilft. Dies kann sich in einem Wechsel von Reflexionsphasen und Arbeitsphasen abspielen, die aufeinander aufbauend durchgeführt werden. In den Reflexionsphasen wird jeweils über Gruppenarbeit nachgedacht, während diese in den Arbeitsphasen bereits angewendet wird. Die Rückblicke auf den Lernprozess helfen den Schülerinnen und Schülern, Erfahrungen mit sich und den anderen für ihr Lernverhalten auszuwerten.

Ziel der drei Reflexionsphasen ist es,
– sich in Gruppenarbeit einzudenken (1. Reflexion: „Was fällt mir alles zum Stichwort Gruppenarbeit ein?"),
– Verhaltensregeln innerhalb der Gruppe zu erarbeiten (2. Reflexion: „Welche Verhaltensregeln wollen wir während der Arbeit einhalten?")
– den Ablauf der Gruppenarbeit zu systematisieren (3. Reflexion: „Wie organisieren wir den Ablauf der Gruppenarbeit?").

Mögliche Ergebnisse könnten sein:
„Was fällt mir alles zum Stichwort Gruppenarbeit ein?"

> Ich rede sehr wenig.   Es ist zu laut.
>
> Ich kann in meinem Tempo arbeiten.
> Ich kann mich zurücklehnen.
>   Der Lehrer hat Zeit für mich.
> Ich werde nicht müde,
> da ich nicht nur zuhören muss.
>   Ich kann die anderen fragen,
>   wenn ich nicht weiter weiß.
> **GRUPPENARBEIT**

„Welche Verhaltensregeln wollen wir während der Arbeit einhalten?"

> Unsere Gruppenarbeit gelingt, wenn wir
> • die anderen ausreden lassen
> • Beiträge anderer ernst nehmen
> • Verantwortung für die Gruppe übernehmen
> • am Thema bleiben
> • ...
>
> **VERHALTEN**

„Wie organisieren wir den Ablauf der Gruppenarbeit?"

> Unsere Gruppenarbeit gelingt, wenn wir
> • einen Gesprächsleiter festlegen
> • einen Zeitwächter haben
> • ein Protokoll anlegen
> • ein Ergebnis vorstellen können
> • ...
>
> **ORGANISATION**

Die Arbeitsphasen (Kopiervorlagen 1, 2) dienen zur schrittweisen Erarbeitung und Einübung der festgelegten Regeln. Eine Bewertung kann den Abschluss der 1. Unterrichtsphase bilden (Kopiervorlage 3).

2. Unterrichtsphase: Festigung der erarbeiteten Regeln im Mathematikunterricht
Zur Festigung der Regeln und damit der Stärkung der Teamfähigkeit ist es notwendig, dass die Schülerinnen und Schüler im folgenden Mathematikunterricht immer wieder Gelegenheit haben, in Gruppen zu arbeiten und das Zusammenspiel der Gruppenmitglieder zu verbessern. Zahlreiche Aufgabenstellungen sind dafür geeignet. Einige davon sind hier angefügt.

Kopiervorlage 1 (Arbeitsphase I)

Einzelarbeit:
Allein mit den Wägestücken 1 g und 3 g kann man
auf einer Balkenwaage alle Gewichte mit 1 g, 2 g,
3 g und 4 g bestimmen, da man die Wägestücke
auf beide Waagschalen verteilen kann. Skizziere
die verschiedenen Fälle in deinem Heft.

Gruppenarbeit:
Gegenstände mit den Gewichten 1 g, 2 g, 3 g ...
bis 13 g sollen mit möglichst wenig Wägestücken
auf der Balkenwaage bestimmt werden.
Welche Wägestücke braucht man mindestens
dafür?

Gebt auf einem Lösungsblatt einen Satz Wägestücke an und erklärt, wie man damit die ganz-
zahligen Gewichte bis 13 g bestimmt.
Gibt es mehrere Möglichkeiten?

Kopiervorlage 2 (Arbeitsphase II)

Einzelarbeit:
Bestätige durch geschicktes Abzählen,
dass hier 45 Plättchen gelegt sind.

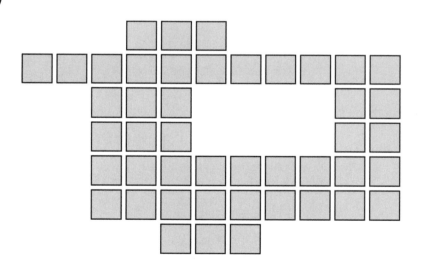

Gruppenarbeit:
Diese 45 Plättchen sollen in dieser Lage zusammengeklebt werden. Die anliegenden Seiten benachbarter
Quadrate werden verklebt, dazu erhalten beide Plättchen einen Klebepunkt. Wie viele Klebepunkte sind insgesamt erforderlich? Sucht verschiedene geschickte Abzählverfahren und beschreibt auf dem Lösungsblatt, wie
ihr damit die Anzahl ermitteln könnt.

Kopiervorlage 3 (Reflexionsphase III)

Wie ich die Gruppenarbeit erlebt habe

Kreuze an, ob der Satz für dich jeweils zutrifft. Ein Kreuzchen ganz links heißt ‚stimmt nicht', ein Kreuzchen ganz rechts heißt ‚stimmt genau'.

	stimmt nicht				stimmt genau
Ich habe gerne in der Gruppe mitgearbeitet.					
Meine Ideen wurden von den anderen angenommen.					
Wir haben jedem zugehört und jeden ausreden lassen.					
Wir haben zügig gearbeitet.					
Die Aufgabe hat uns Spaß gemacht.					
Wir haben uns mehrere Lösungswege ausgedacht.					

	Mir gefällt noch nicht:

Unterrichtsform Lernzirkel

Grundidee

Den Schülerinnen und Schülern werden Lerninhalte, Lernziele, Lernaufgaben, ein Ablaufplan („Laufzettel") und die dafür vorgesehene Unterrichtszeit vorgegeben. Das benötigte Material (Arbeitsanleitungen, Bücher, Lexika, Arbeitsblätter, Modelle, Internet-Adressen usw.) wird von der Lehrperson didaktisch aufbereitet und an verschiedenen Lernstationen im Klassenzimmer bereitgestellt. Innerhalb des vorgegebenen Zeitrahmens müssen die Aufträge an den verschiedenen Stationen bearbeitet werden.

Dabei arbeiten die Kinder meist mit einem Partner oder in einer Gruppe. Das Lerntempo, in der die Stationen durchlaufen werden, können sie bis zu einem gewissen Grad ihren Fähigkeiten und Bedürfnissen anpassen.
Sind die Inhalte der Stationen so aufbereitet, dass sie voneinander unabhängig sind, so kann die Schülerin oder der Schüler die Reihenfolge der Bearbeitung selbst bestimmen. Ist jedoch eine Reihenfolge einzuhalten, so muss dies auf dem „Laufzettel" vermerkt sein.
Mögliche Variante: Aufteilung der Stationen in Pflicht- und Wahlstationen.

Einsatzmöglichkeiten

– Erarbeitung von neuen Lerninhalten („Erarbeitender Lernzirkel"); Übungen („Übender Lernzirkel"); Kombinationen dieser Lernformen.
– Der Lernzirkel eignet sich auch für den fächerverbindenden Unterricht. Die Stationen werden dann i. A. von mehreren Fachlehrern erstellt und enthalten Lerninhalte und Lernaufgaben aus verschiedenen Unterrichtsfächern.

Geeignete Themen für die Klassenstufe 5

– „Erarbeitender Lernzirkel": Größen (Längen, Gewichte, Zeitspannen)
– „Übender Lernzirkel": Alle Gebiete zur Vertiefung oder zum Abschluss eines Themas, zum Abschluss des Schuljahres oder zum Üben für eine Klassenarbeit
– Fächerübergreifender Lernzirkel: Symmetrie in der Mathematik, der Natur, der Architektur, der Kunst und der Technik

Beschreibung der Methode

– Der Lernstoff wird in Teilthemen aufgeteilt, die möglichst voneinander unabhängig sind. Diese bilden die Grundlage für eine jeweilige Station. Jedes Thema wird didaktisch aufbereitet.
– Die Stationen werden an verschiedenen Stellen des Klassenzimmers aufgebaut.
    Damit die Schülerinnen und Schüler den Überblick bewahren, bietet es sich an, die Stationen mit Nummern oder Namen zu versehen.
– Zu Beginn der Lernzirkelarbeit stellt die Lehrperson die einzelnen Stationen vor und erläutert den Laufzettel. Sie stellt sicher, dass die Arbeitsanweisungen verstanden worden sind.
– Zuordnung der Gruppen zu den einzelnen Stationen – Beginn der Stationenarbeit.
    Die Schüler bearbeiten die Stationen auf der Grundlage der Anleitungen gemäß der beschriebenen Grundidee. In einer ersten Phase arbeiten sie ohne weitere Hilfestellungen durch die Lehrperson. Diese nimmt die Rolle eines Beobachters ein.
– Im weiteren Verlauf kann die Lehrperson auch mit Hilfestellungen zur Verfügung stehen. Auf Anfrage unterstützt sie Schülerinnen und Schüler bei auftretenden Schwierigkeiten. Ziel dabei ist stets, zur selbstständigen Weiterarbeit zu befähigen und motivieren.
    Die Ergebnisse werden möglichst durch die Schülerin oder den Schüler selbst kontrolliert.
– Der Wechsel der Stationen erfolgt nach Bedarf der Gruppen. Um Staus an einer Station zu vermeiden, ist es häufig sinnvoll, dass jede Station doppelt vorhanden ist.
– Nach Ablauf der vorgesehenen Arbeitszeit endet im Allgemeinen der Unterricht zum vorgegebenen Thema. Insbesondere wird der Inhalt nicht mehr von der Lehrperson wiederholt. Allenfalls kann sie auf Besonderheiten, versteckte Schwierigkeiten oder die Bedeutung des Themas im Gesamtzusammenhang der Unterrichtseinheit hinweisen. Auch die Bearbeitung zusätzlicher komplexerer Aufgaben, Verbindung von einzelnen Stationen oder eine Verknüpfung mit anderen Inhalten kann sinnvoll sein.

Voraussetzungen

– Der Schwierigkeitsgrad des Inhalts sollte beim ersten Lernzirkel niedrig sein. Mit zunehmender Erfahrung der Schülerinnen und Schüler mit dieser Unterrichtsform können auch Inhalte mittleren Schwierigkeitsgrades auf diese Weise bearbeitet werden.

- Häufig lässt sich das zu bearbeitende Thema in Teilthemen gliedern, die weitgehend voneinander unabhängig sind. Dabei sieht man auch Stationen vor, die das Lernen mit allen Sinnen berücksichtigen. Wenn möglich, besitzt das Material einen hohen Aufforderungscharakter, damit eine zusätzliche Motivation durch die Lehrperson nicht nötig ist.
- Es ist der Arbeit förderlich, wenn die Schülerinnen und Schüler über folgende Kompetenzen verfügen: einen eigenen Aufschrieb erstellen, eine individuelle Zeitplanung vornehmen und eine Selbstkontrolle durchführen können sowie die Fähigkeiten in der Gruppe zu arbeiten. Beim „erarbeitenden Lernzirkel" sollten sie darüber hinaus möglichst auch unbekannte mathematische Texte erfassen, die wesentlichen Informationen und Zusammenhänge daraus entnehmen und daraus einen prägnanten Heftaufschrieb zur eigenen Nutzung erstellen können.

Ergebnissicherung

Verschiedene Hilfestellungen zur Sicherung des Lernerfolges sind denkbar und möglich.
- Den Schülern werden an jeder Station Lösungsblätter zur Verfügung gestellt.
- Es werden Lernmaterialien ausgewählt, die eine unmittelbare Rückmeldung ermöglichen (Lernspiele, Puzzle ...)
- Die Lehrperson beobachtet und gibt bei Bedarf kleine Hilfestellungen.
- Die Arbeitsergebnisse werden auf Wunsch der Schülerinnen und Schüler eingesammelt und korrigiert.
- Die Arbeitsergebnisse und Aufschriebe werden stichprobenartig kontrolliert.
- „Schlussrunde": Nach Abschluss der Lernzirkelarbeit stellen die Schüler Ergebnisse vor (dazu wird ein entsprechender Arbeitsauftrag bereits an den Stationen erteilt). Gemeinsam werden einzelne Aspekte vertieft, bewertet oder vernetzt.

Probleme

- Dieser Unterricht erfordert einen höheren Vorbereitungsaufwand als konventioneller Unterricht.
- Er erfordert ein Mindestmaß an Arbeitstechniken und Teamfähigkeit bei den Schülern. Diese Kompetenzen müssen u. U. zuerst aufgebaut und geübt werden.
- Bei der erstmaligen Durchführung können Probleme mit der selbstverantwortlichen Erarbeitung von Inhalten („Erarbeitender Lernzirkel") und mit der Lernkontrolle auftreten.

Beschreibung der vorliegenden Materialien

Auf den Seiten S 13–21 bzw. S 50–61 finden Sie zwei Lernzirkel zu den Themen „Größen" (erarbeitend) und „Körper" (übend).
Zur Erstellung eines fächerübergreifenden Lernzirkels können Arbeitsblätter aus dem Themengebiet „Symmetrie" (Seite S 22–34) und Arbeitsblätter aus dem Sachthema „Auf Entdeckung – Symmetrie überall" (Seite S 76–87) verwendet werden.
Aus den Arbeitsblättern zu Kapitel III „Rechnen" (Seite S 35–43) lässt sich mit wenig Aufwand ein übender Lernzirkel zum Thema „Rechenausdrücke mit und ohne Taschenrechner" zusammenstellen.

Wir über uns – Umfrage durchführen und auswerten

1 Fülle die Tabelle aus und reiche sie deinen Mitschülern weiter. Wenn jeder seine Angaben eingetragen hat, erhältst du von eurem Lehrer oder eurer Lehrerin eine Kopie der ausgefüllten Liste.

Umfrage in unserer Klasse

Vorname	Lieblingsfarbe	Lieblingstier	Lieblingssport	Geschwisterzahl

Nun kann die Auswertung beginnen!

2 a) Erstelle eine Tabelle und ein Säulendiagramm zum Lieblingssport in deiner Klasse.
Welche Sportart ist die beliebteste?
Mögen Mädchen andere Sportarten als Jungen?
b) Erstelle eine Tabelle und ein Säulendiagramm zur Geschwisterzahl.
Wie viele Schülerinnen und Schüler sind keine Einzelkinder?
Wie viele Schülerinnen und Schüler haben weniger als drei Geschwister?
Wie viele Schülerinnen und Schüler sind zu Hause mindestens drei Kinder?
c) Mädchen mögen Pferde, Jungen eher Hunde. Stimmt das?
d) Die Farbe Rot ist nicht sehr beliebt. Überprüfe diese Behauptung. Welche Farbe ist am beliebtesten?
e) Ein „Klassensteckbrief": Wohnort, Lieblingsessen, Lieblingssendung, Lieblingsbuch, Hobby ... Was würdest du noch gerne über deine neue Mitschülerin oder deinen neuen Mitschüler wissen? Ändere die Kopfzeile der Tabelle ab und führe eine entsprechende Umfrage in deiner Klasse durch. Stelle das Ergebnis übersichtlich dar. Übertrage es auf ein großes Plakat, das im Klassenzimmer als euer „Klassensteckbrief" ausgestellt werden kann.

Ernst Klett Verlag GmbH, Stuttgart 2009

Eine Liste – Viele Infos – Daten auswerten

1 Jutta und Klaus waren bei der Klassensprecherwahl aufgestellt. Die Stimmen der Jungen und der Mädchen wurden getrennt aufgeschrieben. Was kannst du aus der Strichliste ablesen (Fig. 1)? Wie viele Kinder haben gewählt?

	Jutta	Klaus
Jungen	ＨＨＨ ‖	ＨＨＨ
Mädchen	ＨＨＨ |	ＨＨＨ ‖‖

Fig. 1

Zeit für mein Hobby	Anzahl der Schüler
bis zu 15 Minuten	‖
30 Minuten	ＨＨＨ ＨＨＨ ‖‖‖
45 Minuten	‖‖
60 Minuten	‖‖‖
90 Minuten	‖‖
mehr als 90 Minuten	‖‖

Fig. 2

2 Die Strichliste (Fig. 2) zählt die Zeiten auf, welche die Schülerinnen und Schüler einer Klasse 5 für ihr Hobby in einer Woche aufwenden. Wie viele Schülerinnen und Schüler beschäftigen sich in der Woche
a) höchstens 30 Minuten mit ihrem Hobby?
b) mehr als eine Stunde mit ihrem Hobby?
c) Welche Aussage trifft zu?
(1) Etwa die Hälfte aller Schülerinnen und Schüler dieser Klasse beschäftigt sich mehr als 45 Minuten pro Woche mit ihrem Hobby.
(2) Etwa die Hälfte aller Schülerinnen und Schüler dieser Klasse beschäftigt sich höchstens 30 Minuten pro Woche mit ihrem Hobby.

3 Eva hat aus allen fünften Klassen jeweils zehn Schülerinnen oder Schüler nach ihrem Lieblingsessen befragt (Fig. 3).
a) Welches ist das Lieblingsessen der neuen Fünftklässler?
b) Vergleiche die Ergebnisse der einzelnen Klassen miteinander.
c) Vergleiche die Liste mit dem Zeitungsartikel (Fig. 4). Was stellst du fest?

Von 100 Kindern essen gerne ...
Tomatensoße 63
Milchreis 47
Fischstäbchen 38
Pommes frites 2
Würstchen 27
Rohkost 27
Erbsen 23
Pizza 22
Spaghetti 9
Pfannkuchen 17

Fig. 4

	5a	5b	5c	5d
Pizza	‖‖	‖	‖‖	|
Baguettes	‖	‖	|	‖‖
Würstchen		|		‖
Pommes frites	|	‖		|
Spaghetti	|	|	‖	‖
Milchreis		‖	|	
Hähnchen	‖			|
Salate	|		|	
alles			|	

Fig. 3

4 Vera und Kosta erfassten in einer Strichliste den Straßenverkehr innerhalb von 10 Minuten (Fig. 5). Stelle möglichst viele sinnvolle Informationen zusammen, die man diesen Daten entnehmen kann. Wie könnte ein Zeitungsartikel eines Journalisten lauten, der über das Verkehrsaufkommen in diesem Ort berichtet? Verfasse einen solchen Artikel.

Pkw	ＨＨＨ ＨＨＨ ＨＨＨ ＨＨＨ |
Lkw	ＨＨＨ ‖‖‖
Motorräder	ＨＨＨ ‖‖
Motorroller	ＨＨＨ ＨＨＨ |
Fahrräder	ＨＨＨ ＨＨＨ ＨＨＨ |

Fig. 5

I Natürliche Zahlen

1 x 1-Puzzle (1)

Materialbedarf: 40 Kärtchen, Raster (Kopiervorlage Seite S 10), Schere

Zerschneide die Vorlage und lege die Kärtchen so in das Raster der nächsten
Seite, dass die Zahlen nach dem kleinen 1×1 geordnet werden, also für alle
Ziffern 1 bis 9 die Ketten
2-4-6-8-10-12-14-16-18-20; 3-6-9-12-…-30; 4-…-40; …-…-90 entstehen.
Nur die 9er Reihe kommt dabei zweimal vor.
Es gibt außerdem noch Zahlen, die nicht zu den Ketten gehören.

36
27
18
9

1 × 1	60	8		45
		4	2	36
		24		18
8	30	63	56	14	4
6.		24		21	27
16	42	80	54	40
14		90	18	63	36
		36	27		45
		36			81
3	56	54	45	50	4	16
		48		8	72
12	24	20		18
	18	21	24	64	63	20
15			28	72	25
40	8	16	6.	48
	32	15	90	35	12	5	10	56
30		10	30	12	56
8	24	48	32	54
	63	30	36	42	18	28	6.	12
54		16	72	6.	18
6.	27	42	28
	6.	24	70	49	35	7

1 x 1-Puzzle-Raster (2)

Pakete schnüren – Division

4	5	80	16	24
20	60	3	320	96
15	54	15	5	4
18	90	5	600	12
25	150	6	120	3
30	300	10	180	18

Hier findest du in der ersten Zeile nebeneinander die Zahlen 5, 80, 16.
Man kann sie so lesen:
Der **5.** Teil von **80** ist **16** oder der **16.** Teil von **80** ist **5.**
Suche weitere Pakete von drei nebeneinander stehenden Zahlen mit dieser Eigenschaft. Dabei müssen die Zahlen nicht unbedingt waagerecht (◄———►) nebeneinander stehen, sondern es sind alle vier Richtungen erlaubt:

© 10 min   ♦ Einzelarbeit

Radtour – Größen

Du willst mit dem Fahrrad vom START zum ZIEL fahren.
Die möglichen Wege sind unterschiedlich lang und schwierig zu befahren.
a) Welches ist der kürzeste Weg?
b) Welches ist der schnellste Weg?

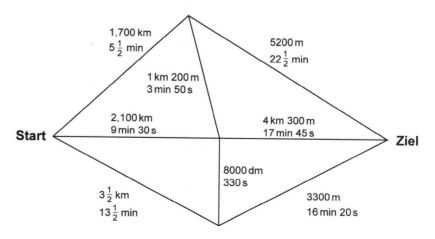

© 15 min   ♦ Einzelarbeit

Puzzle mit Größen

Materialbedarf: Schere

Schneide die Puzzleteile aus und lege sie dann so zusammen, dass sich gleiche Größenangaben gegenüberstehen. Nebenstehend siehst du ein Beispiel.
Auf dem fertigen Puzzle kannst du ein Tier erkennen.

Beispiel (oben rechts):
807 dm	920 dm
30 t / 3000 kg / 185 min	3 t / 4 min / 8 km 70 m

Puzzlefeld:

5 d 20 h — 5600 g / 1 min 22 s / 690 dm	1 d 40 h — 240 s / 3 h 20 min / 9200 cm	2080 m — 2 kg 590 g / 83 mm / 12 min	25 cm — 140 h / 5 g 140 mg / 8 cm
8070 m — 3003 g / 420 min / 4 kg 20 g	2 d 12 h — 6 t 200 kg / 69 m / 2 g 1 mg	720 s — 5 cm 30 mm / 2 h / 7080 kg	4 min 22 s — 62 t / 1 t 300 kg / 8 m 70 cm
1 min 10 s — 450 mm / 5 kg 600 g / 7010 kg	70 s — 2 dm 5 cm / 1 h 40 min / 4020 g	7 t 80 kg — 82 s / 300 min / 70 cm 15 mm	40 g — 100 l / 2000 s / 41 m 20 cm
3 dm 15 cm — 40000 mg / 470 min / 3 d	2 km 800 dm — 282 s / 200 min / 1030 kg	715 mm — 2001 mg / 2500 mm / 1300 kg	7 t 10 kg — 850 cm / 60 h / 5 km 140 dm
38 dm — 5014 m / 7100 kg / 310 s	6200 kg — 380 cm / 3 min 82 s / 690 cm	3 h 5 min — 3030 g / 3 kg 3 g / 4120 cm	9 g 40 mg — 315 cm / 5 min 10 s / 5014 dm
5140 mg — 2590 g / 7 h / 90 m 20 dm	807 dm — 30 t / 3000 kg / 185 min	920 dm — 3 t / 4 min / 8 km 70 m	7 h 50 min — 9 h / 6 m 25 dm / 9040 mg

Lernzirkel: Größen

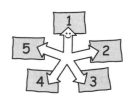

Mit diesem Lernzirkel kannst du dir die Größen selbst erarbeiten. Bei jeder Station lernst du etwas Neues dazu. Wichtig ist deshalb, dass du die Arbeitsblätter aufmerksam durchliest und nicht aufgibst.
Dieses Arbeitsblatt hilft dir bei der Arbeit. In der ersten Spalte sind die Stationen angekreuzt, die du auf jeden Fall machen solltest (Pflichtstationen). Die anderen Stationen sind ein zusätzliches Angebot (Kürstationen).

Reihenfolge der Stationen

Bevor du die Stationen 5 bis 8 bearbeitest, solltest du die ersten vier Stationen anschauen, da in diesen die Einheiten zu Länge (z. B. cm), Gewicht (z. B. kg), Zeit (z. B. h) und Geld (€; ct) vorgestellt werden. Wenn du diese Einheiten schon kennst, darfst du auch mit einer anderen Station anfangen. Wenn eine Pflichtstation, die du machen willst, belegt ist, kannst du eine Kürstation bearbeiten.

Stationen abhaken

Wenn du eine Station bearbeitet hast, solltest du sie auf diesem Blatt abhaken.
So weißt du immer, was du noch bearbeiten musst. Kläre mit deiner Lehrerin oder deinem Lehrer, wann du deine Lösungen mit dem Lösungsblatt vergleichen darfst.
Danach kannst du hinter der Station das letzte Häkchen machen.

Zeitrahmen

Natürlich musst du auch die Zeit im Auge behalten. Kläre mit deiner Lehrerin oder deinem Lehrer, wie viel Zeit du insgesamt zur Verfügung hast, und überlege dir dann, wie lange du für eine Station einplanen kannst. Am Ende solltest du auf jeden Fall die Pflichtstationen erledigt und verstanden haben.

Viel Spaß!

Pflicht	Kür	Station	bearbeitet	korrigiert
		1. Längenangaben		
		2. Gewichtsangaben		
		3. Zeitangaben		
		4. Warum gibt es verschiedene Maßeinheiten?		
		5. Größenangaben mit Komma		
		6. Schätzen und Messen		
		7. Rechnen mit Geld		
		8. Der Euro		

Lernzirkel: 1. Längenangaben

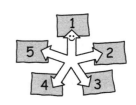

Eine **Längenangabe** besteht wie jede Größenangabe aus einer Maßzahl und einer Maßeinheit.

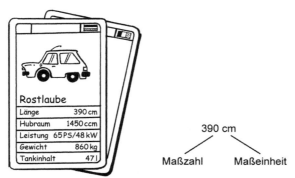

390 cm

Maßzahl   Maßeinheit

Längen misst man in den Maßeinheiten
km (Kilometer), **m** (Meter), **dm** (Dezimeter),
cm (Zentimeter) und **mm** (Millimeter).

$$1\,km = 1000\,m$$
$$1\,m = 10\,dm$$
$$1\,dm = 10\,cm$$
$$1\,cm = 10\,mm$$

1 Ist dir aufgefallen, dass in jeder Maßeinheit das Wort „Meter" vorkommt? Eine Vorsilbe gibt an, welches Vielfache oder welcher Teil eines Meters gemeint ist.
Verbinde jede Vorsilbe mit ihrer Bedeutung.

kilo •   • „ein Tausendstel"

dezi •   • „ein Hundertstel"

zenti •   • „Tausend"

milli •   • „ein Zehntel"

2 Rechne in die angegebene Einheit um.

Beispiel: 5 cm = 50 mm

a)   3 km = _____ m

b)   7 cm = _____ mm

c)   35 m = _____ cm

d) 6700 mm = _____ dm

e) 34 000 cm = _____ m

3 Schreibe in der angegebenen Maßeinheit.

Beispiel: 3 m 40 cm = 340 cm

a)   7 m 85 cm = _____ cm

b) 30 cm 4 mm = _____ mm

c)   3 dm 4 mm = _____ mm

d)   7 km 84 m = _____ m

4 Vergleiche und setze > oder < ein.

Beispiel: 340 mm > 5 cm

a)   700 cm ☐ 8 m

b)   73 dm ☐ 80 cm

c)   4650 dm ☐ 5 km

d) 2 m 64 cm ☐ 3000 mm

5 Merke: Erst gleiche Maßeinheit, dann rechnen!

Beispiel: 9 m + 30 cm = 900 cm + 30 cm = 930 cm

a) 4 cm + 3 mm = _____ = _____

b) 12 km + 40 m = _____ = _____

c) 3 m + 50 mm = _____ = _____

6 Petra liebt es, aus Wolle Armbänder zu flechten. Für ein Armband benötigt sie drei Fäden mit je 25 cm Länge. Sie hat ein Wollknäuel mit 50 m.
a) Wie viel Wolle verbraucht Petra für ein Armband?
b) Wie viele Armbänder kann sie aus dem Wollknäuel herstellen?
c) Wie lang ist der Rest, der übrig bleibt?
Schreibe deine Rechnung auf die Rückseite.

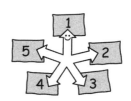

Lernzirkel: 2. Gewichtsangaben

Eine **Gewichtsangabe** besteht wie jede Größenangabe aus einer Maßzahl und einer Maßeinheit.

Gewichte misst man in den Maßeinheiten **t** (Tonne),
kg (Kilogramm), **g** (Gramm), **mg** (Milligramm).

$$1\,t = 1000\,kg$$
$$1\,kg = 1000\,g$$
$$1\,g = 1000\,mg$$

1 Ordne den Tieren das richtige Gewicht zu.

Stier ◆	◆ 10 g
Zwergkaninchen ◆	◆ 1 t
Biene ◆	◆ 1 kg
Schwein ◆	◆ 100 mg
Meise ◆	◆ 100 kg

2 Schreibe in der angegebenen Einheit.

Beispiel: 2 kg 500 g = 2500 g

a) 40 t 300 kg = _____ kg

b) 3 kg 46 g = _____ g

c) 6 g 750 mg = _____ mg

d) 1 kg 50 g = _____ g

e) 4 t 2000 g = _____ kg

f) 35 kg = _____ g

3 Gib in gemischten Maßeinheiten an.

Beispiel: 61 372 g = 61 kg 372 g

a) 3400 mg = _____

b) 6738 kg = _____

c) 350 090 mg = _____

d) 4 000 600 g = _____

4 Vergleiche und setze > oder < ein.

Beispiel: 7500 g < 8 kg

a) 12 000 mg ☐ 122 g

b) 17 t ☐ 2000 kg

c) 45 kg ☐ 4700 g

d) 9999 kg ☐ 10 t

5 Merke: Erst gleiche Maßeinheit, dann rechnen!

Beispiel: 9 kg + 500 g = 9000 g + 500 g = 9500 g

a) 2 kg + 100 g = _____ = _____

b) 3 g + 50 mg = _____ = _____

c) 70 kg + 20 g = _____ = _____

6 Familie Müller fährt in den Urlaub. Ihr Auto hat
ein Leergewicht (= ohne Gepäck oder Insassen) von
1340 kg. Das zulässige Gesamtgewicht (= Gewicht,
das vollbeladen noch erlaubt ist) beträgt 2 t.
Wie schwer darf das Gepäck sein, wenn auch noch
Vater (80 kg), Mutter (65 kg), Sohn (45 kg) und
Tochter (35 kg) mitfahren möchten?
Schreibe deine Rechnung auf die Rückseite.

Lernzirkel: 3. Zeitangaben

Die Angabe einer **Zeitdauer** besteht wie jede Größenangabe aus Maßzahl und Maßeinheit.

Hauptbahnhof Kaffdorf

Abfahrt	Gleis	Ziel	Ankunft	Dauer
9:20	4	Dorfstadt	10:40	1:20
9:42	1	Rechenheim	11:12	1:30
9:55	2	Kleinhausen	12:16	2:21
10:04	1	Nettestadt	13:44	3:40
10:17	3	Althausen	15:20	5:03
10:30	4	Zeitingen	11:15	0:45

45 min

Maßzahl   Maßeinheit

Zeitdauern misst man in den Maßeinheiten **a** (Jahr), **d** (Tag), **h** (Stunde), **min** (Minute), **s** (Sekunde).

$$1\,a = 365\,d$$
$$1\,d = 24\,h$$
$$1\,h = 60\,min$$
$$1\,min = 60\,s$$

Wie viele Sekunden hat eigentlich eine Stunde?

1 h = _____ min = _____ s

1 Schreibe in der angegebenen Einheit.

Beispiel: 2 d 10 h = 58 h

a) 1 h 20 min = _____ min

b)   3 d 14 h = _____ h

c) 4 h 50 min = _____ min

d)   5 min 3 s = _____ s

2 Gib in gemischten Maßeinheiten an.

Beispiel: 90 min = 1 h 30 min

a) 150 min = _____

b)   100 h = _____

c) 100 min = _____

d)   250 s = _____

3 Vergleiche und setze > oder < ein.

Beispiel: 245 min > 4 h

a)   90 s [ ] 1 min

b) 20 min [ ] $\frac{1}{4}$ h

c)   50 h [ ] 2 d

d)   240 h [ ] 24 d

e) 2000 s [ ] $\frac{1}{2}$ h

Anfang und Ende einer Zeitdauer werden durch Zeitpunkte angegeben. Diese haben den Zusatz „Uhr".

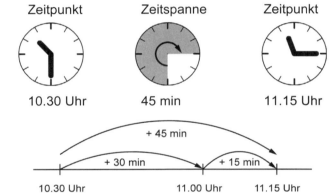

Zeitpunkt	Zeitspanne	Zeitpunkt
10.30 Uhr	45 min	11.15 Uhr

+ 45 min

+ 30 min   + 15 min

10.30 Uhr   11.00 Uhr   11.15 Uhr

4 Friedhelm geht ins Kino. Der Film beginnt um 20.30 Uhr und dauert 80 Minuten.
Wann ist der Film zu Ende?
Schreibe deine Rechnung auf die Rückseite.

5 Beates Unterricht beginnt um 7.50 Uhr. Alle Unterrichtsstunden dauern 45 Minuten. Zwischen der dritten und vierten Stunde sind 15 Minuten Pause, sonst 5 Minuten.
a) Wann beginnt die zweite Stunde?
b) Wann endet die 15-Minuten-Pause?
c) Um welche Uhrzeit ist die 6. Stunde beendet?
Schreibe deine Rechnung auf die Rückseite.

Lernzirkel: 4. Warum gibt es verschiedene Maßeinheiten?

Im Alltag werden in unterschiedlichen Situationen auch unterschiedliche Maßeinheiten verwendet. Der Apotheker rechnet gern in Gramm, der Lastwagenfahrer in Tonnen. Das muss so sein.

Denn stell dir mal vor, es gäbe für jede Größe nur eine Maßeinheit. Beispielsweise für Gewichte nur Kilogramm. Dann könnten zwei Probleme auftreten:
1. Die Maßzahl wird sehr groß.
   Beispiel: Mein Laster wiegt 40 000 kg.
2. Die Maßzahl wird sehr klein.
   Beispiel: Diese Tablette wiegt 0,002 kg.
Um beide Probleme zu vermeiden, gibt es verschiedene Maßeinheiten. Wenn man die Maßeinheit geeignet wählt, ergibt sich eine vernünftige Maßzahl.

1 Rechne die Größenangaben in dieser Erzählung in vernünftige Einheiten um.

Ein Bergsteiger erzählt:

Vor 120 h (_____) bin ich zu einer Bergtour aufgebrochen. Nach $\frac{1}{4}$ Tag (_____) war ich schon auf 1 750 000 mm (_____) Höhe. Das war sehr anstrengend, denn mein Rucksack wog 12 000 000 mg (_____). Dort stellte ich fest, dass ich kaum noch Trinkwasser hatte. Ich machte mich daher zu einem etwa 300 000 cm (_____) entfernten See auf, den ich vom Gipfel aus sehen konnte. Aber an einer glatten Stelle rutschte ich aus und fiel 2000 mm (_____) in die Tiefe. Dabei verstauchte ich mir den Knöchel. Ich musste 180 min (_____) ausharren, bis Hilfe kam. Zusammen stiegen wir bis zur nächsten Hütte ab. Der Höhenunterschied betrug 10 000 cm (_____), aber wir benötigten dafür ganze 7200 s (_____).

2 Wähle die Maßeinheit so, dass die Maßzahl möglichst klein wird und du kein Komma brauchst.

Beispiele: 0,1 g = 100 mg; 2000 g = 2 kg

a)   40 000 mg = _____

b)   3400 cm = _____

c) 10 500 mm = _____

d)   0,5 km = _____

e)   240 min = _____

3 In welchen Maßeinheiten würdest du die folgenden Größen angeben?

a) Körpergewicht eines Menschen: _____

b) Dauer eines 100-m-Sprints: _____

c) Länge eines Nagels: _____

d) Länge eines Fadens auf einer Rolle: _____

4 Manchmal lassen sich große Maßzahlen allerdings kaum vermeiden. Kreuze an.

a) Wie weit ist es bis zum Mond?
   ○ etwa 40 000 km
   ○ etwa 380 000 km
   ○ etwa 21 000 000 km

b) Welche Flugstrecke benötigen Bienen für 500 g Honig?
   ○ etwa 20 000 km
   ○ etwa 50 000 km
   ○ etwa 120 000 km

5 Was ist hier falsch? Erfinde für das rechte Schild eine Größenangabe mit der richtigen Maßeinheit.

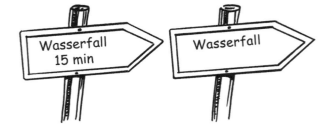

Lernzirkel: 5. Größenangaben mit Komma

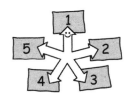

Was wird hier wohl angezeigt? Schreibe die vollständigen Größen unter den Tachometer und über die Personenwaage.

Anmerkung: In England schreibt man statt des Kommas einen Punkt. Dies findet man oft bei Produkten, die weltweit verkauft werden.

1 Trage die Längenangaben in die Tabelle ein und gib sie anschließend mit Komma in der angegebenen Maßeinheit an.

Beispiele: 4 500 m = 4,500 km; 730 cm = 7,30 m

km			m			dm	cm	mm
100	10	1	100	10	1			
		4	5	0	0			
						7	3	0

5000 cm = _____ m

35 mm = _____ cm

1250 m = _____ km

200 m = _____ km

450 mm = _____ m

2 Trage die Größenangaben in die Tabelle ein und gib sie anschließend mit Komma in der angegebenen Maßeinheit an.

Beispiele: 9400 g = 9,400 kg; 600 mg = 0,600 g

kg			g			mg		
100	10	1	100	10	1	100	10	1
		9	4	0	0			
						6	0	0

2500 g = _____ kg

125 g = _____ kg

1600 mg = _____ g

30 mg = _____ g

3 Schreibe ohne Komma.

Beispiele: 2,5 km = 2500 m; 0,5 kg = 500 g

a) 1,2 km = _____

b) 4,50 m = _____

c) 1,5 kg = _____

d) 0,400 g = _____

Zum Rechnen formen wir Größen so um, dass sie die gleiche Maßeinheit haben.

Beispiel: 38 dm + 5,1 m = 38 dm + 51 dm = 89 dm

4 Rudis Pausenbrot besteht aus zwei 2,3 cm dicken Brotscheiben, die jeweils 1 mm dick mit Butter beschmiert und mit zwei 0,2 cm dicken Wurstscheiben und einer 0,4 cm dicken Käsescheibe belegt sind. Wie dick ist sein Pausenbrot?
Schreibe deine Rechnung auf die Rückseite.

978-3-12-734412-7 Lambacher Schweizer 5 NRW, Serviceband **S18**

Ernst Klett Verlag GmbH, Stuttgart 2009

Lernzirkel: 6. Schätzen und Messen

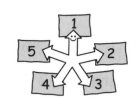

Materialbedarf: großes Lineal oder Meterstab, Küchenwaage, Personenwaage

Um Längen oder Gewichte gut abschätzen zu können, ist es hilfreich, wenn du zu jeder Maßeinheit ein gutes Beispiel kennst. Viele nehmen zum Beispiel einen großen Schritt für einen Meter.

1 Überlege dir zu jeder Maßeinheit ein Beispiel, dessen Länge oder Gewicht der Größenangabe entspricht.

Beispiele: Finger, Münze, Lebensmittel, Stifte …

1 mm → _____

1 cm → _____

1 dm → _____

1 m → _____

1 g → _____

10 g → _____

100 g → _____

1 kg → _____

2 Schätze erst und miss dann nach.

Objekt	geschätzt	gemessen
Tischlänge (cm)		
Zimmerbreite (m)		
Schultasche (kg)		
Geldbeutel (g)		

Wie genau eine Messung ist, hängt vom Messgerät ab. Mit der Personenwaage lässt sich das Gewicht einer Münze nicht bestimmen, da die Anzeige einer Personenwaage viel zu grob ist.

3 Spiel zu zweit
Jeder sammelt ein paar Gegenstände, die zusammen die gesuchte Länge oder das gesuchte Gewicht ergeben (z. B. 50 cm). Dabei darf keiner den Platz verlassen. Anschließend wird gemessen. Wer am besten geschätzt hat, erhält einen Punkt. Folgende Längen und Gewichte sind gesucht:
a) 50 cm   b) 15 cm
c) 6 mm   d) 2 kg
e) 250 g   f) 50 g

4 Oft ist es sinnvoll, die Maßzahl zu runden. Im Backrezept stehen beispielsweise nicht 254 g Mehl, sondern 250 g Mehl. Manchmal muss man aber auch genau sein. Runde die Größenangaben im folgenden Text, wenn es sinnvoll ist.

Kunde: Ich hätte gern 104 g (_____) Lyoner.

Verkäuferin: Oh, es sind leider 106 g (_____).

Kunde: Das ist mir wurst. Was kostet die Salami?

Verkäuferin: Heute nur 8,99 € (_____) pro Kilo.

Kunde: Dann nehme ich gleich 314 g (_____).

Verkäuferin: Was darf es sonst noch sein?

Kunde: Danke, das ist alles.

978-3-12-734412-7 Lambacher Schweizer 5 NRW, Serviceband **S19**   Ernst Klett Verlag GmbH, Stuttgart 2009

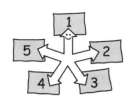

Lernzirkel: 7. Rechnen mit Geld

In vielen europäischen Ländern werden Waren heute in Euro bezahlt. Preise können dabei sehr unterschiedlich dargestellt werden.

1 € = 100 ct

Schreibweisen:
12 Euro 34 Cent
= 12 € 34 ct
= 12,34 €
= 12,34 EUR

1 Schreibe in Euro und Cent.

Beispiel: 134 ct = 1 € 34 ct

a)   257 ct = _____;   8361 ct = _____

b)   33,90 € = _____;   765,49 € = _____

2 Schreibe in Cent.

Beispiel: 345 Euro = 34 500 ct

a) 879 Euro 3 ct = _____

b)   28,40 € = _____

3 Schreibe in Euro mit Komma.

Beispiel: 2867 ct = 28,67 €

a)   679 ct = _____;   2748 ct = _____

b) 84 € 18 ct = _____;   968 € 3 ct = _____

4 Im Alltag muss man oft Kosten abschätzen. Wenn es schnell gehen soll, kann man eine **Überschlagsrechnung** durchführen.

Beispiel:
statt: 5,10 € + 12,98 € + 7,90 €
rechne: 5,00 € + 13,00 € + 8,00 € =   26 €
also: 5,10 € + 12,98 € + 7,90 € ≈   26 €

Überschlage und runde auf Euro.

a) 2,98 € + 17,05 € + 4,95 € ≈ _____

b) 14,90 € − 6,10 € − 2,95 € ≈ _____

c) 23,89 € − 8,90 € + 3,99 € ≈ _____

Kannst du alle
Euro-Länder
aufzählen?

5 a) Pierre muss 26,85 € bezahlen. Er bezahlt mit zwei 20-Euro-Scheinen. Was bekommt er zurück?
b) Jana kauft sich fünf Hefte zu je 65 Cent und drei Bleistifte zu je 55 Cent. Wie viel bekommt sie zurück, wenn sie mit einem 10-Euro-Schein bezahlt? Schreibe diese Rechnung auf die Rückseite.

6 Bernd will Süßigkeiten kaufen. Ein Schokoriegel kostet 45 Cent. Ein Dreier-Pack kostet 1,26 €.
a) Wie teuer ist **ein** Schokoriegel im Dreier-Pack?
b) Bernd hat 5 Euro und 50 Cent dabei. Wie viele Schokoriegel könnte er kaufen?
c) Bernd hat es sich nun doch anders überlegt. Er kauft mit seinem Geld lieber eine Zahnbürste für 1,74 € und Zahnpasta für 94 Cent. Den Rest steckt er zu Hause in sein Sparschwein. Wie viel ist das? Schreibe diese Rechnung auf die Rückseite.

7 Bernd war wieder einkaufen. Er hat mit einem 50-Euro-Schein bezahlt und erhält nur 2,12 Euro zurück. Kann das stimmen? Schreibe deine Rechnung auf die Rückseite.

BILLIG-MARKT
SCHOTTERHEIM

14,05 EUR
7,98 EUR
9,95 EUR
0,89 EUR
11,05 EUR
3,96 EUR

Summe:

⏱ 30 min   † Einzelarbeit

Ernst Klett Verlag GmbH, Stuttgart 2009

Lernzirkel: 8. Der Euro

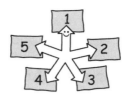

Materialbedarf: Broschüren, Spielbanknoten (von Sparkassen und Banken), Lexika, Internet

2 Die Vorderseiten der Münzen sind einheitlich. Die Rückseiten sind in jedem Land anders. Weißt du, aus welchem Land diese Münzen kommen?

_____

Die Euro-Banknoten (= Geldscheine) zeigen keine tatsächlichen Bauwerke, sondern wichtige europäische Baustile. Auf den Vorderseiten sind Fenster oder Tore dargestellt. Sie stehen für die Offenheit Europas. Die Brücken auf den Rückseiten symbolisieren die enge Verbundenheit zwischen den Ländern Europas.

_____

1 Ordne jedem Geldschein den richtigen Baustil zu.

   5 Euro ◆   ◆ Gotik (1250–1500)

  10 Euro ◆   ◆ Barock (1650–1770)

  20 Euro ◆   ◆ Renaissance (1420–1650)

  50 Euro ◆   ◆ Romanik (um 1000)

100 Euro ◆   ◆ Klassik (Antike)

200 Euro ◆   ◆ Moderne (20. Jahrhundert)

500 Euro ◆   ◆ Stahl und Glas (um 1900)

_____

Die Euro-Münzen werden aus unterschiedlichen Metallen hergestellt.
Die 1-, 2- und 5-Cent-Münzen bestehen aus einem Stahlkern mit Kupferauflage.
Die 10-, 20- und 50-Cent-Münzen enthalten kein Gold, sondern eine Mischung (= Legierung) aus Kupfer, Aluminium, Zink und Zinn.
Die 1- und 2-Euro-Münzen werden im „silbernen" Teil aus Kupfer und Nickel hergestellt und im „goldenen" Teil aus Nickel und Messing.

Wusstest du schon, dass der Herstellungsort jeder Münze an einem kleinen Buchstaben zu erkennen ist? Suche ihn auf den Münzen. In Deutschland gibt es Prägeanstalten in Berlin (A), Hamburg (J), Karlsruhe (G), Stuttgart (F) und München (D).

3 Großherzog Henri von Luxemburg will dich für deine Rechenkünste großherzig belohnen. Er will so viele 1-Euro-Münzen auf eine Waage häufen, bis diese gleich viel wiegen wie du. Eine Münze wiegt 7,5 g. Wie viel Euro wären das?

4 Von den 120 mm langen 5-Euro-Scheinen sind 2 400 000 000 (2,4 Mrd.) im Umlauf.
a) Welche Strecke würde sich ergeben, wenn man alle 5-Euro-Scheine hintereinander legte?
b) Wie oft reicht dies um die Erde? (Der Umfang der Erde beträgt 40 000 km.)

⏱ 20 min   ✝ Einzelarbeit

Ernst Klett Verlag GmbH, Stuttgart 2009

Wo steckt der Fehler? – Achsensymmetrische Figuren

1 Ulrike findet im ersten Bild vier Fehler (Fig. 1). Wie viele Fehler findest du? Kennzeichne sie farbig im Bild.

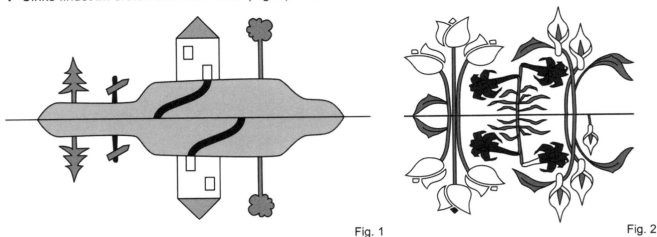

Fig. 1   Fig. 2

2 Das Spiegelbild der Blumen am See zeigt fünf Fehler (Fig. 2). Findest du sie? Kennzeichne sie farbig im Bild.

3 Welches Bild ist das richtige Negativ zum Blumenbild? Begründe. Kreuze an.

4 Jens hat nach dem Foto „Bäume am See" das Bild rechts gemalt. Ihm sind dabei Fehler unterlaufen. Hilf ihm und ergänze farbig.

Masken – Achsensymmetrische Figuren

Materialbedarf: Geodreieck, Bleistift, Buntstifte, Gummiband

Es gibt viele Völker, die zu verschiedenen Anlässen Maskentänze aufführen, z. B. in Afrika und Südamerika. Wenn du die folgende Abbildung achsensymmetrisch ergänzt, erhältst du eine solche Maske.
Du kannst sie anschließend farbig gestalten und ausschneiden. Bohre bei „X" kleine Löcher und befestige dort ein Gummiband, dann kannst du die Maske auch tragen.

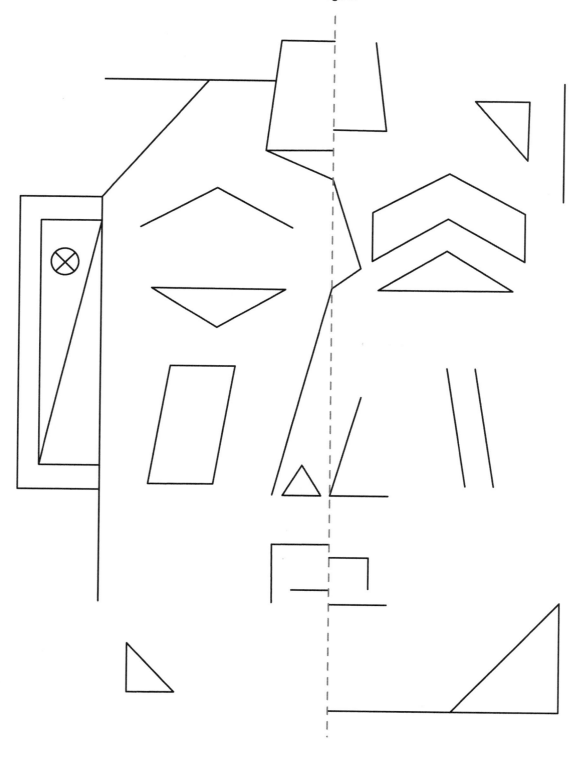

Symmetrieachsen gesucht

1 Welche dieser Verkehrszeichen gibt es nicht? Kreuze an. Begründe.

a)  b)  c)   d)  e)

f)  g)  h)  i) 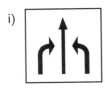 j)

k)  l)   m)  n) 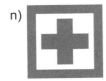 o)

2 Welche der Zeichen und Schilder aus Nr. 1 sind achsensymmetrisch? Zeichne jeweils alle Symmetrieachsen ein.

3 Erfinde selbst ein achsensymmetrisches Verkehrszeichen.

4 Von den Wappen der 16 Bundesländer ist nur genau eines achsensymmetrisch. Weißt du welches? Finde es und zeichne es auf. Gehe dabei geschickt vor.

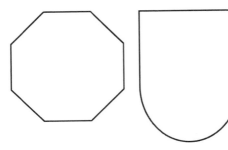

5 Welche der folgenden Wappen sind achsensymmetrisch?

a)  b) 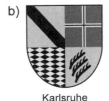 c)  d)  e)

Freiburg   Karlsruhe   Kreis Reutlingen   Ulm   Konstanz

6 Kennst du das Wappen deines Heimatortes? Überprüfe, ob es achsensymmetrisch ist.

7 Entwirf ein Wappen für dich oder deine Familie, das achsensymmetrisch ist.

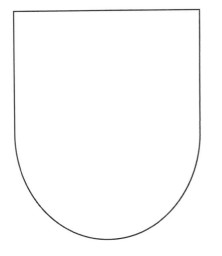

Partnersuche – Achsensymmetrische Figuren (1)

Materialbedarf: Schere, Tangram-Vorlage (Kopiervorlage Seite S 26)

1 Spiegele die Männchen so, dass jeweils achsensymmetrische Pärchen entstehen.

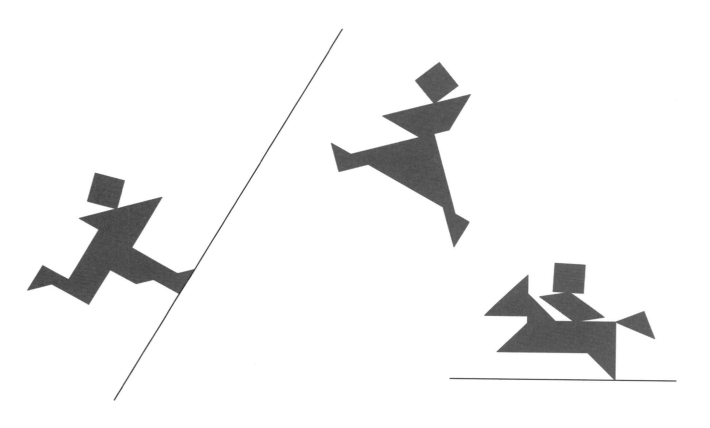

2 Wenn du dir die lustigen Figuren genauer anschaust, wirst du feststellen, dass sie immer aus den gleichen geometrischen Formen bestehen, wie du sie auch im Tangram finden kannst.

a) Bastle dir ein eigenes Tangram-Spiel aus Papier oder Pappe.
b) Versuche nun, mit den sieben Teilen die Männchen auf dieser Seite zusammenzusetzen. Übereinanderlegen ist nicht erlaubt!
c) Erfinde eigene Tangram-Figuren. Zeichne die Umrisse auf und lasse deinen Nachbarn die Figuren nachlegen.

Tangram-Vorlage (2)

Zerschneide diese Vorlage in ihre Einzelteile.

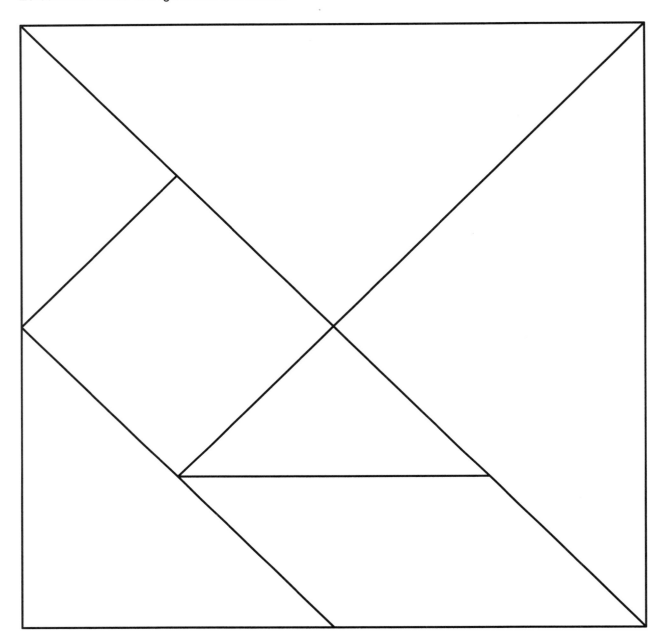

How many? – Dreiecke und Vierecke

Materialbedarf: Geodreieck

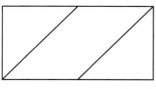

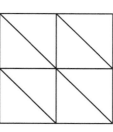
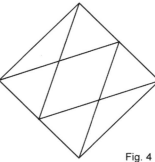

Fig. 1   Fig. 2   Fig. 3   Fig. 4

1 a) Untersuche die Fig. 1 bis 4 auf Symmetrie.

_____

_____

b) Wie viele **Dreiecke** erkennst du in der Fig. 3 (Fig. 4)? _____

c) In der Fig. 3 sind auch **Vierecke** versteckt. Welche speziellen Vierecke kannst du entdecken? Bestimme jeweils ihre Anzahl. Wie viele Vierecke sind es insgesamt?
Tipp: Zeichne die verschiedenen Vierecke auf.

_____

_____

2 a) Spiegele die Fig. 5 an BD.
b) Wie viele verschiedene **Dreiecke** sind in der entstandenen achsensymmetrischen Figur zu finden? Gib diese Dreiecke mithilfe der Punkte und ihrer Spiegelpunkte an.

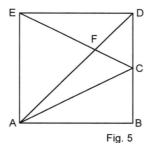

Fig. 5

_____

_____

_____

3 Wie viele **Vierecke** sind in der aus Fig. 5 entstandenen Figur versteckt?

_____

_____

⏱ 45 min + Hausaufgabe   ♦ Einzelarbeit

978-3-12-734412-7 Lambacher Schweizer 5 NRW, Serviceband **S27**

Wie der Osterhase gleich zweimal auf den Schulhof kam

Materialbedarf: Tafelkreide, ein Maßband je Gruppe

Hallo,

wir, die Schüler der Klasse 5 b, haben mit unserer Lehrerin in einer Mathestunde diese Osterhasen gezeichnet. Das könnt ihr auch! Zeichnet auf eurem Schulhof ein großes Koordinatensystem. Überlegt euch eine sinnvolle Einheit (z. B. 1 m für eine Einheit). Je drei Schüler sind im Team verantwortlich für

- das Eintragen von vier bis fünf Punkten (je nachdem, wie viele Schüler ihr in der Klasse seid),
- das Spiegeln der Punkte an der y-Achse und
- das richtige Verbinden der Punkte.

Arbeitet gut zusammen und kontrolliert euch gegenseitig.

Viel Spaß dabei!
Tom aus der 5b

Ach ja, das Wichtigste hätte ich beinahe vergessen. Hier die Koordinaten der Punkte, die nacheinander zu verbinden sind:

(4|9), (4|12), (3,5|11), (3|10), (2,5|8,5), (2|8), (1,5|7,8), (1|7), (0,8|6), (0,3|5,5), (0,5|5), (1|4,8), (2|5), (2,5|4), (2,5|2), (1,5|1), (2|0), (3|0), (4|1,5), (7|1,8), (5,5|0,5), (6|0), (10|0), (11|0,5), (11,5|1,8), (12|2), (13|3), (12|4), (12|6), (11|7), (10|7,5), (8|7), (6|6,5), (5|6,5), (4,5|6,8), (5|8), (6|9), (6,5|10), (7|11), (6|10,5), (5|10), (3,5|8,5)
Auge: (2|6,5), (2,5|6,5), (2,5|7,5), (2|7,5)

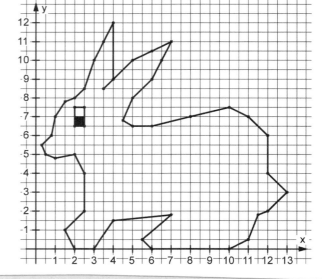

P. S.: Wir hatten Glück, nach einem kurzen Regenguss kam pünktlich zum Matheunterricht wieder die Sonne zum Vorschein. Wenn euch das Wetter „einen Strich durch die Rechnung macht", könnt ihr natürlich auch das Punkteeintragen im Koordinatensystem und das Spiegeln im Heft üben. Besonders gut eignet sich Millimeterpapier.

Symmetriezentren gesucht

1 In Fig. 1 gibt es zwei Paare von punktsymmetrischen Ausschnitten. Findest du sie? Zeichne jeweils das Symmetriezentrum ein.

Fig. 1

Fig. 2

2 Ausgehend vom Hasen im Rahmen (Fig. 2) ergibt sich jeweils mit einem der anderen Hasen ein punktsymmetrisches Muster. Bestimme jeweils das Symmetriezentrum.

3 Prüfe, ob die Flechtmuster punktsymmetrisch sind. Trage bei Punktsymmetrie das Symmetriezentrum ein.

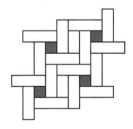 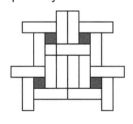 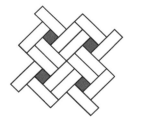 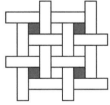

4 Um einen punktsymmetrischen Ausschnitt aus einem Parkettmuster zu erhalten, musst du nur zwei Vierecke ergänzen. Kennzeichne das Symmetriezentrum. Male dann die Figur punktsymmetrisch aus.

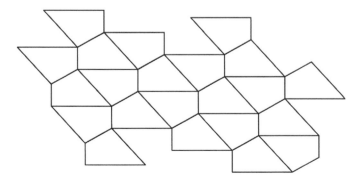

978-3-12-734412-7 Lambacher Schweizer 5 NRW, Serviceband **S29**
Ernst Klett Verlag GmbH, Stuttgart 2009

Symmetriefaltschnitte – Punktsymmetrie mit der Schere

Materialbedarf: Verschiedene farbige Papiere, Schere, Bleistift

Faltest du ein quadratisches Blatt Buntpapier mehrfach, so erhältst du einen Scherenschnitt mit mehreren Symmetrieachsen.

1. Falten

2. Motiv aufzeichnen und schneiden

3. Auseinander falten

Du kannst auch mehr als zweimal falten:

Mandala – Punktsymmetrische Figuren

Materialbedarf: Geodreieck, Zirkel, Bleistift, Buntstifte

Tina ist in der letzten Mathestunde mit ihrem Mandala (altindisch: Kreisbild) nicht fertig geworden. Hilf ihr und ergänze die fehlenden Teile, sodass das Mandala punktsymmetrisch zum Kreismittelpunkt ist.
Die Inder verwendeten Mandalas ursprünglich zur Meditation. Beim Betrachten, Gestalten und Ausmalen kann man sich besonders gut konzentrieren und entspannen. Probiere es aus.

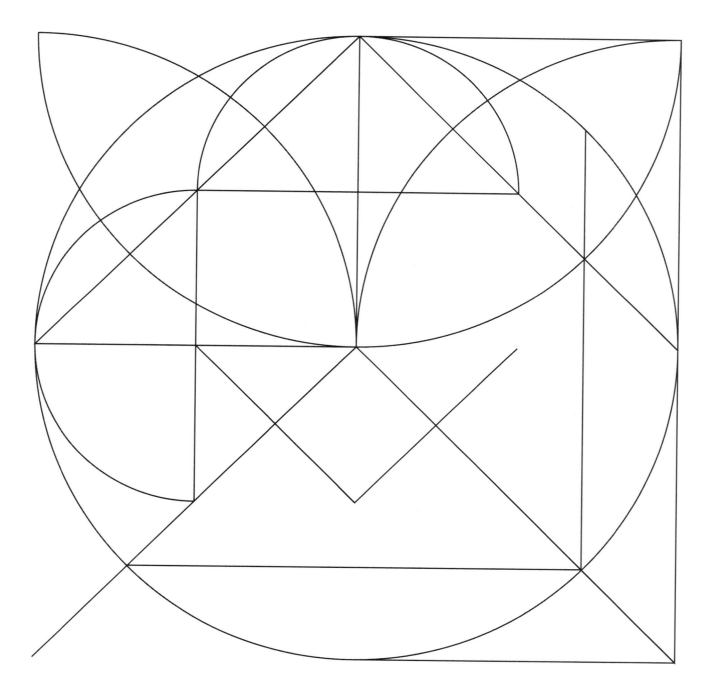

Ernst Klett Verlag GmbH, Stuttgart 2009

Symmetrietafel

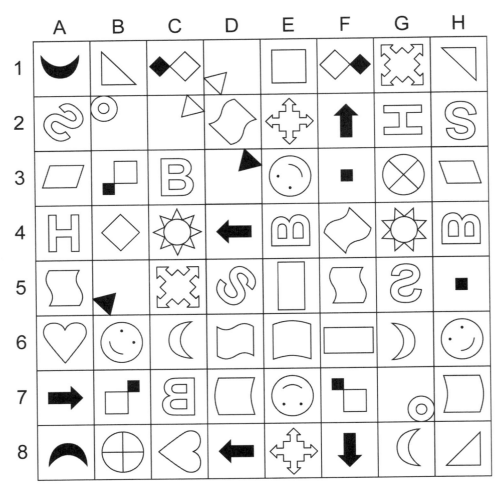

1 Wie viele achsensymmetrische und wie viele punktsymmetrische Figuren erkennst du in der Tafel?
Wie viele sind beides?

_____

_____

2 Findest du Pärchen, die zusammen eine achsensymmetrische oder punktsymmetrische Figur bilden?

_____

_____

_____

_____

_____

Vierecke, Symmetrie und Koordinaten

1 Trage folgende Punkte in das Koordinatensystem ein und verbinde sie jeweils zu einem Viereck. Bestimme die Vierecksart und untersuche auf Symmetrie.

Punkte	Vierecksart	punkt-symm.	achsen-symm.
A (0|5), **B** (2|4), **C** (4|5), **D** (2|6)			
E (2|1), **F** (5|2), **G** (5|4), **H** (2|3)			
K (5|0), **L** (8|1), **M** (8|3), **N** (6|3)			
P (1|10), **Q** (5|10), **R** (5|12), **S** (1|12)			

2 a) Spiegele die Vierecke ABCD, EFGH und KLMN an der Geraden g. Bestimme jeweils die Koordinaten der Bildpunkte und trage sie in die vorbereitete Spalte ein.
b) Spiegele das Viereck PQRS am Punkt Z (6 | 10). Bestimme die Koordinaten von P', Q', R' und S'.
c) Spiegele das Viereck EFGH am Schnittpunkt Y der Diagonalen des Vierecks KLMN.

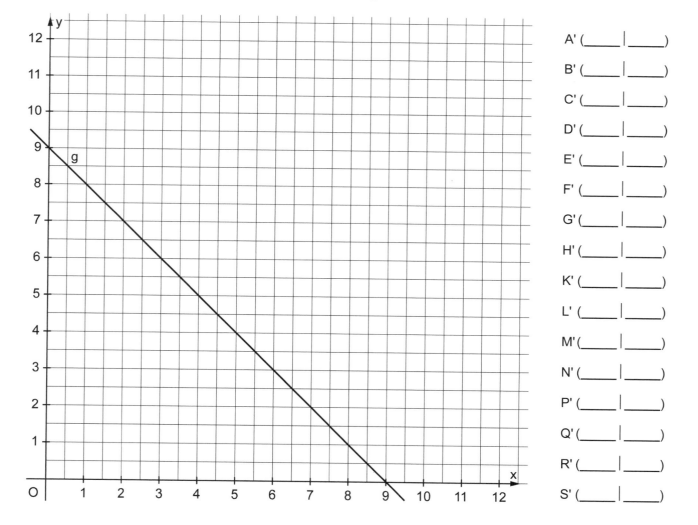

A' (_____ | _____)

B' (_____ | _____)

C' (_____ | _____)

D' (_____ | _____)

E' (_____ | _____)

F' (_____ | _____)

G' (_____ | _____)

H' (_____ | _____)

K' (_____ | _____)

L' (_____ | _____)

M' (_____ | _____)

N' (_____ | _____)

P' (_____ | _____)

Q' (_____ | _____)

R' (_____ | _____)

S' (_____ | _____)

⏱ 45 min + Hausaufgabe   ♦ Einzelarbeit

978-3-12-734412-7 Lambacher Schweizer 5 NRW, Serviceband **S33**

Kreuzworträtsel

Hinweis: Umlaute (ä, ö, ü) werden mit zwei Buchstaben geschrieben (ae, oe, ue).

Waagrecht: 1 diese werden oft eingerahmt; **3** Spiegelung, die bei Skatkarten vorkommt; **8** Sinnesorgan des Menschen; **9** der wichtigste Punkt bei einer Punktspiegelung; **12** so sollte ein Rad aussehen; **13** Linie ohne Anfang und Ende; **14** überaus symmetrische Figur; **17** nicht dunkel; **18** so sollte der Fußboden sein; **19** „Farbe" beim Skat; **20** Spiegelung beim Schall; **22** Viereck mit lauter rechten Winkeln; **23** Naturobjekt, an dem Spiegelungen beobachtet werden können; **24** Fachbegriff für „senkrecht"; **28** hier werden Punkte eingezeichnet.

Senkrecht: 1 oft sehr symmetrischer Teil einer Blume; **2** gefrorene Kugel zum Lecken; **4** große Zettelsammlung; **5** so sollte eine Mauer sein; **6** wichtiges Hilfsmittel im Geometrieunterricht; **7** Viereck, bei dem gegenüberliegende Seiten gleich lang sind; **10** Wann treffen sich zwei parallele Geraden?; **11** anderes Wort für orthogonal; **15** die Hälfte des Durchmessers; **16** Spiel mit punktsymmetrischen Karten; **21** anderes Wort für Party; **25** englisch: schnell laufen; **26** Kopfbedeckung; **27** damit prüft der Maurer sein Werk.

Keine Angst vor Texten! – Vom Text zum Rechenausdruck

Stelle zuerst zu jedem Text einen Rechenausdruck auf und berechne anschließend mit dem Taschenrechner den Wert jedes Rechenausdrucks.

a) Addiere zum Produkt aus Summe und Differenz der Zahlen 48 und 29 den Quotienten aus 3026 und 34.

b) Multipliziere 7 mit der Summe aus 124 und 378. Subtrahiere anschließend den Quotienten aus 1024 dem Produkt $8 \cdot 8$

c) Multipliziere die Summe aus 67 und dem 25fachen von 9 mit der Zahl 3 und subtrahiere dann $25 \cdot 25$.

d) Dividiere die Summe aus 33 780 und dem 45fachen von 1258 durch die Zahl 115 und addiere anschließend das Produkt aus 19 und 17.

e) Subtrahiere den Quotienten aus 315 864 und 2568 von der 12fachen Summe aus 239 und 459.

f) Dividiere die Zahl 19 592 durch die Differenz aus 523 und 275 und addiere anschließend das 3fache der Summe aus 45 und 89.

Ordne die Lösungszahlen der Größe nach, beginnend mit der kleinsten Zahl, und trage sie in der ersten Zeile ein. Suche in der Tabelle nach dem zugehörigen Buchstaben und trage diesen in der zweiten Zeile ein.

Lösungszahlen: _____ _____ _____ _____ _____ _____

Das Lösungswort heißt: _____ _____ _____ _____ _____ _____

580	251	3607	18	481	20	79	38	3498	87	35	1552	91
A	B	C	D	E	F	G	H	I	J	K	L	M

8253	39	552	89	1109	3423	199 688	852 346	7	17	86	54	6
N	O	P	Q	R	S	T	U	V	W	X	Y	Z

⏱ 15 min ♦ Einzelarbeit © Als Kopiervorlage freigegeben.
978-3-12-734412-7 Lambacher Schweizer 5 NRW, Serviceband **S35** Ernst Klett Verlag GmbH, Stuttgart 2009

Rechnen und schreiben – Vom Rechenausdruck zum Text

Berechne die Rechenausdrücke schrittweise und achte auf korrekte Schreibweise. Schreibe anschließend zu jedem Rechenausdruck einen Text. Falls du beim Textschreiben Hilfe brauchst, schau im Schülerbuch Kapitel III in Lerneinheit 1 die Texte von Aufgabe 11 an.

a) $13 \cdot 15 + 24 : 12$

b) $24 + 2 \cdot (26 + 28)$

c) $7 \cdot (12 + 38) + 1024 : 64$

d) $(67 + 43) \cdot (67 - 43)$

e) $468 : 18 + 13 \cdot (51 - 39)$

f) $7 \cdot (29 + 19) - 12 \cdot (21 - 17)$

Ordne die Lösungszahlen der Größe nach, beginnend mit der kleinsten Zahl, und trage sie in der ersten Zeile ein. Suche in der Tabelle nach dem zugehörigen Buchstaben und trage diesen in der zweiten Zeile ein.

Lösungszahlen: _____ _____ _____ _____ _____ _____

Das Lösungswort heißt: _____ _____ _____ _____ _____ _____

580	2565	3607	189	366	205	79	38	25869	87	35	37	910
A	B	C	D	E	F	G	H	I	J	K	L	M

5520	182	132	89	2640	197	288	852	723	170	865	541	623
N	O	P	Q	R	S	T	U	V	W	X	Y	Z

⏱ 30–40 min ♦ Einzel-/Partnerarbeit © Als Kopiervorlage freigegeben.
978-3-12-734412-7 Lambacher Schweizer 5 NRW, Serviceband **S35** Ernst Klett Verlag GmbH, Stuttgart 2009

Text – Rechenausdruck – Text

Materialbedarf: Je Gruppe ein Blatt mit der Anfangsaufgabe

Die Klasse wird in Gruppen zu sechs oder acht Personen eingeteilt. Ein Mitglied bekommt ein Aufgabenblatt. Es liest den Text und schreibt einen Rechenausdruck dazu. Dann faltet es das Blatt an der Linie ①, sodass der Text verborgen ist. So wird das Blatt an den nächsten in der Gruppe weitergegeben. Dieser erfindet zu dem Rechenausdruck eine Textaufgabe. Dann faltet er das Blatt bei ② und übergibt die Textaufgabe an ein drittes Gruppenmitglied. Dieses sucht dazu wieder einen Rechenausdruck usw. Am Ende liest jede Gruppe den ersten und letzten Text ihres Aufgabenblattes vor. Stimmen die Texte sinngemäß überein, so erhält die Gruppe einen Punkt. Das Spiel kann von Neuem beginnen.
Beispiel:

Text: Wie viel muss man zu 87 addieren, um 157 zu erhalten?

--①

1. Schüler: Schreibe den Text als Rechenausdruck, falte dann das Blatt an Linie 1 und gib es weiter.

--②

2. Schüler: Schreibe den Rechenausdruck als Text, falte dann das Blatt an Linie 2 und gib es weiter.

--③

3. Schüler: Schreibe den Text als Rechenausdruck, falte dann das Blatt an Linie 3 und gib es weiter.

--④

4. Schüler: Schreibe den Rechenausdruck als Text, falte dann das Blatt an Linie 4 und gib es weiter.

--⑤

5. Schüler: Schreibe den Text als Rechenausdruck, falte dann das Blatt an Linie 5 und gib es weiter.

--⑥

6. Schüler: Schreibe den Rechenausdruck als Text, falte dann das Blatt an Linie 6 und gib es weiter.

--⑦

7. Schüler: Schreibe den Text als Rechenausdruck, falte dann das Blatt an Linie 7 und gib es weiter.

8. Schüler: Schreibe den Rechenausdruck als Text und vergleiche ihn mit der Angabe.

978-3-12-734412-7 Lambacher Schweizer 5 NRW, Serviceband **S36**   Ernst Klett Verlag GmbH, Stuttgart 2009

Vorfahrtsregeln – Rechenausdrücke

Berechne möglichst viele Terme im Kopf. Schreibe, wenn du willst, die Zwischenschritte ins Heft.

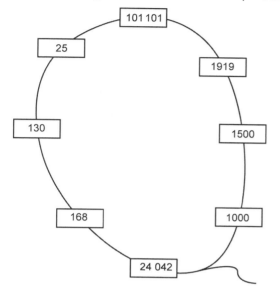

a) $(59 \cdot 32 - 15 \cdot 17 + 1653 : 3) : 13$
b) $5 \cdot (73 - 23) - (5000 : 25 - 2400 : 30)$
c) $(50 \cdot 12 + 50 \cdot 8 - 1500 : 3) : 20$
d) $(646 \cdot 7 - 515) \cdot (896 : 32 - 792 : 36)$
e) $22 \cdot 289 - 23 \cdot (229 - 2 \cdot 18)$
f) $20 \cdot 60 - 25 \cdot (38 - 2 \cdot 15)$
g) $18 \cdot (3567 : 41 + 406 \cdot 13) + 197 \cdot 23$
h) $60 \cdot (300 : 4 - 180 : 4) - (2400 - 5 \cdot 60) : 7$

⏱ 20 min   ✝ Einzelarbeit

978-3-12-734412-7 Lambacher Schweizer 5 NRW, Serviceband **S37**

Ernst Klett Verlag GmbH, Stuttgart 2009

Schnellrechner – Addition

Herr Schnell rechnet lieber von Hand, Herr Mach benutzt immer den Taschenrechner. Herr Schnell behauptet, fünf sechsstellige Zahlen schneller von Hand addieren zu können, als dies Herr Mach mit dem Taschenrechner kann. Herr Mach denkt sich drei Zahlen aus und diktiert diese, Herr Schnell notiert sie untereinander und schreibt selbst noch zwei Zahlen darunter.

```
7 4 3 0 8 1
3 9 6 2 7 5
1 2 3 9 8 7
2 5 6 9 1 8
6 0 3 7 2 4
```

Für die Addition dieser fünf Zahlen braucht Herr Schnell 30 Sekunden, Herr Mach 40 Sekunden. Welchen Trick benutzt Herr Schnell?
Ein Tipp: Die Zahlen, die Herr Schnell dazuschreibt, passen ganz geschickt zu den beiden ersten von Herrn Mach diktierten Zahlen.
Wenn du den Trick durchschaut hast, starte ein Wettrechnen mit deiner Partnerin oder deinem Partner.

⏱ 15 min   ✝ Einzelarbeit

978-3-12-734412-7 Lambacher Schweizer 5 NRW, Serviceband **S37**

Ernst Klett Verlag GmbH, Stuttgart 2009

Schriftliches Dividieren selbst erarbeiten (1)

Auf den folgenden Seiten kannst du dir das schriftliche Dividieren selbst erarbeiten. Das gelingt, wenn du in jeder Zeile sorgfältig mitdenkst und erst dann zum nächsten Schritt gehst, wenn du den vorherigen ganz verstanden hast.

1 Lohn auf acht Personen verteilen

Stell dir vor, du solltest den Wochenlohn an ein Team von acht Monteuren in bar auszahlen. Insgesamt ist das ein Betrag von 5912 €. Jeder erhält davon gleich viel. Der Lohn muss ohne Wechselgeld ausbezahlt werden. Du gehst zur Bank und holst 100-€-Scheine, 10-€-Scheine und 1-€-Münzen. Du könntest zum Beispiel 59 100-€-Scheine und einen 10-€-Schein und zwei 1-€-Münzen holen. Wäre das geschickt für die Auszahlung?

Antwort: _____

Mache einen geschickten Vorschlag, sodass du jedem Monteur den Lohn in 100-€-Scheinen und 10-€-Scheinen und 1-€-Münzen ohne Wechselgeld auszahlen kannst:

a) Eine passende Anzahl von 100-€-Scheinen wäre: _____

Wie viele 100-€-Scheine bekommt jeder? Rechnung: _____

Wie viel Geld bleibt dann noch übrig? Rechnung: _____

b) Eine passende Anzahl von 10-€-Scheinen wäre: _____

Wie viele 10-€-Scheine bekommt jeder? Rechnung: _____

Setze die Überlegungen selbst auf diese Art fort! Wenn dir dies noch schwer fällt, benutze Spielgeld.

c) _____

2 Lohn auf zwölf Personen verteilen

In der folgenden Woche arbeiten zwölf Monteure und erhalten zusammen 9156 €. Lege wieder die passende Anzahl von Scheinen und Münzen bereit. Notiere die Überlegungen und Rechnungen in drei Schritten:

1. Schritt: _____

_____

2. Schritt: _____

_____

3. Schritt: _____

_____

Schriftliches Dividieren selbst erarbeiten (2)

Kurzfassung der Rechnungen

Zur Aufgabe 1 könnten die Rechnungen so aussehen:

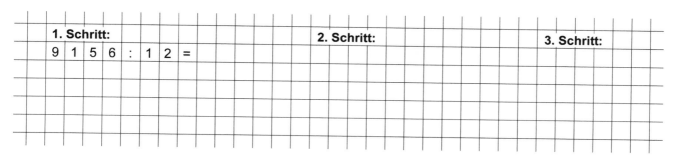

Vergleiche mit den Rechnungen auf der ersten Seite.

Führe hier jetzt die entsprechenden Rechnungen für den zweiten Fall durch:

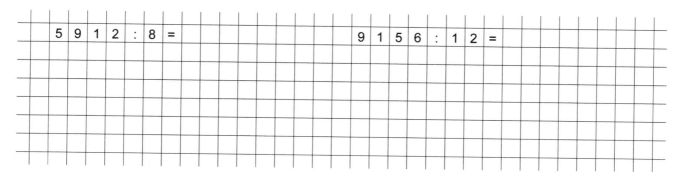

Lies im Schülerbuch Seite 100 bis zum Kasten. Lies den Kasten aufmerksam durch und schreibe nach dieser Vorlage die Kurzfassungen der beiden Divisionsaufgaben von der ersten Seite als Musteraufgaben in dein Heft:

Übungen: Rechne die Aufgaben 1 d) und 2 c) im Schülerbuch auf Seite 101.

Rechnen mit Köpfchen – Schriftliches Rechnen (1)

Materialbedarf: Puzzleteile (Kopiervorlage Seite S 41), Schere

Berechne die Rechenausdrücke schrittweise und achte auf eine korrekte Schreibweise. Übersetze die Texte zuerst in einen Rechenausdruck und berechne sie anschließend. Wenn du Hilfe brauchst, lies im Schülerbuch in Kapitel III Lerneinheit 1 die Beispiele 1 bis 4 sorgfältig durch. Du kannst dir die Arbeit auch mit einer Mitschülerin oder einem Mitschüler teilen. Jeder von euch sollte aber zwei Textaufgaben bearbeiten.

Wenn du eine Aufgabe berechnet hast, legst du das Puzzleteil mit der entsprechenden Lösung auf das Feld. Am fertigen Puzzle kannst du kontrollieren, ob du richtig gerechnet hast.

$(92 + 7 \cdot 9) \cdot 5 + 15 : 5$	Subtrahiere den Quotienten aus 13 468 und 52 von dem Produkt aus 96 und 26.	$4 + 7 \cdot [144 : 12 - 6 \cdot (20 - 3 \cdot 6)]$
Addiere zum Produkt aus 28 und 17 das Doppelte der Differenz aus 1014 und 987.	$21 + 9 \cdot [(13 + 4 \cdot 12) \cdot 2 - 2]$	Subtrahiere von 3788 die Differenz aus 1218 und 925 und multipliziere anschließend das Ergebnis mit 2.
$594 : 18 + 5 \cdot (3416 - 16 \cdot 147)$	Multipliziere den Quotienten aus 1024 und 64 mit der Summe aus 17 und dem 3fachen von 12.	$21 + 9 \cdot (18 + 36 : 4) - 219$

Rechnen mit Köpfchen – Schriftliches Rechnen (2)

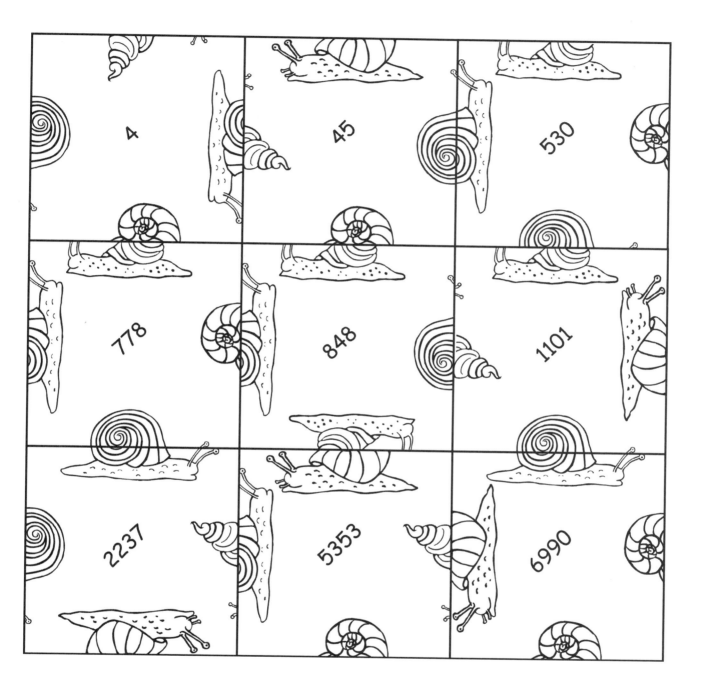

Fadenspiel mit Zahlen

Materialbedarf: Schere, Klebstoff, Faden, Laminierfolie

Karte ausschneiden, entlang der gestrichelten Linie falten, aneinander kleben und laminieren, erst dann Kerben schneiden. In der ersten Zeile links Faden befestigen.

Schriftliche Berechnung von Termen

Löse die erste Aufgabe, wickle den Faden zur Lösung und hinter der Karte zur zweiten Aufgabe usw. Nach dem Lösen aller Aufgaben kannst du deine Rechnung auf der Rückseite kontrollieren.

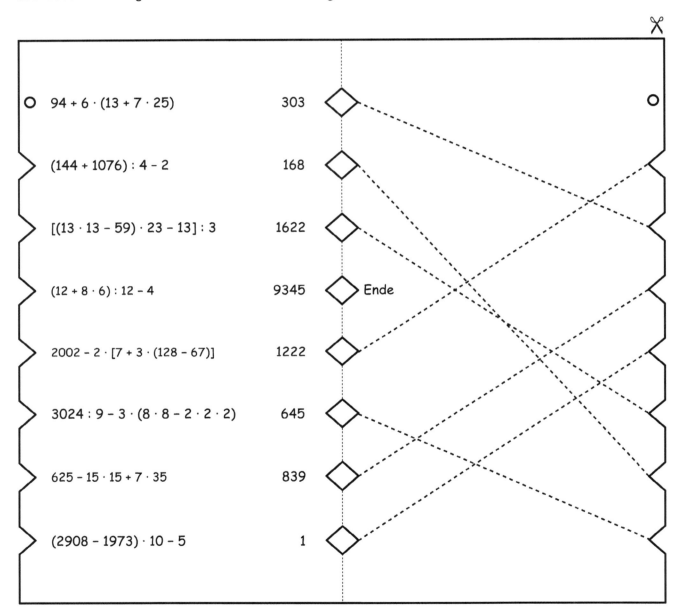

Rätselhafte Tiere – Taschenrechnereinsatz

Rechne mit dem Taschenrechner und notiere die Ergebnisse. Ersetze dann jede Ziffer des Ergebnisses durch den zugehörigen Buchstaben aus der Tabelle. Das richtige Ergebnis ergibt ein Wort. Schreibe dieses in die Kästchen neben dem Rechenausdruck. Welche vier Tiere haben sich im Rätsel versteckt?

1	2	3	4	5	6	7	8	9	0
R	E	I	M	A	S	O	N	D	U

a) $3 \cdot (7 + 18 \cdot 17 \cdot 50) - 41\,329$ = _____

b) $(150 + 190) \cdot (12 + 24) + 122$ = _____

c) $83 \cdot 124 + 5 \cdot (11\,080 + 30 \cdot 17) - 360$ = _____

d) $11\,557 - 3 \cdot (500 + 7 \cdot (138 + 257))$ = _____

e) $6006 + 95\,472 : (235 \cdot 6 - 1383) + 220$ = _____

f) $30 \cdot 30 \cdot 5 + 6$ = _____

g) $40 \cdot 40 - 12 \cdot (342 - 2 \cdot 167)$ = _____

h) $101 \cdot 202 - (20\,000 - 112)$ = _____

i) $(330\,000 + 8800 + 8 \cdot 12) : 8$ = _____

j) $12\,848 : (27 \cdot 36 - 4 \cdot 239) + 6 \cdot 853$ = _____

k) $275 \cdot 120 - (745 - 236) \cdot 60 - 268$ = _____

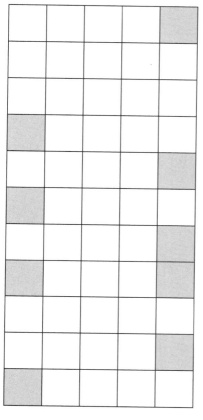

⏱ 30–40 min ⬩ Einzel-/Partnerarbeit

Ernst Klett Verlag GmbH, Stuttgart 2009

Flächenzerlegung

Welche Figur hat den größten Flächeninhalt? Schätze und ordne die Figuren nach der Größe ihres Inhalts.
Bestimme dann ihren Flächeninhalt (Anzahl der Kästchen), indem du sie in geschickte Teilflächen zerlegst.
Zeichne die Zerlegungen in die Figuren ein.

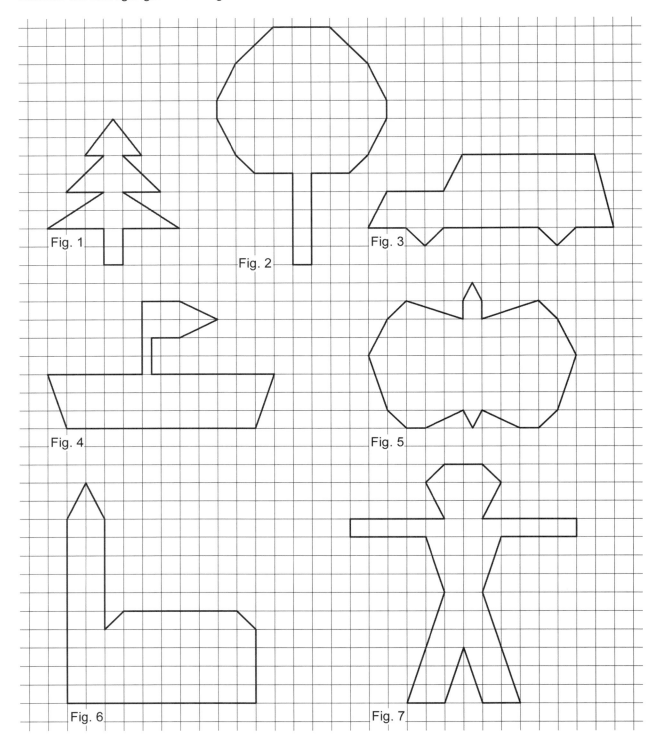

Fig. 1
Fig. 2
Fig. 3
Fig. 4
Fig. 5
Fig. 6
Fig. 7

978-3-12-734412-7 Lambacher Schweizer 5 NRW, Serviceband **S44**

Flächen(stechen) in der EU (1)

Materialbedarf: 15 Länderkarten (Kopiervorlage Seite S45, S46), Schere

Schneide die 15 Länderkarten aus.

Spielbeschreibung: Die Karten werden gleichmäßig auf alle Spielerinnen und Spieler aufgeteilt und in einem Stapel in der Hand gehalten. Nur die oberste Karte darf angeschaut werden. Hat ein Spieler weniger Karten als die anderen, so beginnt dieser, andernfalls ist es egal. Die Spielerin oder der Spieler nennt einem anderen Spieler seiner Wahl eine der drei Eigenschaften der obersten Karte. Die Zahlen dieser Eigenschaft werden verglichen. Der Spieler mit der größeren Zahl erhält beide Karten, steckt sie unter seinen Kartenstapel und darf weiterspielen, indem er wieder einem Spieler seiner Wahl eine Eigenschaft nennt, usw. Das Spiel endet, wenn eine Spielerin oder ein Spieler alle Karten gewonnen hat.

Deutschland

Einwohner: 82 500 000
Fläche: 356 854 km²
Fläche pro Einwohner: 43 a

Belgien

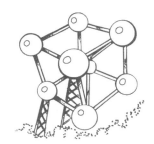

Einwohner: 10 700 000
Fläche: 30 528 km²
Fläche pro Einwohner: 29 a

Dänemark

Einwohner: 5 400 000
Fläche: 43 094 km²
Fläche pro Einwohner: 80 a

Finnland

Einwohner: 5 300 000
Fläche: 338 145 km²
Fläche pro Einwohner: 638 a

Frankreich

Einwohner: 63 700 000
Fläche: 527 026 km²
Fläche pro Einwohner: 86 a

Griechenland

Einwohner: 11 200 000
Fläche: 131 957 km²
Fläche pro Einwohner: 118 a

Flächen(stechen) in der EU (2)

Vereinigtes Königreich

Einwohner: 60 400 000
Fläche: 244 820 km^2
Fläche pro Einwohner: 41 a

Italien

Einwohner: 57 300 000
Fläche: 301 263 km^2
Fläche pro Einwohner: 53 a

Irland

Einwohner: 4 000 000
Fläche: 70 182 km^2
Fläche pro Einwohner: 175 a

Luxemburg

Einwohner: 500 000
Fläche: 2586 km^2
Fläche pro Einwohner: 52 a

Niederlande

Einwohner: 16 400 000
Fläche: 41 526 km^2
Fläche pro Einwohner: 25 a

Österreich

Einwohner: 8 300 000
Fläche: 83 870 km^2
Fläche pro Einwohner: 101 a

Portugal

Einwohner: 10 400 000
Fläche: 92 072 km^2
Fläche pro Einwohner: 89 a

Schweden

Einwohner: 9 200 000
Fläche: 449 964 km^2
Fläche pro Einwohner: 489 a

Spanien

Einwohner: 45 300 000
Fläche: 504 782 km^2
Fläche pro Einwohner: 111 a

Fadenspiel mit Größen

Materialbedarf: Sieben mittelgroße Gummis, Schere, Klebstoff

Schneide die Vorlage aus, falte und klebe sie zusammen. Laminiere die Karte dann, damit sie stabiler ist. Spanne die Gummis bei den richtigen Zuordnungen und kontrolliere sie mithilfe der rückseitigen Striche.

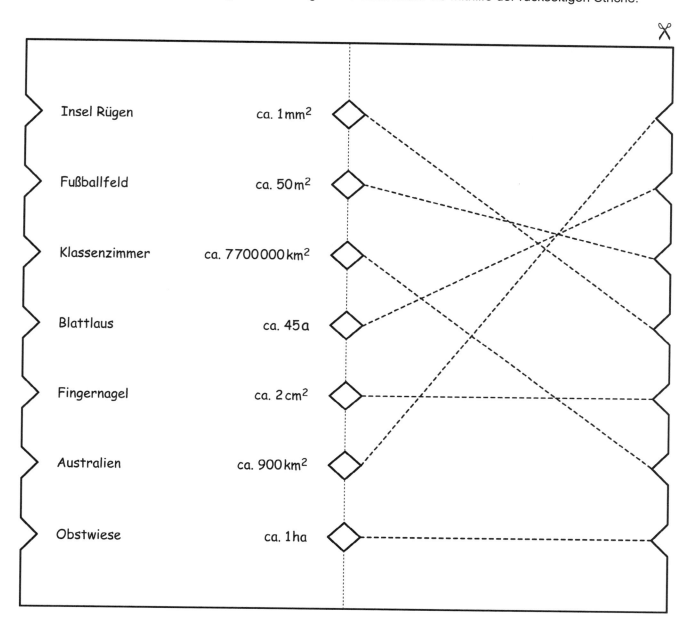

Insel Rügen — ca. 1 mm²

Fußballfeld — ca. 50 m²

Klassenzimmer — ca. 7 700 000 km²

Blattlaus — ca. 45 a

Fingernagel — ca. 2 cm²

Australien — ca. 900 km²

Obstwiese — ca. 1 ha

978-3-12-734412-7 Lambacher Schweizer 5 NRW, Serviceband **S47**

Ernst Klett Verlag GmbH, Stuttgart 2009

Trimono

Materialbedarf: Schere

Schneide die Dreiecke aus und setze sie richtig zusammen.
Die gleichen Größen müssen immer aneinander stoßen.

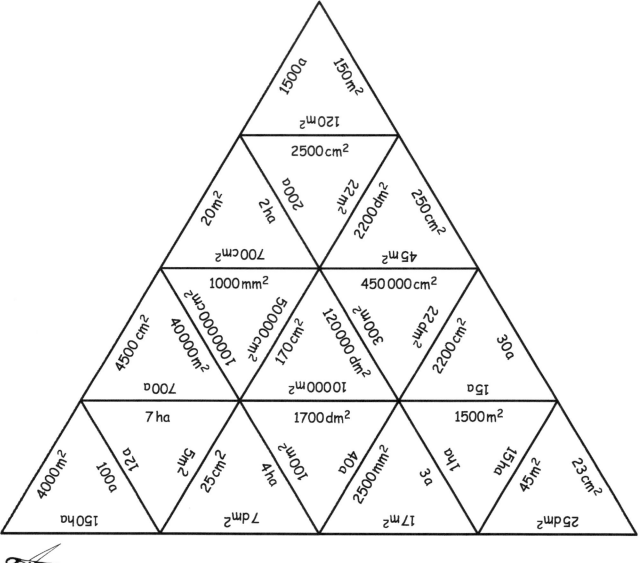

Längen messen, Flächeninhalte berechnen

Materialbedarf: Lineal oder Geodreieck

Berechne die Flächeninhalte. Zeichne die Strecken,
die du dafür benötigst, rot ein und miss ihre Längen.

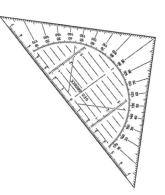

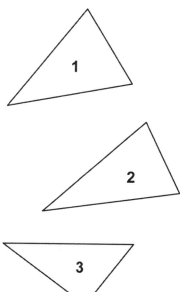

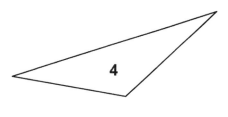

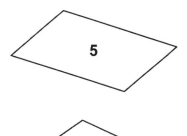

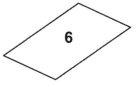

1 _____

_____

2 _____

_____

3 _____

_____

4 _____

_____

5 _____

_____

6 _____

_____

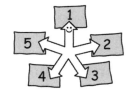

Lernzirkel: Geometrische Körper und ihre Eigenschaften

Mit diesem Lernzirkel kannst du den Lernstoff für das Kapitel „Körper" selbst üben und vertiefen. Bei jeder Station bearbeitest du ein anderes Thema. Dieses Blatt hilft dir bei der Arbeit. In der ersten Spalte sind die Stationen angekreuzt, die du auf jeden Fall bearbeiten solltest (Pflichtstationen). Die anderen Stationen sind ein zusätzliches Angebot (Kürstationen).

Reihenfolge der Stationen

Es ist egal, bei welcher der vier Stationen du anfängst. Innerhalb einer Station solltest du allerdings die Reihenfolge der Arbeitsblätter einhalten, also immer mit A beginnen, dann B bearbeiten usw.
Zu Station 2 kannst du immer wieder gehen, z.B., wenn keine andere Station frei ist.

Stationen abhaken

Wenn du eine Station bearbeitet hast, solltest du sie auf diesem Blatt abhaken. So weißt du immer, was du noch machen musst. Kläre mit deiner Lehrerin oder deinem Lehrer ab, wann du deine Lösungen mit dem Lösungsblatt vergleichen darfst. Danach kannst du hinter die Station das letzte Häkchen setzen.

Zeitrahmen

Natürlich musst du auch die Zeit im Auge behalten. Kläre mit deiner Lehrerin oder deinem Lehrer ab, wie viel Zeit dir insgesamt zur Verfügung steht, und überlege dir dann, wie lange du für eine Station einplanen kannst. Am Ende solltest du auf jeden Fall die Pflichtstationen erledigt und verstanden haben.

Viel Spaß!

Pflicht	Kür	Station	bearbeitet	korrigiert

		1. A. Ich fühle was, was wir nicht sehen!
		
		   B. Der rote Holzwürfel
		
		   C. Punkte, Kanten und Flächen am Würfelnetz		

		2. Unser Geometrie-Dorf (1) Bastelvorlage Körpernetze (2)		

		3. A. Quadernetze
		
		   B. Quaderspiel
		
		   C. Würfel-Domino		

		4. A. Schrägbilder auf Punktpapier (1)
		
		   Punktpapier (2)
		
		   B. Schrägbilder auf Karopapier		

Ernst Klett Verlag GmbH, Stuttgart 2009

Lernzirkel: 1. A. Ich fühle was, was wir nicht sehen!

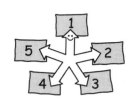

Materialbedarf: Stofftasche mit verschiedenen Körpern

1 a) Nehmt euer Heft im Querformat und übertragt folgende Tabelle in euer Heft. Die Zeichnungen könnt ihr erst anfertigen, wenn ihr an der Station „Schrägbilder" gewesen seid.

b) Welche dieser Beschreibungen gehört zu welchem Körper? Notiert sie in der Zeile „Eigenschaften". Aber Achtung! Manche von ihnen kommen mehrmals vor:

läuft spitz zu, Grund- und Deckfläche sind parallel, hat acht Ecken, die Flächen sind gewölbt, alle Kanten sind gleich lang, kann man rollen.

c) Tragt folgende Begriffe in die Zeile „Beispiel" ein:

ein Lineal, eine Wassermelone, eine Tablette, eine Schultüte, ein Blatt Papier, ein gerades Stück Draht, ein Geodreieck.

Sucht selbst weitere Beispiele aus dem Alltag und tragt sie ein.

Name	Zeichnung	Eigenschaften	Beispiel
Prisma			
Quader			
Würfel			
Pyramide			
Zylinder			
Kegel			
Kugel			

2 Spielanleitung: Ich fühle was, was wir nicht sehen!

Spieler A:

Du greifst in die Stofftasche und wählst ohne hinzuschauen einen der Körper. Ertaste seine Eigenschaften.

Spieler B:

Stelle Fragen zu dem Körper, den Spieler A in der Hand hält. Verwende dabei die Eigenschaften der Körper. Um welchen Körper handelt es sich?

Wechselt anschließend die Rollen!

⏱ 30 min　　✝ Partnerarbeit

Lernzirkel: 1. B. Der rote Holzwürfel

Falte dieses Blatt wie eine Ziehharmonika entlang der gestrichelten Linie, sodass die erste Frage außen ist.

Anleitung: Lies die Frage. Wenn du glaubst, die Antwort gefunden zu haben, dann kannst du das Blatt einen Schritt weiter auffalten, dich selbst kontrollieren und weiterarbeiten.

Lisa hat einen Würfel aus Holz. Er ist außen rot bemalt und hat eine Kantenlänge von 3 cm. Lisa denkt sich nun diesen Würfel in kleine Würfel von 1 cm Kantenlänge zerlegt.

Wie viele kleine Würfel würden aus dem roten Würfel insgesamt entstehen?

27

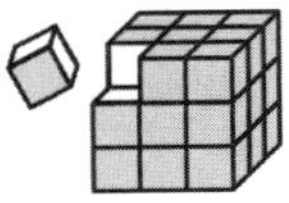

Wie viele von den kleinen Würfeln haben genau drei rot bemalte Seitenflächen?

8

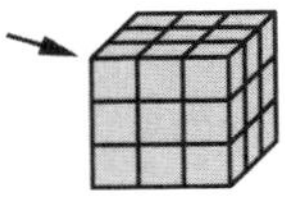

Wie viele von den kleinen Würfeln haben genau zwei rot bemalte Seitenflächen?

12

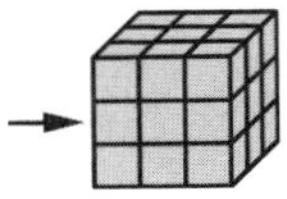

Wie viele von den kleinen Würfeln haben genau eine rot bemalte Seitenfläche?

6

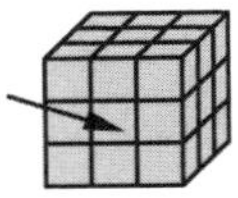

Wie viele von den kleinen Würfeln haben keine rot bemalte Seitenfläche?

1

Zum Forschen:
Wie sehen die Resultate aus bei einer Kantenlänge von 4 cm bzw. 100 cm?
Nimm ein Konzeptpapier und, wenn du willst, den Taschenrechner zu Hilfe.

Die Lösungen findest du an der Lösungsstation!

Lernzirkel: 1. C. Punkte, Kanten und Flächen am Würfelnetz

1 Welche andere Fläche liegt bei diesen Würfelnetzen jeweils parallel zur grauen Fläche? Male sie farbig aus.

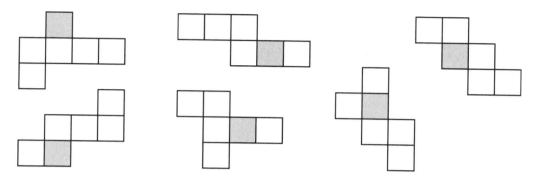

2 Benenne die fehlenden Eckpunkte.

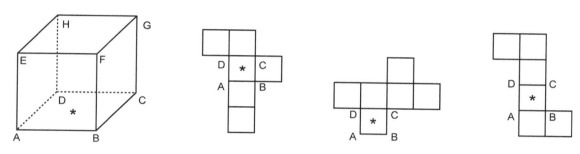

3 Welche Ecken fallen mit der markierten Ecke zusammen?

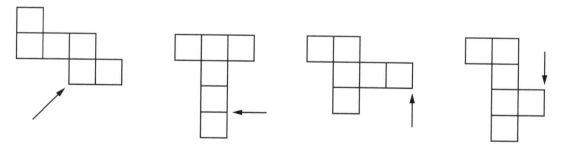

4 Ein Würfel wird jeweils durch einen Schnitt in zwei Hälften geteilt. Wie verläuft die Schnittlinie im Würfelnetz? Zeichne sie ein. (Der Stern zeigt dir, wo die Grundfläche des Würfels ist.)

a)

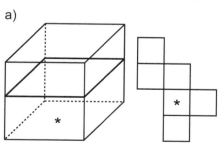

b)

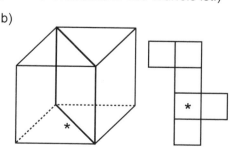

Lernzirkel: 2. Unser Geometrie-Dorf (1)

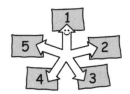

Materialbedarf: Großer Karton als Unterlage für das Dorf, Bastelvorlage Körpernetze (2) auf DIN A3 (Kopiervorlage Seite S 55), Schere, Klebstoff, Buntstifte oder Farbkasten

Auf diesem Karton soll unser Geometrie-Dorf entstehen. Entwerft eine Skizze. Zeichnet die Netze der benötigten Körper auf oder verwendet die vorgegebenen von der Bastelvorlage Seite S 55. Schneidet dazu die Vorlagen aus und klebt sie zusammen. Baut aus diesen Körpern Gebäude und klebt sie auf den Karton. Toll ist es auch, wenn ihr Verzierungen anbringt oder eigene Körper bastelt – eben alles, was unser Dorf schöner macht.

Ernst Klett Verlag GmbH, Stuttgart 2009

Lernzirkel: 2. Bastelvorlage Körpernetze (2)

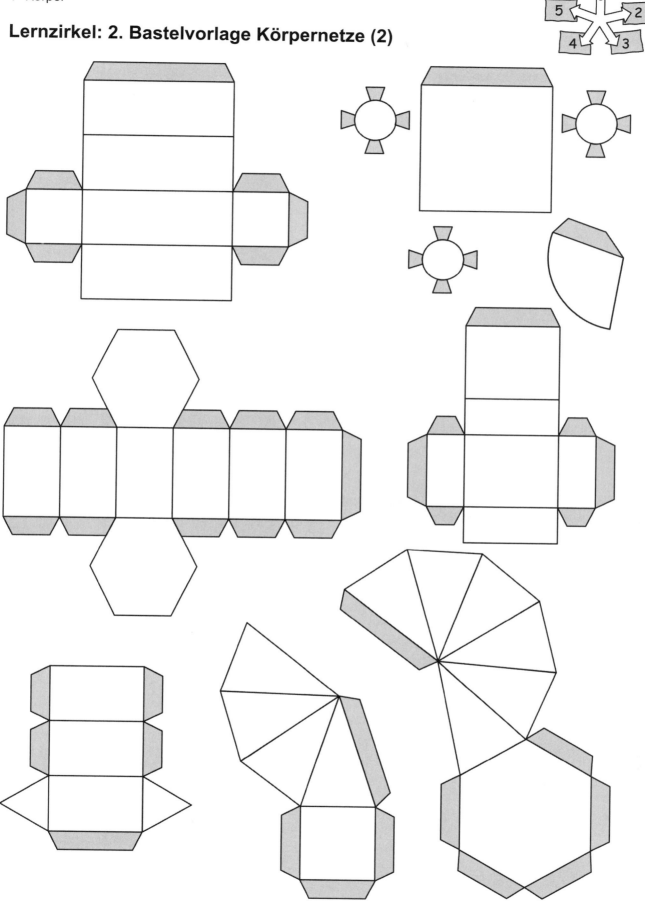

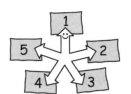

Lernzirkel: 3. A. Quadernetze

Materialbedarf: Schere, Buntstifte

1 Färbe im Quadernetz jeweils in den gleichen Farben:
a) sich gegenüberliegende Flächen
b) Linien, die zur selben Kante gehören

Kontrolliere deine Lösung durch Ausschneiden und Zusammenfalten des Quaders.

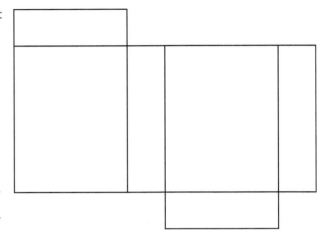

2 a) Bezeichne die Netzflächen mit rechts, links, oben, unten, hinten und vorne.
b) Zeichne die Linien in das Quadernetz ein.

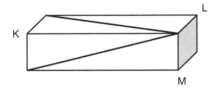

c) Markiere im Netz die Eckpunkte K, L und M. Kontrolliere durch Ausschneiden und Falten des Quaders.

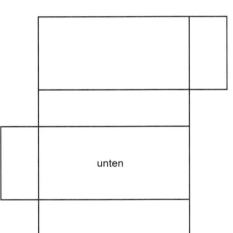

3 Ein Quader mit einer quadratischen Grundfläche heißt quadratische Säule. Ergänze das begonnene Netz und zeichne zwei weitere voneinander verschiedene Netze für die gleiche quadratische Säule. Prüfe durch Ausschneiden und Falten.

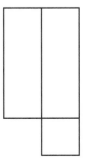

978-3-12-734412-7 Lambacher Schweizer 5 NRW, Serviceband **S56**
Ernst Klett Verlag GmbH, Stuttgart 2009

Lernzirkel: 3. B. Quaderspiel

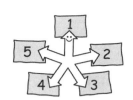

Spielbeschreibung: Unten findest du sieben Netze abgebildet. Werden die dazugehörigen Würfel oder Quader zusammengesetzt, dann liegt jeweils gegenüber einer grau unterlegten Seite mit einer Zahl eine weiße Seite mit einem Buchstaben. Diese Buchstaben musst du der Reihe nach zusammensetzen, um das Lösungswort – den Namen eines berühmten Mathematikers – zu erhalten. Aber Vorsicht: Sollte ein Netz keinen Quader oder Würfel ergeben, darfst du die dazugehörigen Buchstaben nicht verwenden. Viel Erfolg!

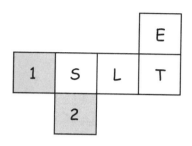

Netz oben links:
```
          E
  1   S   L   T
      2
```

Netz oben rechts:
```
      N
      W
  3   4
      H   O
```

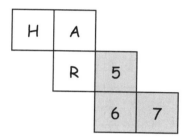

Netz Mitte links:
```
  H   A
      R   5
          6   7
```

Netz Mitte rechts:
```
  N   M
      A   10
      8   9
```

Netz unten links (U):
```
  U
  D   E   11   12
          13
```

Netz unten rechts (14):
```
  14  E   L
          R   15   16
```

Netz unten:
```
              19
  A   17  18  H
  T
```

Lösungswort: ___ ___ ___ ___ ___ ___ ___ ___ ___

      ___ ___ ___ ___ ___ ___ ___

Lernzirkel: 3. C. Würfel-Domino

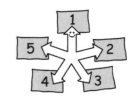

Materialbedarf: Schere

Spielbeschreibung: Schneide die Dominosteine entlang der dickeren Linien aus. Lege die Teile dann so aneinander, dass immer einem Würfel das passende Netz zugeordnet wird. So erhältst du eine schöne Domino-
schlange mit einem Anfangs- und einem Endpunkt.

Lernzirkel: 4. A. Schrägbilder auf Punktpapier (1)

Materialbedarf: Punktpapier (Kopiervorlage Seite S 60), sechs bis acht Spielwürfel

Mithilfe des Punktpapiers kannst du ganz einfach Schrägbilder von Körpern zeichnen. Nimm einen der Spielwürfel und leg ihn so, dass eine Würfelkante zu dir zeigt. Welche Flächen kannst du sehen? Zeichne die vordere Kante, danach die beiden Seitenflächen schräg nach hinten und schließlich die Deckfläche.

Aus Spielwürfeln kannst du dir zusammengesetzte Körper bauen. Körper A besteht zum Beispiel aus fünf nebeneinander gelegten Würfeln.

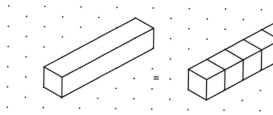

1 Suche gleiche Körper.

Beispiele:

A ist der gleiche Körper wie G oder L. Aber Achtung: C könnte der gleiche Körper sein wie F, aber wie sieht es mit H aus?

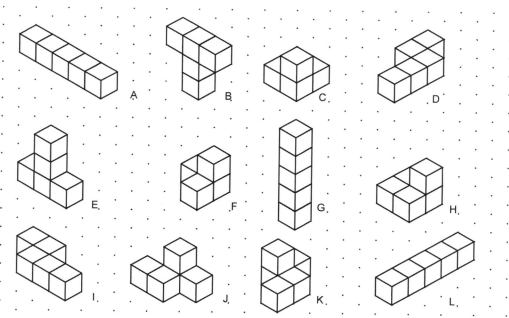

2 Baue Körper J mit deinen Spielwürfeln nach. Zeichne ihn so auf das Punktpapier, wie er von hinten, von links und von rechts aussieht. Kontrolliere deine Zeichnungen an der Lösungsstation.

3 Baue selbst einige Körper und zeichne sie auf Punktpapier.

978-3-12-734412-7 Lambacher Schweizer 5 NRW, Serviceband **S 59**

Lernzirkel: 4. A. Schrägbilder auf Punktpapier (2)

Seite bitte im Querformat benutzen!

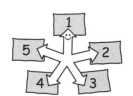

Lernzirkel: 4. B. Schrägbilder auf Karopapier

Materialbedarf: sechs bis acht Spielwürfel

Auch auf deinem Karopapier im Matheheft kannst du Schrägbilder zeichnen. Eine Anleitung dafür findest du im Schülerbuch auf Seite 159.

1 Dieser Körper ist aus Würfeln der Seitenlänge 1 cm gebaut. Baue ihn mit deinen Spielwürfeln. Drehe den Würfelturm ein wenig, sodass du vorne auf eine Fläche schaust.
Zeichne ihn in dein Matheheft, also auf Karopapier.

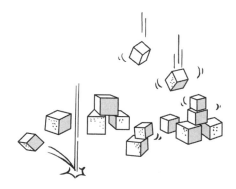

2 Für Würfeltürme kann man auch Pläne zeichnen. Du siehst hier die Ansicht von oben. Die Zahl im Quadrat gibt an, wie viele Würfel an dieser Stelle übereinander liegen.
a) Baue folgende Gebäude mit den Spielwürfeln und zeichne ihre Schrägbilder unter die Baupläne.
Die Lösung findest du an der Lösungsstation.

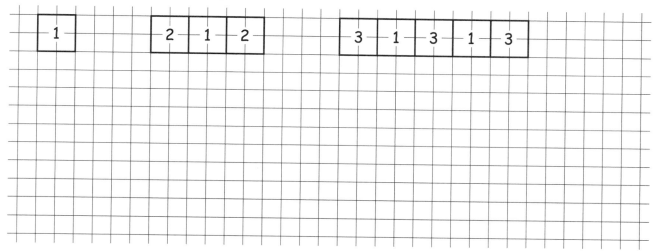

b) Zeichne für folgende Gebäude Pläne unter ihre Schrägbilder. Die Lösung findest du an der Lösungsstation.

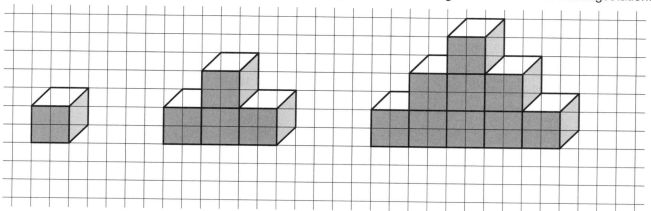

Höhlenforscher

1 Ein Höhlenforscher hat eine neue Höhle entdeckt. Ein Vermessungsteam bestimmt an verschiedenen Stellen in der Höhle die horizontale Entfernung vom Eingang, den Höhenunterschied zum Eingang und die Raumhöhe. Erstelle aus den Daten ein schematisches Schnittbild der Höhle.

Entfernung (in m)	0	15	35	40	45	60	70	85	90	100	115	125	145	160	170
Höhe (in m)	0	−2	−1	+ 1,5	+ 4,5	+ 4	+ 3	+ 4	+ 3	+ 1,5	0	−1	−3,5	−3	−2
Raumhöhe (in m)	1,5	2	4	2,5	1	1,5	2	1	2	2,5	2	1	6	4,5	2

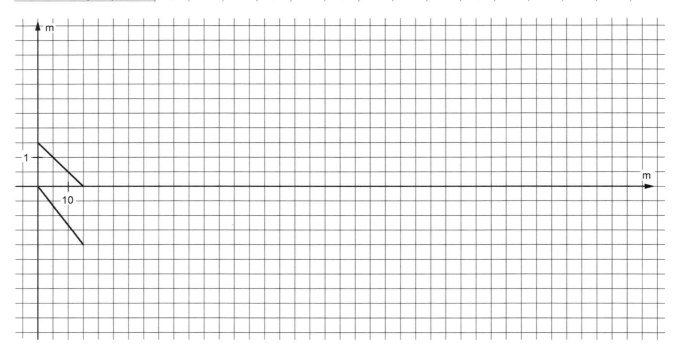

2 In einer anderen Höhle sind zwei Höhlenforscher durch ein Erdbeben verschüttet worden. Der Erdstoß ereignete sich drei Stunden nach dem Einstieg der beiden. Zum Glück besitzt du ein Protokoll von einer älteren Exkursion. Wo müssten sich die beiden befinden, wenn sie gleich gut vorangekommen sind?

Protokoll: Einstieg / in 20 min: 5 m tiefer / 15 min: 3 m höher / 45 min: 9 m tiefer (Seil) / 10 min: 3 m höher / 25 min: 5 m höher / 20 min: 6 m tiefer / 40 min: 8 m höher (Seil) / 15 min Pause / 20 min: 4 m tiefer / …

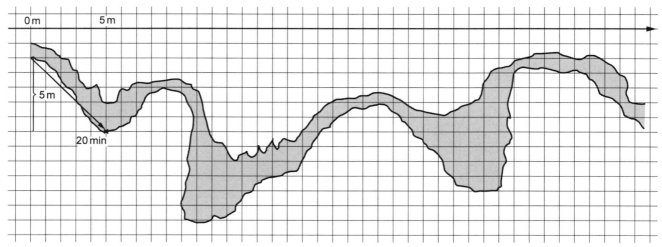

Dreiecksmühle

Materialbedarf: Spielplan, 37 Spielsteine

Spielbeschreibung: Am günstigsten ist es, mit drei bis fünf Personen zu spielen.

Jede Person erhält gleich viele Spielsteine. Einige übrig gebliebene Steine werden zu Beginn auf beliebige Ecken von Dreiecksfeldern verteilt. Nun wird reihum jeweils ein Spielstein auf eine Ecke eines beliebigen Dreiecksfeldes gesetzt. Wer an der Reihe ist, muss auch setzen. Wer mit seinem Spielstein ein Dreiecksfeld abschließt (d. h. alle drei Ecken sind belegt), erhält die auf dem Feld vermerkten Punkte auf sein Konto. Bei einer positiven Zahl erhält man Punkte, bei einer negativen Zahl verliert man Punkte. Die Kontostände werden immer notiert. Schließt man mit einem Stein gleich mehrere Dreiecksfelder ab, werden alle Punkte berücksichtigt.

Beispiele:

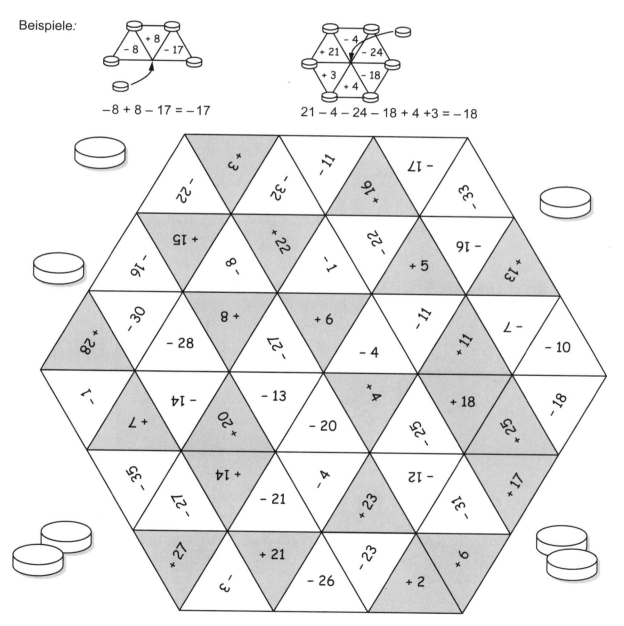

$-8 + 8 - 17 = -17$

$21 - 4 - 24 - 18 + 4 + 3 = -18$

Das Schneckenrennen – Taschenrechnereinsatz

Vier Schnecken veranstalten ein Rennen. Damit sie schneller sind, haben alle ihr Haus verlassen. Ordne jeder Schnecke ein Haus zu. Die Zahl auf dem Sturzhelm ist die Lösung zur Aufgabe auf dem Haus. Rechne bei den Häusern immer von der Öffnung nach innen – aber natürlich nicht im Schneckentempo.

Axel **333**

a) $470 + (-340) - 370 + 870 - 335 + 14$

b) $198 - 1980 + (1980 - 198)$

d) $353 - 3535 + 353 + 3535 - 353$

c) $831 + 318 - 183 + 831 - 318 + 183$

Cäsar **-751**

Brunhilde **309**

309

e) $1200 - (370 - 2394) - 5803 + 405$

f) $1418 - 713 - (-856) + 2420 - 68$

g) $-111 + 222 - 333 + 444 - 555 + 666$

h) $190 - 573 + (138 - 714) + 208$

1662

Dagobert

Schwarze und rote Zahlen

Materialbedarf: Rommee- oder Skatkarten

Der Wert einer Karte:

Jede Karte steht für eine ganze Zahl. Rote Karten (hier grau) sind negativ (Schuldscheine), schwarze Karten positiv (Gutscheine).

Beispiel:

    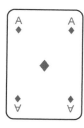 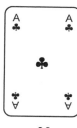

| Wert: | −8 | −9 | +10 | +15 | −30 | +30 |

Überblick		7	8	9	10	Bube	Dame	König	Ass
Karo	♦	−7	−8	−9	−10	−15	−20	−25	−30
Herz	♥	−7	−8	−9	−10	−15	−20	−25	−30
Pik	♠	7	8	9	10	15	20	25	30
Kreuz	♣	7	8	9	10	15	20	25	30

Das Spiel:

Die Karten werden gleichmäßig unter die Spieler verteilt. Für einen Stich spielt jeder Spieler reihum eine Karte aus. Der Spieler, der die höchste Karte ausgespielt hat, erhält den Stich.

Beispiel:

Spieler:	A	B	C	D
spielt aus:	♠ 8	♠ 10	♣ König	♥ Ass

⇒ Spieler C erhält den Stich und liegt damit bei + 8 + 10 + 25 − 30 = + 13.
(Spieler D hat ihm diesen Stich ziemlich verdorben.)

Das Ende:

Am Ende hat der Spieler gewonnen, der die größte Zahl erhält, wenn er die Zahlen aller erbeuteten Karten addiert.

Variante 1:

Wenn ihr zu viert spielt, dann können die Spieler, die sich gegenüber sitzen, ein Team bilden und sich gegenseitig unterstützen. Der Partner muss natürlich versuchen, seine besten Karten (Kreuz und Pik) in die eigenen Stiche zu spielen und die schlechten Karten (Herz und Karo) dem gegnerischen Team zu geben.

Variante 2:

Ihr könnt auch vereinbaren, dass die Kartenfarbe (♦;♥;♠;♣), die der erste Spieler ausspielt, befolgt werden muss, wenn man dies kann. Diese Variante bewirkt natürlich, dass sich z. B. auf das Ausspielen von Herz viele weitere Herz-Karten folgen müssen. Über einen Stich in den Farben Herz oder Karo wird sich deshalb niemand freuen.

978-3-12-734412-7 Lambacher Schweizer 5 NRW, Serviceband **S65**   Ernst Klett Verlag GmbH, Stuttgart 2009

Zahlenjagd

Materialbedarf: Kärtchen mit ganzen Zahlen (evtl. mehrere Sätze), Stoppuhr oder Eieruhr

Spielbeschreibung: Die Kärtchen werden gemischt und auf einem Stapel verdeckt auf den Tisch gelegt. Jede Person erhält die gleiche vereinbarte Anzahl Kärtchen (z. B. 3) und legt sie offen vor sich hin. Dann wird eine Karte offen in die Mitte gelegt. Jetzt müssen alle in einer vereinbarten Zeit (z. B. in 2 min) mit den Zahlen ihrer Kärtchen einen Rechenausdruck aufschreiben, dessen Ergebnis möglichst nah bei dieser Zahl liegt. Dabei dürfen alle Rechenzeichen und Klammern nach Bedarf gesetzt werden.

Beispiel: Kärtchen: 10; – 3; 5; Zielzahl: – 9; Rechnung: (– 3) – 10 + 5 = – 8; Abstand 1

-25	-20	-18	-16
-15	-14	-12	-11
-10	-9	-8	-7
-6	-5	-4	-3
-2	-1	1	2
3	4	5	6.
7	8	9.	10
11	12	14	15
16	18	20	25

Geheime Botschaft

Der abgedruckte Text enthält eine geheime Botschaft. Aber nicht alle Worte des Textes gehören zu der Botschaft. Mithilfe der abgebildeten Schablone kannst du herausfinden, welche Worte wichtig sind.
Die Zahlen am Anfang der Botschaft verraten dir, welche Kästchen der Botschaft zu lesen sind. Und zwar musst du prüfen, welche Kästchen der Schablone als Lösung die Zahlen ergeben, die du über der Botschaft siehst. Die entsprechenden Kästchen des Textes enthalten die Worte der Botschaft.

Die Botschaft
–22; 20; –59; –565; –19; –12; 319; 102; 21; 12, 310; –110; 60; 100; 233

MORGEN	WIR	SCHNELL	NOT	MÜSSEN	GEHEN	UNS
LICHT	DRINGEND	HAT	TREFFEN	GUT	NICHT	NIE
DIE	VORSICHT	GEFAHR	ANDEREN	WARE	WISSEN	WICHTIG
ALLES	DENKEN	WIR	MÖGLICHST	TUT	ALLES	KEIN
GELD	SOLLTEN	SUCHEN	EINEN	KAUFEN	NEUEN	AUTO
ZUSAMMEN	CODE	ALLE	VEREINBAREN	JETZT	TREFF	BALD

Die Schablone (geheime Botschaft – top secret)

$-17+34$	$17-39$	$386-33$	$26-(2+13)$	$17-(-3)$	$213+3-10$	$-24-35$
$4-16+73$	$291-856$	$36-63$	$-28+13-4$	$-100+32$	$18-244$	$90-91$
$74-86$	$35-(5\cdot7)$	$4-44+4$	$36+283$	$1-2+3$	$836-734$	$8-88$
$24+(-3)$	$-87+13$	$4-(-8)$	$1-2+3-4$	$51:3$	$36-(5\cdot5)$	$17-21$
$10-100$	$275-(-35)$	$111-1000$	$-83-27$	$-500+405$	$63-(5-2)$	$(30:6)-18$
$6+(-13)$	$96-3+7$	$88-(8\cdot8)$	$275-(27+15)$	$8+3-10$	$10-3+8$	$13-88$

Variante 1: Du kannst eine eigene Botschaft schreiben und auch eine eigene Zahlenkette bilden. Die Zahlenkette muss aber zu der Schablone passen.

Variante 2: Du kannst auch längere Botschaften schreiben, indem du beliebig auf der Schablone springst. Wichtig ist, dass jedes Ergebnis auf der Schablone nur einmal vorkommt. Andernfalls ist das zugehörige Wort nicht eindeutig zu finden.
Viel Spaß!

⏱ 15 min   ‡ Einzelarbeit

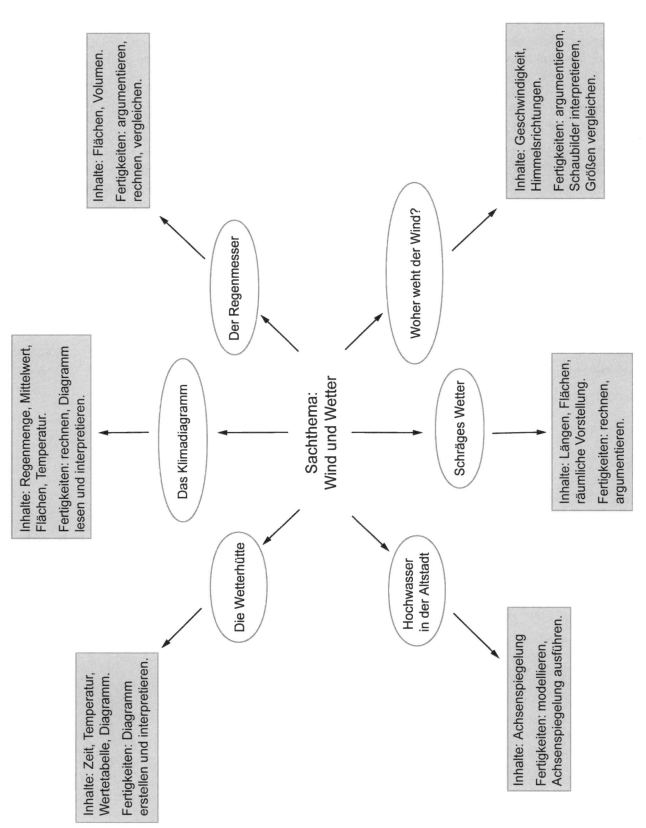

Inhalte: Flächen, Volumen.
Fertigkeiten: argumentieren, rechnen, vergleichen.

Inhalte: Geschwindigkeit, Himmelsrichtungen.
Fertigkeiten: argumentieren, Schaubilder interpretieren, Größen vergleichen.

Der Regenmesser

Woher weht der Wind?

Inhalte: Regenmenge, Mittelwert, Flächen, Temperatur.
Fertigkeiten: rechnen, Diagramm lesen und interpretieren.

Das Klimadiagramm

Sachthema:
Wind und Wetter

Schräges Wetter

Inhalte: Längen, Flächen, räumliche Vorstellung.
Fertigkeiten: rechnen, argumentieren.

Die Wetterhütte

Hochwasser in der Altstadt

Inhalte: Zeit, Temperatur, Wertetabelle, Diagramm.
Fertigkeiten: Diagramm erstellen und interpretieren.

Inhalte: Achsenspiegelung
Fertigkeiten: modellieren, Achsenspiegelung ausführen.

Ernst Klett Verlag GmbH, Stuttgart 2009

Die Wetterhütte

Der Mann erklärt den beiden: „Hier seht ihr eine Wetterhütte. Das ist ein weißer Kasten mit luftdurchlässigen Wänden, der sich in 2 m Höhe befinden muss. In einer Wetterhütte wird beispielsweise die Temperatur, die Luftfeuchtigkeit und der Luftdruck gemessen."
Dann zeigt der freundliche Herr den beiden, was er gerade macht: „Diese Wetterhütte misst alle zwei Stunden die Temperatur. Hier sind die Werte von gestern. Die werde ich auf diesem Blatt eintragen." „Dürfen wir das machen?", fragen Paul und Marie wie aus einem Munde. „Wenn ihr wollt. Passt auf. Ihr müsst erst die Skala bei den Thermometern so wählen, dass ihr alle Werte eintragen könnt. Dann zeichnet ihr die Temperaturwerte ein und verbindet benachbarte Punkte mit einer geraden Linie."

Trage wie Marie und Paul die vorgegebenen Temperaturwerte ein.

Uhrzeit	1:00	3:00	5:00	7:00	9:00	11:00	13:00	15:00	17:00	19:00	21:00	23:00
Temperatur	0 °C	−1 °C	−2 °C	−1 °C	2 °C	6 °C	9 °C	11 °C	10 °C	7 °C	4 °C	2 °C

Beschreibe den Temperaturverlauf.

Warum geht es mal rauf und mal runter? _____

In welcher Jahreszeit ist vermutlich die Messung erfolgt? _____

Ergänze die beiden Achsen, die noch fehlen, und beschrifte sie. Nun hast du ein vollständiges Temperaturdiagramm erstellt.

⏱ 20 min   ⚊ Einzelarbeit

Das Klimadiagramm

Am nächsten Tag beschließen Marie und Paul, Erich in der Wetterstation zu besuchen. Dort zeigt er ihnen mehr von seiner Arbeit.

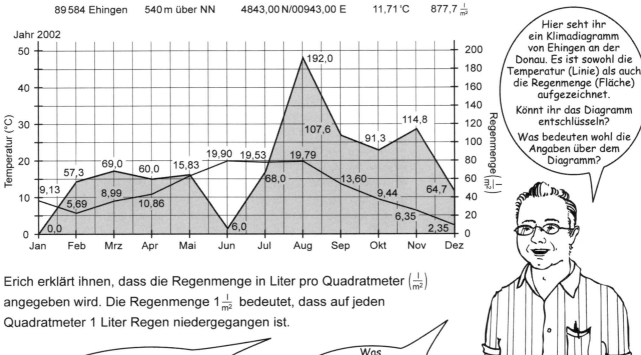

89 584 Ehingen   540 m über NN   4843,00 N/00943,00 E   11,71 °C   877,7 $\frac{l}{m^2}$

Hier seht ihr ein Klimadiagramm von Ehingen an der Donau. Es ist sowohl die Temperatur (Linie) als auch die Regenmenge (Fläche) aufgezeichnet.

Könnt ihr das Diagramm entschlüsseln?

Was bedeuten wohl die Angaben über dem Diagramm?

Erich erklärt ihnen, dass die Regenmenge in Liter pro Quadratmeter $\left(\frac{l}{m^2}\right)$ angegeben wird. Die Regenmenge $1\frac{l}{m^2}$ bedeutet, dass auf jeden Quadratmeter 1 Liter Regen niedergegangen ist.

Stellt euch vor, eine Ehinger Familie sammelt das Regenwasser vom Hausdach in einem unterirdischen Behälter und ihr Haus hat ein Flachdach mit einer Fläche von 100 m². Wie viel Regenwasser wurde im September 2002, wie viel im ganzen Jahr gesammelt?

Was ist wohl unter der Regenmenge für einen ganzen Monat (z. B. 60,0 $\frac{l}{m^2}$ im April) zu verstehen? Wie viel hat es in Ehingen im Jahr 2002 geregnet?

Die Temperaturangaben in dem Diagramm sind monatliche Mittelwerte. Wie könnte man diese für den April berechnen, wenn die Temperatur viermal pro Tag gemessen wurde? Was versteht man wohl unter einer Jahresdurchschnittstemperatur?

Paul behauptet, bei dem Klimadiagramm kann etwas nicht stimmen: „Im Juli hat es garantiert Temperaturen über 20 °C gegeben. Und im Januar gab es bestimmt auch mal Frost." Da muss Erich lachen. Was meinst du dazu?

Berechnung einer Durchschnittstemperatur:

Stell dir vor, du hast an einem Tag regelmäßig die Temperatur gemessen.

Uhrzeit	6:00	12:00	18:00	24:00
Temperatur	12 °C	26 °C	24 °C	14 °C

Um den **Mittelwert** der Tagestemperatur zu berechnen, musst du alle Messwerte addieren:
12 + 26 + 24 + 14 = 76 und durch die Anzahl der Messwerte teilen: 76 : 4 = 19.
Die mittlere Tagestemperatur betrug 19 °C.

Der Regenmesser

Materialbedarf: Zeitungen

Inzwischen sind Marie und Paul an allem interessiert, was mit Wetter zu tun hat. Im Garten haben sie einen Regenmesser aus Kunststoff. Da sie nicht richtig verstehen, wie das komische Ding funktioniert, fragen sie ihren Vater.

Papa erklärt weiter: „Das eigentliche Problem besteht darin, die Regenmenge anzugeben. Die Niederschlagsmenge wird immer in Liter pro Quadratmeter $\left(\frac{l}{m^2}\right)$ angegeben. $1\frac{l}{m^2}$ bedeutet, dass es auf eine Fläche von einem Quadratmeter einen Liter Wasser geregnet hat. Unter einem Quadratmeter könnt ihr euch ein Quadrat mit 1 m Seitenlänge vorstellen. Die Fläche von einem Quadratmeter kann aber auch eine andere Form haben."

Stell dir vor, es hat gerade $4\,l/m^2$ geregnet. Wie viel Liter Wasser sind dann auf einer Fläche von $1\,m^2$ ($2\,m^2$; $10\,m^2$; $0,5\,m^2$) niedergegangen?

Jetzt kommt Papa richtig in Fahrt: Wenn es einen Liter Wasser in ein Gefäß mit einem Quadratmeter Grundfläche (1 m lang und 1 m breit) regnet, dann steht das Wasser genau 1 mm hoch. Das könnt ihr euch so klar machen:

1. Stellt euch unter einen Kubikmillimeter ($1\,mm^3$) einen Mini-Würfel mit 1 mm Kantenlänge vor.
2. 1000 solcher Mini-Würfel aneinandergereiht ergeben eine Reihe von 1 m Länge. Auf die Grundfläche passen 1000 solcher Reihen, also insgesamt 1 000 000 Mini-Würfel in der untersten Schicht.
3. Da 1 l genau $1\,000\,000\,mm^3$ enthält, stellt diese Schicht schon 1 l Wasser dar. Das Wasser steht also 1 mm hoch.

Paul will das gleich ausprobieren. Er stellt drei verschieden große Gefäße in den Regen. Beim größten Gefäß ist die Öffnung und die Grundfläche doppelt so groß wie beim mittleren und beim kleinsten Gefäß ist die Öffnung und die Grundfläche halb so groß wie beim mittleren. Was weißt du schon jetzt über die Wasserstände nach einem Regenschauer?

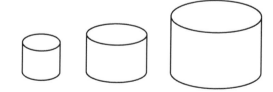

Beim letzten Gewitterregen hat es $20\,l/m^2$ geregnet. Paul fragt, wie viel Liter dabei auf den Fußballplatz (50 m auf 100 m) niedergegangen sind. Marie will wissen, wie hoch das Wasser auf dem Platz gestanden hätte, wenn der Boden keinen Tropfen aufgesaugt hätte. Beantworte die Fragen der beiden.

Wir bauen einen Regenmesser

Materialbedarf: Leere Konservendose, Bohrer mit Bohrmaschine oder Nagel und Hammer, Lineal aus Kunststoff, kleine Metallsäge, Draht und Zange

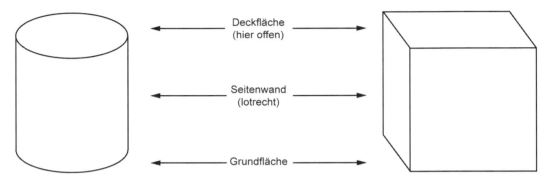

Ein Regenmesser besteht eigentlich nur aus einem Gefäß, das den Regen auffängt. Solange bei dem Gefäß die Seitenwände lotrecht sind, also gerade von oben nach unten verlaufen, ist die Deckfläche gleich groß wie die Grundfläche. Wenn es nun in das Gefäß hineinregnet, dann hängt die Höhe des Wasserstandes gar nicht von der Größe ab. Denn in ein Gefäß mit einer halb so großen Öffnung fällt zwar nur halb so viel Wasser. Aber da die Grundfläche auch nur halb so groß ist, steht nach dem Regenguss das Wasser gleich hoch im Gefäß. Bei jedem Gefäß mit lotrechten Seitenwänden steigt der Wasserstand um einen Millimeter, wenn es einen Liter pro Quadratmeter ($1\,l/m^2$) regnet. Wenn du also in deiner Dose nach jedem Regen misst, um wie viel Millimeter das Wasser gestiegen ist, dann weißt du, wie viel Liter es pro Quadratmeter geregnet hat. Du kannst also mit einer alten Konservendose und einem Lineal mit Millimeteranzeige ganz leicht die Regenmenge messen.

Jetzt geht's los: Wir bauen einen Regenmesser

1. Bohre am oberen Rand deiner Dose zwei Löcher oder schlage sie mit einem Nagel hinein. Der Abstand der Löcher sollte so groß sein wie die Breite deines Lineals. Pass dabei auf, dass du dich nicht am Rand der Dose schneidest!

2. Nun musst du dafür sorgen, dass dein Lineal bei der Nullmarke anfängt. Viele Lineale sind ein Stück länger. Das musst du absägen.

3. Stelle das Lineal nun mit der Nullmarke in die Dose. Binde es mit dem Draht durch die beiden Löcher von innen an die Seitenwand.

4. Stelle die Dose so im Freien auf, dass die Seitenwände genau lotrecht und die Grundfläche genau horizontal verläuft. Das kannst du leicht prüfen, indem du etwas Wasser einfüllst. Es muss sich gleichmäßig auf dem Boden verteilen und darf sich nicht an einer Stelle sammeln.

Jetzt musst du nur noch nach jedem Regen ablesen und Protokoll führen. Nach dem Ablesen musst du die Dose natürlich ausschütten, damit sie wieder leer ist.

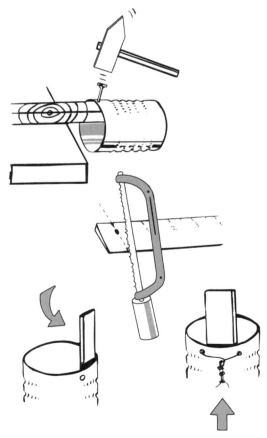

⏱ 30 min   ♦ Einzelarbeit

Ernst Klett Verlag GmbH, Stuttgart 2009

Woher weht der Wind?

Marie und Paul gehen in die Stadtbibliothek und leihen sich
einige Bücher zum Wetter aus. Vor allem über die Messung
der Windstärke erfahren sie viel Neues.
Durch archäologische Funde ist zum Beispiel ein Windturm
von den Mayas belegt. Er bestand aus einem Korb in etwa
11 m Höhe, aus dem in regelmäßigen Zeitabständen kleine,
leichte Kugeln fielen. Unter dem Korb waren kreisförmig viele
Fächer angeordnet, in die die Kugeln hineinfielen.
Kannst du erklären, wie die Mayas damit die Windgeschwindigkeit und die Windrichtung bestimmen konnten?

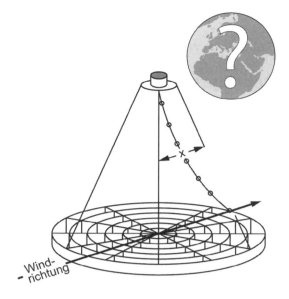

Der britische Admiral Sir F. Beaufort führte 1806 eine zwölfteilige Skala ein, um die Windstärke anzugeben.

	Bezeichnung	Wirkungen	Windgeschwindigkeit	
0	windstill	Rauch steigt gerade empor	0–1	km/h
1	leiser Zug	Windrichtung an Rauch erkennbar	1–5	km/h
2	leichte Brise	Wind im Gesicht spürbar	6–11	km/h
3	schwache Brise	Blätter in Bewegung	12–19	km/h
4	mäßige Brise	Zweige in Bewegung	20–29	km/h
5	frische Brise	dünne Äste schwanken	30–39	km/h
6	starker Wind	starke Äste schwanken	40–49	km/h
7	steifer Wind	ganze Bäume in Bewegung	50–59	km/h
8	stürmischer Wind	Zweige brechen ab	60–74	km/h
9	Sturm	leichte Schäden an Häusern	75–89	km/h
10	schwerer Sturm	Bäume werden entwurzelt	90–99	km/h
11	orkanartiger Sturm	schwere Sturmschäden	100–119	km/h

In der Wettervorhersage gibt es Angaben wie „Wind aus
Nordost bis Nordwest". Es wird also angegeben, aus
welcher Richtung der Wind kommt. Der Kompass zeigt
dir die Himmelsrichtungen an. Die Reihenfolge im Uhr-
zeigersinn kannst du dir leicht mit diesem Spruch mer-
ken: **N**ie **o**hne **S**eife **w**aschen!

Die Windrichtung und die Windstärke kann man auch
sehr leicht an einem gestreiften Stoffschlauch ablesen.
Auf den Bildern ist er jeweils von oben gezeichnet.
a) Ordne den Bildern jeweils eine Windstärke zu:
    2, 4, 7 oder 10.

① _____   ② _____

③ _____   ④ _____

b) Aus welcher Richtung weht jeweils der Wind?

① _____   ② _____

③ _____   ④ _____

Bedeutet eigentlich eine doppelte (dreifache) Windstärke,
dass der Wind auch doppelt (dreimal) so stark ist? Was
meinst du?

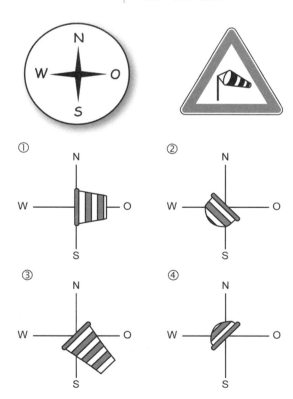

Ernst Klett Verlag GmbH, Stuttgart 2009

Schräges Wetter!

Wenn es regnet, weht meistens auch ein kräftiger Wind. Das führt dazu, dass die Regentropfen schräg zur Erde fallen. Auch das Licht fällt schräg auf die Erde, wenn die Sonne nicht genau über dir steht. In Mitteleuropa kann die Sonne nie so hoch stehen, dass das Licht genau von oben kommt. Das ist nur zwischen dem nördlichen und südlichen Wendekreis möglich.

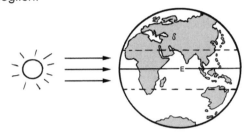

An eine 6 m lange und 2,50 m hohe Garage grenzt ein Rasen. Weil es schräg regnet, bleibt ein 1,25 m breiter Streifen entlang der Garage trocken. Wie groß ist die Fläche, die trocken bleibt?

_____

Stell dir vor, im Garten steht ein Tisch. Wenn es regnet, bleibt irgendwo unter der Tischplatte eine Rasenfläche trocken. Wie groß ist die Fläche, wenn die Tischplatte 1 m breit und 2 m lang ist? (Tipp: Mache ein paar Zeichnungen, wenn du die Lösung nicht gleich findest.)

_____

Warum kann man wohl viele Gartenschirme kippen?

_____

Wovon hängt es wohl ab, wie groß die Schattenfläche von einem Tisch ist, der im Garten in der Sonne steht?

_____

Die folgenden Gegenstände liegen in der Südsee an einem Strand, der leider nicht mehr einsam ist. Die Sonne scheint genau von oben (lotrecht) auf die Körper. Oben sind sie hell beleuchtet und unten müssen sie dunkler sein. Doch wo verläuft die Grenze? Zeichne an den Körpern die Schatten ein.

Hochwasser in der Altstadt

Materialbedarf: Geodreieck, Bleistift

Hochwasser steigt weiter

Nassheim. – Im Auenkreis sind inzwischen mehrere Gemeinden überflutet. Besonders stark ist die Altstadt von Nassheim betroffen. Das historische Rathaus steht fast bis zur Oberkante der Eingangstür im Wasser. Technisches Hilfswerk und Feuerwehr waren die ganze Nacht hindurch im Einsatz. Zahlreiche Keller

Hilf Marie und zeichne das Spiegelbild des Rathauses im Wasser.

978-3-12-734412-7 Lambacher Schweizer 5 NRW, Serviceband **S75**   Ernst Klett Verlag GmbH, Stuttgart 2009

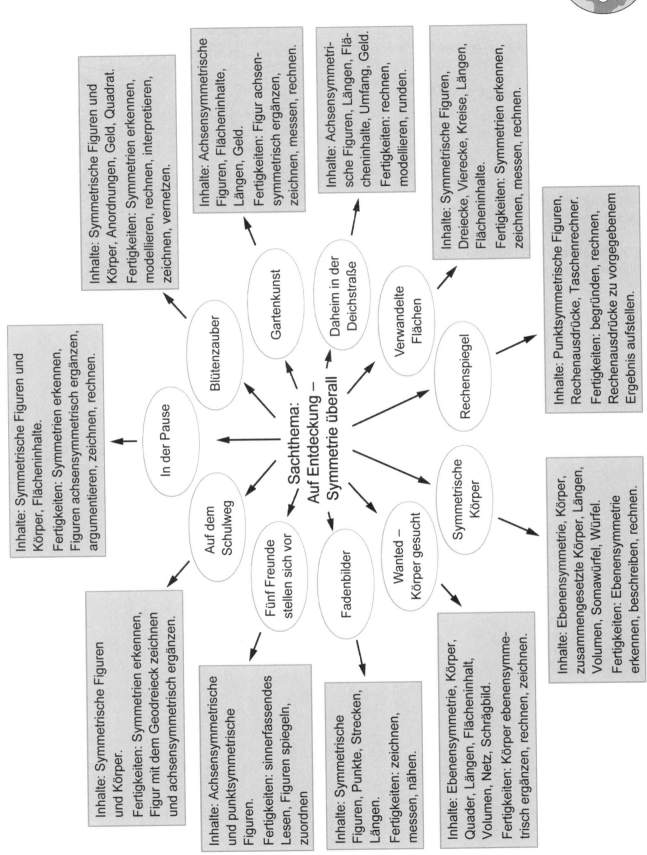

Inhalte: Symmetrische Figuren und Körper, Anordnungen, Geld, Quadrat.
Fertigkeiten: Symmetrien erkennen, modellieren, rechnen, interpretieren, zeichnen, vernetzen.

Inhalte: Achsensymmetrische Figuren, Flächeninhalte, Längen, Geld.
Fertigkeiten: Figur achsensymmetrisch ergänzen, zeichnen, messen, rechnen.

Inhalte: Achsensymmetrische Figuren, Längen, Flächeninhalte, Umfang, Geld.
Fertigkeiten: rechnen, modellieren, runden.

Inhalte: Symmetrische Figuren, Dreiecke, Vierecke, Kreise, Längen, Flächeninhalte.
Fertigkeiten: Symmetrien erkennen, zeichnen, messen, rechnen.

Inhalte: Symmetrische Figuren und Körper, Flächeninhalte.
Fertigkeiten: Symmetrien erkennen, Figuren achsensymmetrisch ergänzen, argumentieren, zeichnen, rechnen.

Inhalte: Punktsymmetrische Figuren, Rechenausdrücke, Taschenrechner.
Fertigkeiten: begründen, rechnen, Rechenausdrücke zu vorgegebenem Ergebnis aufstellen.

Blütenzauber

Gartenkunst

Daheim in der Deichstraße

Verwandelte Flächen

In der Pause

Sachthema: Auf Entdeckung – Symmetrie überall

Rechenspiegel

Auf dem Schulweg

Fünf Freunde stellen sich vor

Fadenbilder

Wanted – Körper gesucht

Symmetrische Körper

Inhalte: Symmetrische Figuren und Körper.
Fertigkeiten: Symmetrien erkennen, Figur mit dem Geodreieck zeichnen und achsensymmetrisch ergänzen.

Inhalte: Achsensymmetrische und punktsymmetrische Figuren.
Fertigkeiten: sinnerfassendes Lesen, Figuren spiegeln, zuordnen

Inhalte: Symmetrische Figuren, Punkte, Strecken, Längen.
Fertigkeiten: zeichnen, messen, nähen.

Inhalte: Ebenensymmetrie, Körper, Quader, Längen, Flächeninhalt, Volumen, Netz, Schrägbild.
Fertigkeiten: Körper ebenensymmetrisch ergänzen, rechnen, zeichnen.

Inhalte: Ebenensymmetrie, Körper, zusammengesetzte Körper, Längen, Volumen, Somawürfel, Würfel.
Fertigkeiten: Ebenensymmetrie erkennen, beschreiben, rechnen.

Ernst Klett Verlag GmbH, Stuttgart 2009

Fünf Freunde stellen sich vor

Hier stellen sich fünf Freunde vor: Sissi Becker, Anna Eiche, Heidi Bode, Max Hocke und Tim Bock gehen alle in die Klasse 5c des Robert-Koch-Gymnasiums in Bodeck und wohnen in der Deichstraße. Seit sie im Matheunterricht die „Symmetrie" behandelt haben, lässt sie das Thema nicht mehr los. Jeden Tag entdecken sie in ihrer Umgebung neue Dinge, die symmetrisch sind.

Auch ihre Namen haben sie auf Symmetrie untersucht. Wenn du die Namen der fünf Freunde in Großbuchstaben und in Druckschrift schreibst, kannst du den Kindern ihre Namen zuordnen.

Mein Vorname und mein Familienname sind leider nicht symmetrisch. Wenn man aber jeweils einen Buchstaben weglässt, entstehen symmetrische Wörter.

Ich habe einen Familiennamen mit einer Symmetrieachse. Mein Vorname ist nicht symmetrisch, aber er besteht nur aus symmetrischen Buchstaben.

Das Spiegelbild meines Vornames ist ein sinnvolles Wort. Mein Familienname ist symmetrisch.

Sowohl mein Vor- als auch mein Nachname sind achsensymmetrisch.

Findest du auf dieser Seite weitere symmetrische Wörter?

Auch mein Nachname besitzt eine Symmetrieachse. Die Reihenfolge der Buchstaben meines Vornamens ist auch symmetrisch, mein Vorname selbst leider nicht.

Auf dem Schulweg

Materialbedarf: Bleistift, Geodreieck und farbige Stifte

Jeden Morgen treffen sich Tim, Max, Anna, Sissi und Heidi an der großen Kastanie in der Deichstraße, um gemeinsam zur Schule zu gehen. Auf ihrem Weg kommen sie auch am Rathaus vorbei. Plötzlich ruft Tim: „Schaut euch die Fassade vom Rathaus an, die ist auch symmetrisch!" Sissi antwortet nach einem kurzen Blick auf das Rathaus: „Du hast Recht, aber mit einer Ausnahme." Untersuche Kirche(n) und Rathaus deines Wohnortes auf Symmetrie.

Rathaus von Bodeck

Brandenburger Tor

Noch vor der 1. Stunde entdecken Max und Anna im Regal des Kunstraumes ein Architekturbuch und blättern darin. An vielen Gebäuden (Kirchen, Schlössern, Rathäusern, Bürgerhäusern, Stadttoren) findet man Symmetrien. Schon zu früheren Zeiten haben die Bauherren die Schönheit symmetrischer Anordnungen, aber auch deren praktischen Nutzen erkannt. Oft durchbrechen aber kleine Details die Gesamtsymmetrien.
Findest du sie an den vorgestellten Gebäuden?

Thüringer Fachwerkhäuser

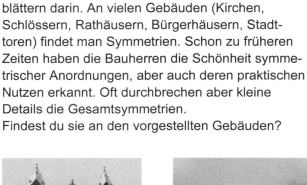

Dom zu Speyer

Rathaus in Augsburg

Zeichne mit dem Geodreieck die Giebelseite eines Hauses, das achsensymmetrisch ist. Das Haus soll Fachwerk, viele Fenster und ein Geschäft im Erdgeschoss haben. Verwende ein Zeichenblatt ohne Linien und Kästchen.

Wenn du noch Zeit hast, gestalte das Haus farbig. Beachte auch dabei die Symmetrie.

Schloss Ludwigsburg

In der Pause

Materialbedarf: Kleiner Spiegel o. Ä., Bleistift, Geodreieck und Obst

Endlich Pause! Heidi öffnet ihre Brotbüchse und lacht: Schon wieder Symmetrie!
Untersuche die Obst- und Gemüsesorten auf Symmetrie.

Wenn du Obst in Scheiben schneidest, bevor du es isst, kannst du die Schnittflächen auf Symmetrie untersuchen. Wie viele Symmetrieachsen haben die Schnittflächen von Blutorange, Kiwi und Apfel?

Max beißt gerade genussvoll in sein Pausenbrot. Er schaut dabei aus
dem Fenster und entdeckt, dass es schneit.
Auch Schneekristalle sind regelmäßig. Welche Gemeinsamkeit besitzen
die Kristalle? Untersuche auf Symmetrie.

Du siehst hier vier Bilder von einem Baum. Das linke Bild ist ein Foto. Finde heraus, wie die anderen Bilder
entstanden sind.

Auf dem Pausenhof findet Tim im ersten Schnee noch einige Blätter.
Sind die Blätter alle achsensymmetrisch? Was meinst du?

Ulmenblatt

Bestimme den Flächeninhalt des Linden-
blattes ungefähr. Gib ihn in cm^2 an.
Ein Botaniker schätzt, dass eine bestimmte
Linde 60 000 Blätter hat. Wie groß ist dann
bei diesem Baum die Fläche aller Blätter?

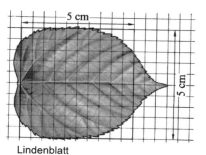

Lindenblatt

Ergänze die Figuren in deinem Heft zu achsensymmetrischen Blättern.

Ahornblatt

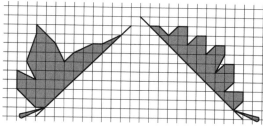

Eichenblatt

⏱ 45 min   ↟ Einzelarbeit

Ernst Klett Verlag GmbH, Stuttgart 2009

Blütenzauber

Materialbedarf: Kleiner Spiegel o. Ä., farbige Stifte, Schere

Im Biologieunterricht wird das Thema „Pflanzen" behandelt. Der Lehrer zeichnet gerade eine Pflanze an die Tafel und erklärt deren Aufbau, als Sissi laut ausruft: „Das Thema Symmetrie verfolgt uns!"

Immergrün

Buschwindröschen

Storchschnabe

Tränendes Herz

Viele Pflanzenbilder sehen zunächst symmetrisch aus. Legst du aber einen Spiegel oder z. B. eine leere CD-Hülle an der vermuteten Symmetrieachse an, kannst du oft feststellen, dass die beiden Hälften nicht ganz genau symmetrisch sind.

Sind die Bilder der Blüten auf diesem Arbeitsblatt alle achsensymmetrisch? Was meinst du?

Anna möchte einen Blumenkasten wie in Fig. 1 symmetrisch bepflanzen. In ihrem Kasten ist jedoch nur Platz für 5 Pflanzen. Sie will das Sonderangebot des Gartencenters nutzen und die Pflanzen so anordnen, dass 2 Pflanzen nebeneinander immer verschieden farbig sind. Hilf Anna und zeichne verschiedene Varianten der farbigen Anordnung der Pflanzen.

Fig. 1

Sonderangebot
3 „Blaublüher" nur 0,99 €
2 „Gelbblüher" nur 0,70 €
1 „Weißblüher" nur 0,40 €

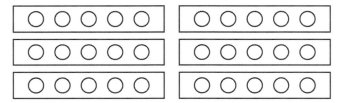

Wie viele Möglichkeiten der Bepflanzung hat sie mit den drei Farben?
Welche der Varianten der Bepflanzung sind am kostengünstigsten? Wie viel Euro muss Anna dafür bezahlen?

Knobel-Aufgabe

Übertrage die Zeichnung einer Blüte farbig auf Kästchenpapier und schneide die Teile aus.

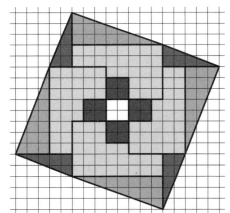

Versuche, die Blüte nun ohne Vorlage nachzulegen.
Lege ohne das kleine weiße Quadrat aus der Mitte anschließend eine zweite punktsymmetrische Blüte mit quadratischer Grundfläche.

Gartenkunst

Materialbedarf: Bleistift und Geodreieck

Heidi macht Hausaufgaben. Als sie bei einer Aufgabe nicht weiterkommt, beschließt sie, ihren Vater um Hilfe zu bitten. Herr Bode ist Gartenarchitekt und arbeitet zu Hause. Heidi findet ihren Vater über Zeichnungen am Schreibtisch vertieft. Auch aufgeschlagene Bücher häufen sich daneben. Die Hausaufgaben fast vergessend, schaut sie ihrem Vater neugierig über die Schulter und betrachtet die Abbildungen in den Büchern. Sie muss schmunzeln: Symmetrie überall!

Das nebenstehende Foto zeigt einen kleinen Klostergarten mit symmetrisch angeordneten Beeten. In früherer Zeit wurden oft nicht nur Gebäude symmetrisch gestaltet, sondern auch Schlossgärten, Gärten in Klosteranlagen und später Parkanlagen. Dabei wurden z. B. Blumenbeete, Bäume, Sträucher, Rasenflächen, Wasserbecken, Springbrunnen und Wege entsprechend angeordnet.

Ergänze die Zeichnung eines Gartenarchitekten achsensymmetrisch.
Berechne die entstandene graue Fläche geschickt. Miss dazu die benötigten Längen.

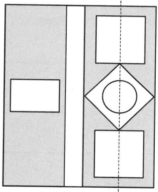

_____

_____

_____

Die graue Fläche soll eine Rasenfläche sein. Die Längen sind im Original 500-mal so groß. Berechne die Rasenfläche. Gib ihre Größe in m^2 an.

_____

_____

Wenn du den Flächeninhalt der grauen Fläche mit 500 multiplizierst und in m^2 umwandelst, erhältst du nicht die Größe des Inhaltes der Rasenfläche. Warum?

_____

Im Gartencenter gibt es Rasensamen im 1-kg-Beutel zu 22,90 €. Der Samen in einem dieser Beutel reicht für 50 m^2 Rasenfläche. Was kostet es, den Rasen anzulegen?

_____

978-3-12-734412-7 Lambacher Schweizer 5 NRW, Serviceband **S81**

Daheim in der Deichstraße

Anna und Tim wohnen mit ihren Familien in einem Haus. Fig. 1
zeigt das Erdgeschoss in der Doppelhaushälfte der Familie Eiche.
Familie Bock bewohnt die andere Hälfte des Hauses. Ihre Zimmer
sind achsensymmetrisch zu denen der Familie Eiche angeordnet.
Das Dachgeschoss des Hauses ist noch nicht ausgebaut.
Wie viel m² Wohnfläche hat das Doppelhaus?

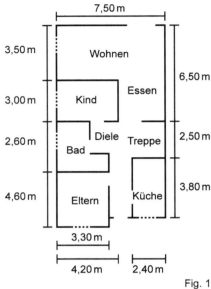

Fig. 1

Familie Bock hat zwei Kinder und deshalb bis zur Fertigstellung des
Dachausbaus mit den Kindern das Zimmer getauscht.
Wie viel m² Wohnfläche gehört den Kindern im Doppelhaus?

Max wohnt mit seiner Familie ebenfalls in der Deichstraße. Fig. 2 zeigt
den Grundriss vom Erd- und Obergeschoss des Hauses. Wie viel m² hat
jeweils das Erd- und das Obergeschoss im Haus von Familie Hocke?

Erdgeschoss

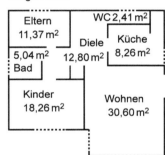

Der Keller ist 84 m² groß. Wie groß ist jeweils die Wohn- und die Nutzfläche im Haus von Familie Hocke?

Obergeschoss

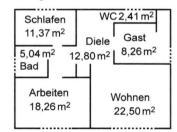

Familie Hocke vermietet das Obergeschoss für 7 € pro m².
Wie hoch ist die Miete? Runde auf 10 € genau.

Fig. 2

Sissi hat ein eigenes Zimmer (Fig. 3) und möchte an der Wand
rundum Holzleisten zum Anheften ihrer Bilder und Zeichnungen aus
der Kunst-AG anbringen. Wie viel m Holzleisten benötigt sie, wenn
sie auch über der Tür und dem Fenster Leisten anbringt?

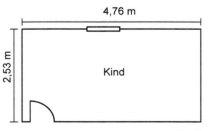

Fig. 3

Verwandelte Flächen

Materialbedarf: Verschiedene farbige Papiere, Schere, Bleistift, Zirkel und Lineal

In der Kunst-Arbeitsgemeinschaft haben Heidi und Sissi Einladungskarten gebastelt.
Welche der entstandenen Figuren auf den Karten sind symmetrisch? Welche Symmetrieart liegt vor?

_____

Wie liegen in Fig. 1 bis 5 jeweils die ausgeschnittenen schwarzen Formen und die entstandenen weißen
Flächen zueinander?

_____

_____

Zeichne selbst auf einem farbigen, viereckigen oder dreieckigen Stück Papier verschiedene Formen mit Zirkel
oder Lineal auf. Schneide sie dann aus und klebe sie entsprechend auf. Mit dieser „Klapptechnik" kannst du
nicht nur Glückwunsch- oder Einladungskarten gestalten, sondern z. B. auch Lesezeichen.

Fig. 1

Fig. 2

Fig. 3

Fig. 4

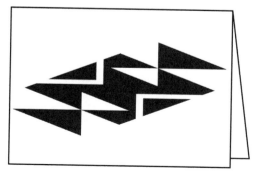

Fig. 5

Berechne für die
Karten in Fig. 1 bis 5
den Flächeninhalt
der grauen Formen
im Heft.

Miss dazu die
benötigten Längen.

Rechenspiegel

Max spielt gern mit seinem Taschenrechner. Schnell findet er heraus, dass man bestimmte Ergebnisse in der Anzeige des Taschenrechners auch als Wörter lesen kann. Die Zahl 3571, so stellt Max fest, ergibt den Namen seiner Oma.

Wie heißt die Oma von Max? Was macht Max, um die Zahlen als Wörter lesen zu können? Was hat das mit dem Thema „Symmetrie" zu tun?

Löse die folgenden Rechnungen mit dem Taschenrechner und notiere die Ergebnisse. Zur Kontrolle kannst du die Lösungswörter in das Raster eintragen.

Senkrecht:

1. Teil eines Hauses $\qquad$ $676\,767 - 7676 - [641 \cdot (-108)] =$ _____

2. stacheliges Meerestier $\qquad$ $(543 \cdot 123 - 555 + 8 \cdot 13 \cdot 253) \cdot 80 - 12\,345 =$ _____

Waagerecht:

1. Grundfarbe $\qquad$ $[777 - (888 - 120)] \cdot 971 =$ _____

3. Nahrungsmittel $\qquad$ $28 \cdot 73 + 714 - 45 \cdot 61 =$ _____

4. Gewässer $\qquad$ $1\,117\,225 : 3335 =$ _____

5. Fluss in Deutschland $\qquad$ $(1291 \cdot 3993) : (11 \cdot 121) =$ _____

6. Unterrichtsfach $\qquad$ $6543 \cdot 1234 + 36\,323 \cdot 162 + 7654 \cdot 2345 =$ _____

7. Huftier $\qquad$ $6603 \cdot 3 - (19\,059 - 6603) =$ _____

8. nicht laut $\qquad$ $55\,555 + (3100 + 303) \cdot (-6) =$ _____

9. Du hast es erreicht! $\qquad$ $(777 - 1234) \cdot (55 - 71) =$ _____

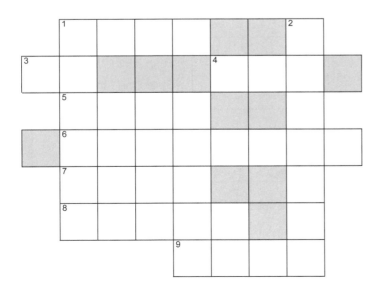

Max findet beim Spielen mit dem Taschenrechner auch Folgendes heraus: Genau ein Name der fünf Freunde lässt sich direkt mit Ziffern in der Anzeige des Taschenrechners schreiben. Bestimme den Namen und die dazugehörige Zahl.

Erfinde selbst fünf verschiedene Aufgaben zum Üben mit dem Taschenrechner, die alle als Ergebnis diese Zahl besitzen.

Symmetrische Körper

Materialbedarf: Kleine Holzwürfel

In der Mathe-AG basteln Anna und Tim Somawürfel und erfahren auch hier Neues zur „Symmetrie":
Regelmäßige Körper haben statt einer Symmetrieachse eine Symmetrieebene. Solche Körper nennt man auch **ebenensymmetrische Körper.**
In Fig. 1 ist eine Symmetrieebene bei einem Quader eingezeichnet. Ein **Quader** hat weitere Symmetrieebenen, wie viele insgesamt?

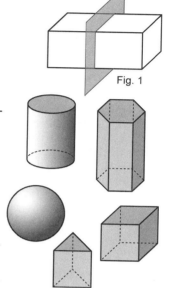

Fig. 1

Wie viele Symmetrieebenen hat ein **Würfel,** ein **Prisma** (mit regelmäßiger dreieckiger Grundfläche), ein **Prisma** (mit regelmäßiger sechseckiger Grundfläche), ein **Zylinder** und eine **Kugel?**
Untersuche Zusammensetzungen aus diesen Körpern auf Symmetrieebenen im Heft.

Der Somawürfel ist zusammengesetzt aus diesen sieben Teilen

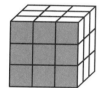

Wie viele kleine Würfel benötigst du für den Bau der Teile des Somawürfels?

Wenn dir diese Anzahl an kleinen Würfeln zum Zusammenkleben nicht aus einem alten Baukasten zur Verfügung steht, kannst du sie dir aus einer einzigen Holzleiste selbst herstellen.
Welche Maße muss diese Leiste mindestens haben, wenn ein kleiner Würfel $1\,\text{cm}^3$ groß sein soll?

Untersuche, wie viele Symmetrieebenen jedes der sieben Teile des Somawürfels besitzt. Beschreibe ihre Lage deiner Nachbarin oder deinem Nachbarn. Sind alle Teile ebenensymmetrisch?

Nimm an, die kleinen Würfel haben eine Kantenlänge von 1,5 cm. Wie groß ist dann das Volumen der einzelnen Teile des Somawürfels? Welches Volumen besitzt der Somawürfel?

Setze aus den sieben Teilen den **Somawürfel** und den nebenstehenden Körper zusammen. Kannst du noch andere Körper damit bauen?

Wanted – Körper gesucht!

Materialbedarf: Geodreieck, Bleistift

Tim hat eine Knobelzeitschrift abonniert. Darin entdeckte er die folgende „Suchmeldung":

Achtung! Achtung!

Die Ordnungshüter im Lande Geometria bitten um Mithilfe:
Gesucht wird ein regelmäßiger Körper. Name zurzeit noch unbekannt.
Ein mögliches Bild vom gesuchten Körper ist leider unvollständig.
Was bisher bekannt ist:
- Den gesuchten Körper kann man sich vorstellen,
  wenn man sich das Prisma in Fig. 1 an den drei
  Symmetrieebenen gespiegelt denkt. Beachte,
  dass du jeweils das Ergebnis einer Spiegelung
  in der nächsten mitspiegelst.
- Die Grundfläche dieses Prismas ist ein Dreieck mit einer
  Grundseitenlänge von 25 mm. Die zugehörige Höhe liegt
  auf der Symmetrieachse des Dreiecks.
- Die zueinander symmetrischen Seiten sind ca. 1,8 cm lang.
- Das Prisma ist 2 cm hoch.

Der gesuchte Körper ist ein _____ . Er hat die Maße: _____ .

Die Größe seiner Grundfläche beträgt: _____ .

Sein Volumen beträgt: _____ .

So sieht das Netz des gesuchten Körpers aus: Der gesuchte Körper im Schrägbild:

Ernst Klett Verlag GmbH, Stuttgart 2009

Fadenbilder

Materialbedarf: Zeichenkarton, große Stopfnadel, Schere, Zirkel und farbige Wolle

Max besucht mit seinen Freunden seine Oma zum Kuchenessen. Oma Hocke kann hervorragend backen und sie stickt sehr gern. Da sie keine vorgefertigten Bilder zum Aussticken mag, entwirft sie selbst Muster. Heidi, Sissi und Anna sind sofort begeistert und wollen es auch ausprobieren. Tim und Max sind skeptisch: „Das ist doch nichts für Jungs!" und wenden sich wieder dem leckeren Kuchen zu. Oma Hocke hat aber eine Idee und zeigt den Kindern, wie man mit Nadel und Faden auf Papier schöne geometrische Formen „zeichnen" kann. Und plötzlich waren sie wieder beim Thema „Symmetrie", das sie in letzter Zeit nicht mehr losließ. Auch Tim und Max sind neugierig geworden.

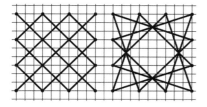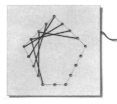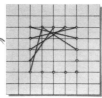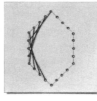

Entwirf zuerst eigene symmetrische Punktmuster auf kariertem Papier und verbinde die Punkte.

Die Fadenbilder setzen sich aus vielen Strichen zusammen, die nicht gezeichnet, sondern mit dem Faden „genäht" werden. Die Endpunkte dieser Striche werden mit dem Zirkel in Zeichenkarton eingestochen. Durch diese kleinen Löcher wird dann der Faden geführt.

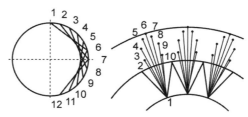

Oma Hocke hat ihre Sterne mit sehr dünnem Garn gearbeitet. Verwende für deine selbst entworfenen Muster zunächst einen dickeren Wollfaden. Je genauer du arbeitest, desto schöner wird das Ergebnis.

Knobel-Aufgabe

Ist es möglich, die neun Punkte durch vier in einem Zug gezeichnete Strecken zu verbinden?

Die Strecken müssen nicht in den vorgezeichneten Punkten enden.

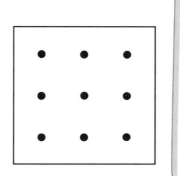

Lerntagebuch

Name: ______________________ **Klasse:** ______________________

Thema: ____

Die ___ Arbeitsstunde **Datum:** ______________________

Aufgabe/Problemstellung:

____

____

____

Erste Überlegungen:

____

____

____

So bin ich/sind wir vorgegangen: Was habe ich heute gemacht und gedacht?

____

____

____

____

____

Wissensspeicher: Was habe ich heute Neues gemacht?

____

____

Anmerkung:

____

____

Einzelarbeit

Lerntagebuch

Name: _____   **Klasse:** _____

Thema: _Das kann evtl. auch später ergänzt werden_ _____

Die ____ Arbeitsstunde   **Datum:** _____

Aufgabe/Problemstellung:

_____

_____

_____

Erste Überlegungen:

Dazu gehören: - Vermutungen, Ideen, - Fragen: Was habe ich an der Aufgabe noch nicht verstanden?

- Wissenslücken: Was muss ich wiederholen, um die Aufgabe zu lösen?

- Plan zum weiteren Vorgehen: Wie teilen wir die Arbeit auf und ein? In welchen Schritten gehen wir vor?

So bin ich/sind wir vorgegangen: Was habe ich heute gemacht und gedacht?

z. B.: - So sieht mein Plan zum Lösen der Aufgabe aus: ...

- Bei diesen Beispielen habe ich besonders viel verstanden: ...

- Aha-Erlebnisse: Diese Idee hat mich besonders weit gebracht: ...

- Das hätte ich besser machen können: ...

- Das ist meine Lösung: ...

Wissensspeicher: Was habe ich heute Neues gelernt?

Hier ist alles Wichtige zusammengefasst wie in einem Merkheft oder einer Formelsammlung.

Mein Merkheft zu dieser Aufgabe lautet: ...

Anmerkungen:

- Das Thema hat mir gut gefallen, weil ..., - Besonders schwer war ..., - Besonders einfach war ...

- Mit dem Ergebnis bin ich zufrieden, weil ...

✝ Einzelarbeit

Ernst Klett Verlag GmbH, Stuttgart 2009

Lösungen der Serviceblätter

Darstellung von	mit den Wägesätzen 1g, 2g, 2g, 3g, 5g	mit den Wägesätzen 1g, 3g, 5g, 5g	mit den Wägesätzen optimal 1g, 3g, 9g
1 g	1 g	1 g	1 g
2 g	2 g	3 g – 1 g	3 g – 1 g
3 g	3 g	3 g	3 g
4 g	3 g + 1 g	3 g + 1 g	3 g + 1 g
5 g	5 g	5 g	9 g – 3 g – 1 g
6 g	5 g + 1 g	5 g + 1 g	9 g – 3 g
7 g	5 g + 2 g	5 g + 3 g – 1 g	9 g – 3 g +1 g
8 g	5 g + 3 g	5 g + 3 g	9 g – 1 g
9 g	5 g + 2 g + 2 g	5 g + 3 g + 1 g	9 g
10 g	5 g + 3 g + 2 g	5 g + 5 g	9 g + 1 g
11 g	5 g + 3 g + 2 g + 1 g	5 g + 5 g + 1 g	9 g + 3 g – 1 g
12 g	5 g + 3 g + 2 g + 2 g	5 g + 5 g + 3 g – 1 g	9 g + 3 g
13 g	5 g + 3 g + 2 g + 2 g + 1 g	5 g + 5 g + 3 g	9 g + 3 g +1 g

Kopiervorlage 2/Arbeitsphase II, Seite S 3

Mögliche Lösungswege:

1. Abzählen der Plättchen mit 4, 3, 2, 1 Klebepunkten:

    Mit 4 KP: 10, also 4 · 10 = 40 KP

    mit 3 KP: 23, also 3 · 23 = 69 KP

    mit 2 KP: 11, also 2 · 11 = 22 KP

    mit 1 KP: 1, also   1 KP

    Summe: 132 KP

2. Es sind 45 Plättchen,

    wenn alle Seiten verklebt wären: 45 · 4 = 180 KP

    abzüglich:

    äußerer Rand nicht verklebt: 2 · (11 + 7) =   36 KP

    innerer Rand nicht verklebt: 2 · (4 + 2)   =   12 KP

    Anzahl der Klebepunkte: 180 – 36 – 12 = 132 KP

I Natürliche Zahlen

Wir über uns – Umfrage durchführen und auswerten, Seite S 7

individuelle Lösung

Eine Liste – Viele Infos – Daten auswerten, Seite S 8

1 Jutta erhielt sieben Jungenstimmen und sechs Mädchenstimmen, insgesamt also 13 Stimmen. Klaus erhielt fünf Jungenstimmen und acht Mädchenstimmen, insgesamt also 13 Stimmen. Die Wahl ist damit noch nicht entschieden. Insgesamt haben 26 Kinder gewählt. Die Klasse besteht aus zwölf Jungen und 14 Mädchen. Mehr als die Hälfte der Mädchen haben Klaus gewählt, aber weniger als die Hälfte der Jungen.

2 a) 15 Schüler; b) 6 Schüler; c) (1) falsch (2) wahr

3 a)

Essen	Anzahl
Pizza	10
Baguettes	8
Würstchen	3
Pommes frites	4
Spaghetti	6
Milchreis	3
Hähnchen	3
Salate	2
Alles	1

Lieblingsessen: Pizza

b) Pizza ist der Spitzenreiter bei den befragten Schülerinnen und Schülern aus Klasse 5c usw. Milchreis ist in Klasse 5a und 5d sehr unbeliebt usw. Baguettes sind in Klasse 5a und 5b gleichermaßen beliebt. In allen vier Klassen zusammen gibt es unter den Befragten nur ein Kind, das alles mag.

c) In den befragten Klassen stimmt die Rangfolge der Lieblingsessen nicht mit derjenigen aus dem Zeitungsartikel überein. Der Spitzenreiter Pizza liegt bei der Zeitungsumfrage nur auf Platz 7. Milchreis liegt in der Zeitungsumfrage auf Platz 2, bei den befragten Schülerinnen und Schülern jedoch auf Platz 5.

4

Fahrzeuge	PKW	LKW	Motorräder	Motorroller	Fahrräder
Anzahl	21	8	7	11	16

Insgesamt wurden 63 Verkehrsteilnehmer gezählt. Darunter waren 34 Zweiräder; 47 Fahrzeuge waren motorisiert. Bei gleichbleibendem Verkehrsaufkommen kann man im Laufe einer Stunde mit ca. 280 motorisierten Fahrzeugen rechnen.

Zeitungsartikel: individuelle Lösung

1x1-Puzzle (1) und Puzzle-Raster (2),
Seiten S 9, S 10

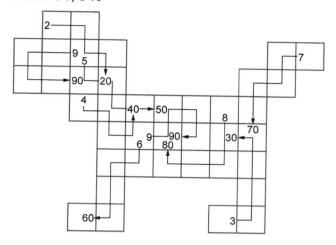

Pakete schnüren – Division, Seite S 11

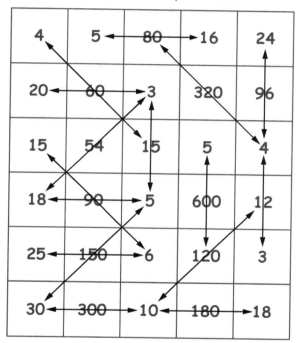

Radtour – Größen, Seite S 11

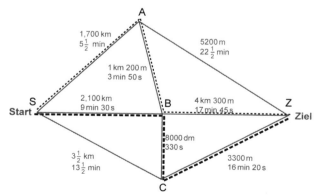

a) kürzester Weg: SBCZ ----
b) schnellster Weg: SABZ .....

Puzzle mit Größen, Seite S 12

807 dm	920 dm	1 d 40 h	1030 kg
41 m 20 cm	4020 g	5 g 140 mg	720 s
40 000 mg	1 min 10 s	5 d 20 h	7 t 80 kg
7 h 50 min	7 t 10 kg	69 m	715 mm
9 g 40 mg	5014 m	6200 kg	1 t 300 kg

(Felder mit eingetragenen Größenangaben, teilweise gedreht: 30 t, 3000 kg, 3 t, 4 min, 240 s, 3 h 20 min, 200 min, 282 s, 185 min, 9200 cm, 2 km 800 dm; 3 h 5 min, 3 kg 3 g, 3003 g, 420 min, 4 h, 2590 g, 2 kg 590 g, 2080 m, 12 min, 83 mm; 2000 s, 100 min, 1 h 40 min, 2 dm 5 cm, 25 g, 8 cm, 5 cm 30 mm, 2 h; 40 g, 70 s, 40 h, 7080 kg; 3 d, 3 dm 15 cm, 455 mm, 5 kg 600 g, 600 g, 1 min 22 s, 82 g, 300 min; 470 min, 7010 kg, 690 dm, 70 cm 15 mm; 9 h, 6 m 25 dm, 850 cm, 2 t 12 P, 60 h, 2 g 1 mg, 200 mg, 2500 mm; 9040 mg, 5 km 140 dm, 5 km 200 kg, 1300 kg; 315 cm, 5 min 10 s, 210 s, 38 dm, 380 cm, 3 min 82 s, 4 min 22 s, 8 m 70 cm; 5014 dm, 7100 kg, 690 cm, 42 t)

Lernzirkel: Größen

1. Längenangaben, Seite S 14

1 kilo – „Tausend"; dezi – „ein Zehntel"; zenti – „ein Hundertstel"; milli – „ein Tausendstel"

2 a) 3000 m
b) 70 mm
c) 3500 cm
d) 67 dm
e) 340 m

3 a) 785 cm
b) 304 mm
c) 304 mm
d) 7084 m

4 a) 700 cm < 8 m
b) 73 dm > 80 cm
c) 4650 dm < 5 km
d) 2 m 64 cm < 3000 mm

5 a) 43 mm
b) 12 040 m
c) 3050 mm

6 a) 75 cm
b) 66 Armbänder
c) 50 cm bleiben übrig.

2. Gewichtsangaben, Seite S 15

1 Stier – 1 t; Zwergkaninchen – 1 kg; Biene – 100 mg; Schwein – 100 kg; Meise – 10 g

2 a) 40 300 kg   b) 3046 g
c) 6750 mg   d) 1050 g
e) 4002 kg   f) 3500 g

3 a) 3 g 400 mg   b) 6 t 738 kg
c) 350 g 90 mg   d) 4 t 600 g

4 a) 12 000 mg < 122 g   b) 17 t > 2000 kg
c) 45 kg > 4700 g   d) 9999 kg < 10 t

5 a) 2100 g   b) 3050 mg
c) 70 020 g

6 Das Gepäck darf höchstens noch 435 kg wiegen.

3. Zeitangaben, Seite S 16

1 h = 60 min = 3600 s

1 a) 80 min   b) 86 h   c) 290 min   d) 303 s

2 a) 2 h 30 min   b) 4 d 4 h
c) 1 h 40 min   d) 4 min 10 s

3 a) 90 s > 1 min   b) 20 min > $\frac{1}{4}$ h;

c) 50 h > 2 d   d) 240 h < 24 d

e) 2000 s > $\frac{1}{2}$ h

4 21.50 Uhr

5 a) 8.40 Uhr   b) 10.30 Uhr
c) 12.55 Uhr

4. Warum gibt es verschiedene Maßeinheiten?, Seite S 17

1 5 d; 6 h; 1750 m; 12 kg; 3 km; 2 m; 3 h; 100 m; 2 h

2 a) 40 g   b) 34 m
c) 105 dm   d) 500 m
e) 4 h

3 a) in kg   b) in s
c) in mm   d) in m

4 a) etwa 380 000 km

b) etwa 120 000 km

5 z. B. „Wasserfall 1 km"

5. Größenangaben mit Komma, Seite S 18

Anzeigen: 15,6 km/h; 734,8 km; 39,4 kg

1

km			m			dm	cm	mm
H	Z	E	H	Z	E	E	E	E
		4	5	0	0			
				7	3	0		
				5	0	0	0	
							3	5
		1	2	5	0			
		2	0	0				
						4	5	0

50,00 m; 3,5 cm; 1,250 km; 0,200 km; 0,450 m

2

kg			g			mg		
H	Z	E	H	Z	E	H	Z	E
3	9	4	0	0				
				6	0	0		
		2	5	0	0			
			1	2	5			
					1	6	0	0
							3	0

2,500 kg; 0,125 kg; 1,600 g; 0,030 g

3 a) 1200 m   b) 450 cm
c) 1500 g   d) 400 mg

4 Das Wurstbrot ist 56 mm dick.

6. Schätzen und Messen, Seite S 19

1 Individuelle Lösungen möglich.
Beispiele:
1 mm → Dicke einer 1-Cent-Münze
1 cm → Fingerdicke
1 dm → Spannweite Daumen – Finger
1 m → großer Schritt
1 g → 1-Cent-Münze
10 g → 2-Euro-Münze
100 g → Tafel Schokolade
1 kg → eine Packung Zucker

2 individuelle Lösung

3 individuelle Lösung

4 104 g ≈ 100 g; 106 g bleibt; 8,99 € bleibt; 314 g ≈ 300 g

7. Rechnen mit Geld, Seite S 20

1 a) 2 € 57 ct; 83 € 61 ct; b) 33 € 90 ct; 765 € 49 ct

2 a) 87 903 ct   b) 2840 ct

3 a) 6,79 €; 27,48 €   b) 84,18 €; 968,03 €

4 a) ≈ 25 €   b) ≈ 6 €
c) ≈19 €
Die zwölf Euro-Länder sind: Österreich, Belgien, Deutschland, Spanien, Frankreich, Finnland, Griechenland, Italien, Irland, Luxemburg, Niederlande, Portugal.

5 a) 13,15 €   b) 5,10 €

6 a) 42 ct
b) vier Dreierpackungen und ein einzelner Riegel: 13 Stück
c) 2,82 €

7 Es stimmt. Das Rückgeld beträgt tatsächlich 2,12 €.

8. Der Euro, Seite S 21

1

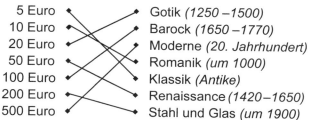

5 Euro — Gotik *(1250 – 1500)*
10 Euro — Barock *(1650 – 1770)*
20 Euro — Moderne *(20. Jahrhundert)*
50 Euro — Romanik *(um 1000)*
100 Euro — Klassik *(Antike)*
200 Euro — Renaissance *(1420 – 1650)*
500 Euro — Stahl und Glas *(um 1900)*

2 Finnland, Frankreich, Griechenland, Irland

3 Individuelle Lösung (Beispiel: Bei 37,5 kg Körpergewicht ergeben sich 5000 €.)

4 a) 288 000 km
b) Es würde über 7 mal um die Erde reichen.

II Symmetrie

Wo steckt der Fehler? – Achsensymmetrische Figuren, Seite S 22

1 Die fünf zu entdeckenden Fehler sind in der Abbildung gekennzeichnet:

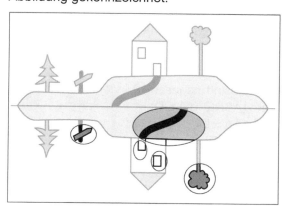

2 Die fünf zu entdeckenden Fehler sind in der Abbildung gekennzeichnet:

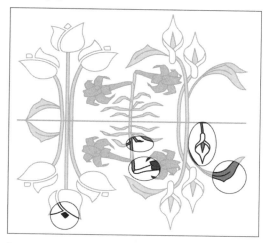

3 Drei Blütenhälften und die Grundfläche sind auf dem Foto schwarz und müssen im Negativ weiß sein. Deshalb ist das richtige Negativ das letzte in der Reihe.

4 Die zu entdeckenden Fehler sind in der Abbildung gekennzeichnet:

Masken – Achsensymmetrische Figuren, Seite S 23

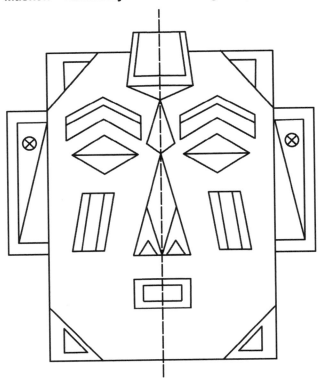

Symmetrieachsen gesucht, Seite S 24

1 Folgende Zeichen sind keine Verkehrszeichen:
c), g), i) und l)

2 Nur das Zeichen l) ist nicht symmetrisch. Die Zeichen a), b), c), d), f), g), i), j), k), m) und o) besitzen eine Symmetrieachse.
Das Zeichen e) hat zwei, Zeichen h) hat drei und Zeichen n) hat vier Symmetrieachsen.

3 individuelle Lösung

4 Nur das Wappen des Bundeslandes Hamburg ist achsensymmetrisch.

5 Nur die Wappen von Freiburg und Konstanz sind achsensymmetrisch.

6 individuelle Lösung

7 individuelle Lösung

Partnersuche – Achsensymmetrische Figuren, Seite S 25

1

2 individuelle Lösungen

How many? – Dreiecke und Vierecke, Seite S 27

1 a) Fig. 1 ist punktsymmetrisch, Fig. 2, 3 und 4 sind sowohl punkt- als auch achsensymmetrisch.
b) In Fig. 3 sind 10 Dreiecke, in Fig. 4 12 Dreiecke zu erkennen.
c) In Fig. 3 sind insgesamt 23 Vierecke versteckt: 5 Quadrate, 4 Rechtecke, 4 Parallelogramme und 10 Trapeze.

2 a) Spiegelung der Figur an der Geraden BD

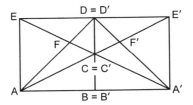

b) Folgende Dreiecke sind in Fig. 1 zu finden:
EFD, FCD, CF'D, F'ED, EF'A', F'CA', CBA', ABC, ACF, AFE, EAE', AE'E, EAA', A'EE', ECD, CE'D, ACD, A'CD, ADE, AA'D, A'E'D, AE'D, EDA', AF'D, A'DF, AE'D, A'ED, AFA', AF'A', ACE, AA'C, A'CE', E'CE.
Es sind insgesamt 33 Dreiecke.

3 In der Figur sind insgesamt 21 Vierecke versteckt:
2 Quadrate (ABDE, B'A'E'D),
1 Rechteck (AA'E'E),
1 Drachen (CF'DF),
6 Trapeze (ABCE, ACDE, AA'DE, AA'E'D, BA'E'C, CA'E'D),
11 allgemeine Vierecke (ABCF, AA'CD, AA'DC, ADA'C, AF'DE, AE'EF, BA'F'C, CF'DE, CE'DF, A'E'DF, EA'F'E).

Wie der Osterhase gleich zweimal auf den Schulhof kam, Seite S 28

Lösung entsprechend der Gegebenheiten an der Schule und der Klassenstärke.

Symmetriezentren gesucht, Seite S 29

1 Die zwei Paare von punktsymmetrischen Ausschnitten und ihre Symmetriezentren sind in der Abbildung gekennzeichnet:

2 Die punktsymmetrischen Hasenpärchen und die gesuchten Symmetriezentren sind in der Abbildung dargestellt:

3 Flechtmuster

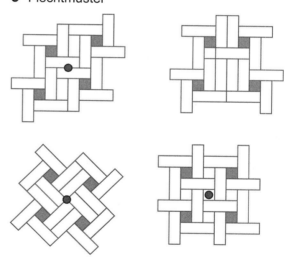

4 Parkettmuster punktsymmetrisch ergänzt.

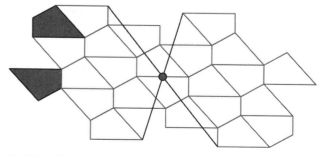

Farbige Gestaltung: individuelle Lösungen

Symmetriefaltschnitte – Punktsymmetrie mit der Schere, Seite S 30

individuelle Lösungen

Mandala – Punktsymmetrische Figuren, Seite S 31

Punktsymmetrisch ergänzte Figur:

Symmetrietafel, Seite S 32

1 In der Symmetrietafel sind 49 achsensymmetrische und 24 punktsymmetrische Figuren zu erkennen, 13 Figuren sind sowohl punktsymmetrisch als auch achsensymmetrisch.

2 24 Pärchen, die eine achsensymmetrische Figur bilden:
A1A8, C1F1, D1C2, G1C5, H1H8, A2D5, B2G7, D2F4, E2E8, F2F8, F2D4, A3H3, D3B5, E3B6, F3H5, D4D8, E4H4, E5F6, A6C8, B6H6, C6G6, E6D7, B7F7, D7H7
19 Pärchen, die eine punktsymmetrische Figur bilden:
A1A8, C1F1, D1C2, G1C5, B2G7, E2E8, F2F8, B3B7, C3C7, D3B5, E3B6, F3H5,D4A7, A5F5, C6G6, G6G8, A7D8, D7H7, B1H1

Vierecke, Symmetrie und Koordinaten, Seite S 33

1

Viereckart	punkt-symm.	achsen-symm.	Bildpunkte zu Aufgabe 2
Raute	X	X	A' (4|9), B' (5|7), C' (4|5), D' (3|7)
Parallelogramm	X		E' (8|7), F' (7|4), G' (5|4), H' (6|7)
Drachen		X	K' (9|4), L' (8|1), M' (6|1), N' (6|3)
Rechteck	X	X	P' (11|10), Q' (7|10), R' (7|8), S' (11|8)

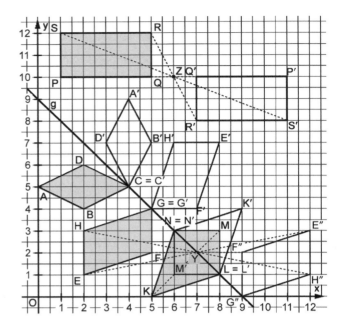

Kreuzworträtsel, Seite S 34

waagrecht: 1 Bilder; **3** Punktspiegelung; **8** Ohr; **9** Zentrum; **12** rund **13** Gerade; **14** Kreis; **17** hell; **18** waagrecht; **19** Pik; **20** Echo; **22** Rechteck; **23** See; **24** orthogonal; **28** Koordinatensystem.
senkrecht: 1 Bluete; **2** Eis; **4** Kartei; **5** lotrecht; **6** Geodreieck; **7** Parallelogramm; **10** nie; **11** senkrecht; **15** Radius; **16** Skat; **21** Feier; **25** run; **26** Hut; **27** Lot.

III Rechnen

Keine Angst vor Texten! – Vom Text zum Rechenausdruck, Seite S 35

a) $(48 + 29) \cdot (48 - 29) + 3026 : 34$

b) $7 \cdot (124 + 378) - 1024 : (8 \cdot 8)$

c) $(67 + 25 \cdot 9) \cdot 3 - (25 \cdot 25)$

d) $(33\,780 + 45 \cdot 1258) : 115 + 19 \cdot 17$

e) $12 \cdot (239 + 459) - 315\,864 : 2568$

f) $19\,592 : (523 - 275) + 3 \cdot (45 + 89)$

Werte der Rechenausdrücke

Aufgabennummer	c)	f)	d)	a)	b)	e)
Beginne mit der kleinsten Zahl:	251	481	1109	1552	3498	8253
Das Lösungswort heißt:	B	E	R	L	I	N

Tipp: Vor der Berechnung sollten unbedingt zuerst die aufgestellten Rechenausdrücke kontrolliert werden, deshalb die beiden Lösungsvorlagen getrennt voneinander aufbewahren.

Rechnen und schreiben, vom Rechenausdruck zum Text, Seite S 35

a) $13 \cdot 15 + 24 : 12 = 195 + 2 = 197$

Textvorschlag: Addiere zum Produkt aus 13 und 15 den Quotienten aus 24 und 12.

b) $24 + 2 \cdot (26 + 28) = 24 + 2 \cdot 54 = 24 + 108 = 132$

Textvorschlag: Addiere zu 24 das Doppelte der Summe aus 26 und 28.

c) $7 \cdot (12 + 38) + 1024 : 64 = 7 \cdot 50 + 16$
$$= 350 + 16 = 366$$

Textvorschlag: Multipliziere 7 mit der Summe aus 12 und 38 und addiere dann den Quotienten aus 1024 und 64.

d) $(67 + 43) \cdot (67 - 43) = 110 \cdot 24 = 2640$

Textvorschlag: Multipliziere die Summe aus 67 und 43 mit der Differenz dieser Zahlen.

e) $468 : 18 + 13 \cdot (51 - 39) = 26 + 13 \cdot 12$
$$= 26 + 156 = 182$$

Textvorschlag: Addiere zum Quotienten aus 468 und 18 das 13-fache der Differenz aus 51 und 39.

f) $7 \cdot (29 + 19) - 12 \cdot (21 - 17) = 7 \cdot 48 - 12 \cdot 4$
$$= 336 - 48 = 288$$

Textvorschlag: Multipliziere 7 mit der Summe aus 29 und 19. Subtrahiere anschließend das 12-fache der Differenz aus 21 und 17.

Aufgabennummer	b)	e)	a)	f)	c)	d)
Beginne mit der kleinsten Zahl:	132	182	197	288	366	2640
Das Lösungswort heißt:	P	O	S	T	E	R

Tipp: Gestalte ein Poster mit den Regeln zur Berechnung von längeren Rechenausdrücken.

Text – Rechenausdruck – Text, Seite S 36

individuelle Lösungen

Vorfahrtsregeln – Rechenausdrücke, Seite S 37

a) TR 168
b) 130
c) 25
d) TR 24 042
e) TR 1919
f) 1000
g) TR 101 101
h) 1500

Schnellrechner – Addition, Seite S 37

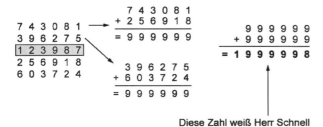

Diese Zahl weiß Herr Schnell auswendig und rechnet nur:

```
  1 9 9 9 9 9 8
+ 1 2 3 9 8 7
= 2 1 2 3 9 8 5
```

Schriftliches Dividieren selbst erarbeiten (1), Seite S 38

1 Antwort ungeschickt, da 59 nicht durch 8 teilbar.

a) 56 100-€-Scheine

$59 : 8 = 7$ Rest 3

$300 + 10 + 2 = 312\,€$ oder $5912 - 5600 = 312$

b) 24 10-€-Scheine

$31 : 8 = 3$ Rest 7

$70 + 2 = 72\,€$ oder $312 - 240 = 72$

c) 72 1-€-Münzen

$72 : 8 = 9\,€$

Zusammen: $700 + 30 + 9 = 739$

Jeder Monteur erhält 739 Euro.

2 1. Schritt: $84 = 12 \cdot 7$

$84 : 12 = 7$

$9156 - 8400 = 756$

2. Schritt: $72 = 12 \cdot 6$

$72 : 12 = 6$

$756 - 720 = 36$

3. Schritt: $36 = 12 \cdot 3$

$36 : 12 = 3$

$7 \cdot 100 + 6 \cdot 10 + 3 \cdot 1 = 763$

Jeder Monteur erhält 763 Euro.

Schriftliches Dividieren selbst erarbeiten (2), Seite S 39

1. Schritt: $9156 : 12 = 700$
```
        - 8400
          756
```

2. Schritt: $756 : 12 = 60$
```
        - 720
           36
```

3. Schritt: $36 : 12 = 3$
```
        - 36
           0
```

Zusammen:
$9156 : 12 = 700 + 60 + 3$
```
- 8400
   756
-  720
    36
-   36
     0
```

```
5912 : 8 = 739
- 56
  31
- 24
   72
 - 72
    0
```

```
9156 : 12 = 763
- 84
  75
- 72
   36
 - 36
    0
```

Rechnen mit Köpfchen – Schriftliches Rechnen (1) und (2), Seite S 40 und S 41

Es ergibt sich mit den ausgeschnittenen Karten von S 41 ein zusammenhängendes Schneckenbild.

Fadenspiel mit Zahlen, Seite S 42

Selbstkontrolle mit Bindfaden.
Ergebnisse der Aufgaben (von oben):
1222; 303; 839; 1; 1622; 168; 645; 9345.

Rätselhafte Tiere – Taschenrechnereinsatz, Seite S 43

M	A	D	E	
R	E	I	S	E
S	O	N	N	E
	R	O	S	E
D	O	S	E	
	M	A	U	S
R	A	U	M	
	A	R	M	
M	E	I	S	E
A	D	E	R	
	E	R	D	E

Im Rätsel haben sich die Made, die Maus, die Meise und der Dinosaurier versteckt.

IV Flächen

Flächenzerlegung, Seite S 44

Fig. 1: 19 Kästchen
Fig. 2: 62 Kästchen
Fig. 3: 42 Kästchen
Fig. 4: 40 Kästchen
Fig. 5: 60 Kästchen
Fig. 6: 61 Kästchen
Fig. 7: 48 Kästchen

Flächen(stechen) in der EU (1) und (2), Seite S 45 und S 46

Individuelle Lösungen, Spiel.

Fadenspiel mit Größen, Seite S 47

Selbstkontrolle mit Gummis.

Trimono, Seite S 48

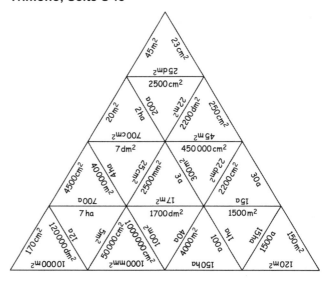

Längen messen, Flächeninhalt berechnen, Seite S 49

1 $363\,mm^2$
2 $360\,mm^2$
3 $270\,mm^2$
4 $392\,mm^2$
5 $496\,mm^2$
6 $312\,mm^2$

V Körper

Lernzirkel Geometrische Körper und ihre Eigenschaften – Lösungsstation

Ich fühle was, was wir nicht sehen!, Seite S 51

Name	Zeichnung	Eigenschaften	Beispiel
Prisma		Boden und Deckel sind parallel; Seitenflächen sind Rechtecke	ein Geodreieck, drei-.../viel-eckige Keksdose
Quader		Boden und Deckel sind parallel; hat 8 Ecken	ein Ziegelstein, ein Blatt Papier
Würfel		Boden und Deckel sind parallel; hat 8 Ecken; alle Kanten sind gleich lang	ein Eiswürfel, ein Spielwürfel
Pyramide		läuft spitz zu; Seitenflächen dreieckig	ein Dach, eine Pyramide
Zylinder		Boden und Deckel sind parallel; die Flächen sind gewölbt; alle Kanten sind gleichlang; kann man rollen	eine Konservendose, eine Tablette, ein gerades Stück Draht
Kegel		Grundfläche ist ein Kreis; läuft spitz zu; die Flächen sind gekrümmt; kann im Kreis rollen	eine Eistüte, eine Schultüte
Kugel		überall gleichmäßig gekrümmt; kann in jede Richtung rollen	eine Wassermelone, ein Fußball

Der rote Holzwürfel, Seite S 52

	bei einem Würfel mit 4 cm Kantenlänge	bei einem Würfel mit 100 cm Kantenlänge	Tipp
3 rote Seiten	8	8	Schau auf die Ecken des großen Würfels!
2 rote Seiten	$12 \cdot 2 = 24$	$12 \cdot 98 = 1176$	Schau auf die 12 Kanten des großen Würfels
1 rote Seite	$6 \cdot 4 = 24$	$6 \cdot 98 \cdot 98 = 57\,624$	Schau auf die 6 Seitenflächen des großen Würfels!
keine rote Seite	$2 \cdot 2 \cdot 2 = 8$	$98 \cdot 98 \cdot 98 = 941\,192$	Nimm die äußeren Würfel weg!
insgesamt	64	1 000 000	

Punkte, Kanten und Flächen am Würfelnetz, Seite S 53

1

2

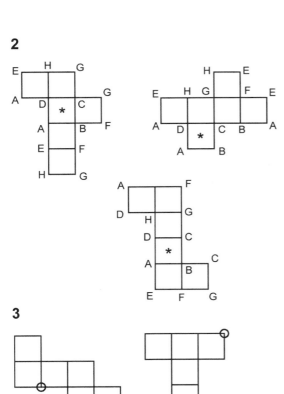

3

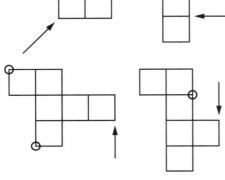

4

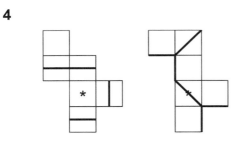

Unser Geometrie-Dorf (1) und (2), Seite S 54 und S 55

individuelle Lösungen

Quadernetze, Seite S 56

1

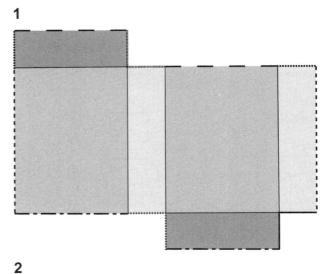

2

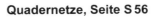

3

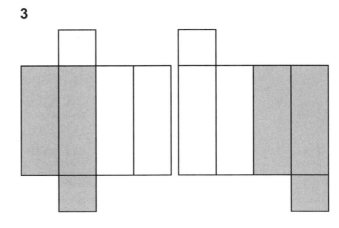

Quaderspiel, Seite S 57

Lösungswort: LEONHARD EULER

Würfel-Domino, Seite S 58

individuelle Lösungen

Schrägbilder auf Punktpapier (1) und (2), Seite S 59 und S 60

1 A, G, L sind die gleichen Körper. C und F könnten gleich sein. Oder: C und H könnten gleich sein. J und K sind gleich.

2

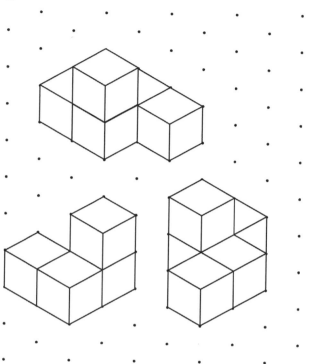

Schrägbilder auf Karopapier, Seite S 61

1

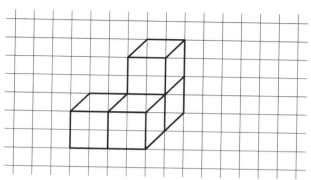

2 a) Grafik ist auf 50 % verkleinert.

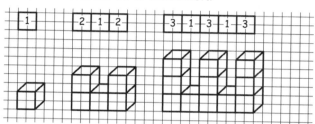

b) Grafik ist auf 50 % verkleinert.

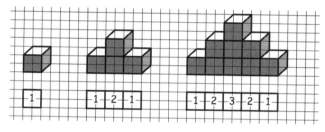

VI Ganze Zahlen

Höhlenforscher, Seite S 62

1

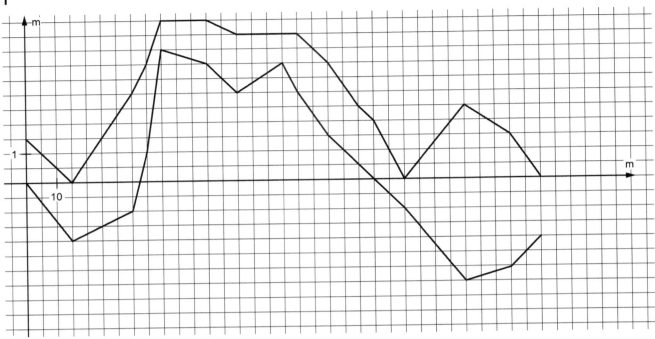

2

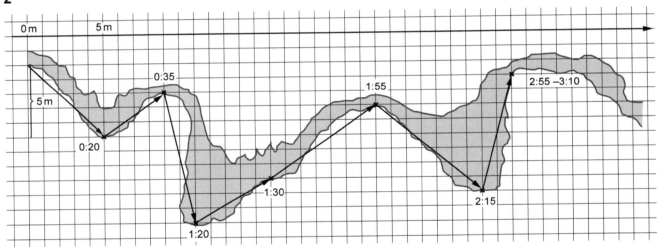

Dreiecksmühle, Seite S 63

individuelle Lösung

Das Schneckenrennen, Seite S 64

a) 309 (Brunhilde)
c) 1662 (Dagobert)
e) –2174
g) 333 (Axel)

b) 0;
d) 353
f) 3913
h) –751 (Cäsar)

Schwarze und rote Zahlen, Seite S 65

individuelle Lösungen

Zahlenjagd, Seite S 66

individuelle Lösungen

Geheime Botschaft, Seite S 67

Die Botschaft lautet: „Wir müssen uns dringend treffen. Die Anderen wissen alles. Wir sollten einen neuen Code vereinbaren."

Sachthema: Wind und Wetter

Die Wetterhütte, Seite S 69

Die Wetterhütte ist weiß und nicht etwa schwarz gestrichen, damit sie sich nicht durch die Sonnenstrahlung aufheizt.

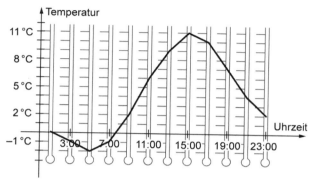

Beschreibung des Schaubildes: Bis 5.00 Uhr nimmt die Temperatur ab. Die Minimaltemperatur beträgt −2 °C. Dann steigt die Temperatur wieder an, bis um 15.00 Uhr das Maximum von 11 °C erreicht ist. Anschließend fällt die Temperatur wieder ab. Um 23.00 Uhr sind es nur noch 2 °C.
Nachts kühlt die Luft ab. Wenn die Sonne scheint, wird es wärmer. In der Abenddämmerung und nach Sonnenuntergang kühlt es wieder ab. Es könnte sich um einen sonnigen Wintertag handeln.

Das Klimadiagramm, Seite S 70

Die Angaben über dem Diagramm bedeuten: Ehingen liegt 540 m über dem Meeresspiegel, die geografischen Koordinaten sind rund 48° nördliche Breite und rund 9° östliche Länge. Die mittlere Jahrestemperatur beträgt 11,71 °C und die mittlere jährliche Niederschlagsmenge ist 877,7 l/m^2.

Die Regenmenge 60,0 l/m^2 im April besagt, dass es auf eine Fläche von 1 m^2 60,0 Liter geregnet hat. Vermutlich hat es mehrmals geregnet und die Niederschlagsmengen wurden dann addiert. Addiert man alle monatlichen Niederschlagsmengen erhält man die jährliche Niederschlagsmenge von 846,53 l/m^2.

Auf das Flachdach der Ehinger Familie gingen im September 10 760 Liter und im gesamten Jahr 84 653 Liter nieder.

Wenn die Temperatur viermal täglich gemessen wird hat man im April 120 Messwerte. Die mittlere Temperatur für den April erhält man, wenn man alle 120 Temperaturwerte addiert und die Summe durch 120 teilt. Um die Jahresdurchschnittstemperatur zu berechnen, werden alle Messwerte des Jahres addiert und die Summe durch die Anzahl der Messwerte geteilt.

Paul hat nicht verstanden, dass im Diagramm lediglich die Durchschnittstemperatur dargestellt ist. Einzelne Messwerte können natürlich höher oder tiefer gewesen sein. So wurden im Juli bestimmt mal über 20 °C gemessen, aber in der Nacht bestimmt auch mal weit unter 20°C. Als Mittelwert ergab sich deshalb 19,53°C.

Der Regenmesser, Seite S 71

Wenn es 4 l/m^2 geregnet hat, ergeben sich für unterschiedliche Flächen folgende Niederschlagsmengen: 1 m^2: 4 Liter, 2 m^2: 8 Liter, 10 m^2: 40 Liter, 0,5 m^2: 2 Liter.

In den drei abgebildeten Gefäßen wird das Wasser gleich hoch stehen.

Auf den Fußballplatz sind 100 000 Liter Wasser niedergegangen. Wenn der Boden nichts aufsaugen und kein Wasser vom Platz fließen würde, müsste das Wasser nach diesem Regenguss 20 mm hoch stehen.

Wir bauen einen Regenmesser, Seite S 72

individuelle Lösungen

Woher weht der Wind?, Seite S 73

Die Kugeln fallen in die Richtung, in welche der Wind weht, und je stärker der Wind bläst, desto weiter entfernt von der Mitte fällt die Kugel in ein Fach.

Bild 1: Windstärke 7, Wind aus West
Bild 2: Windstärke 4, Wind aus Nordost
Bild 3: Windstärke 10, Wind aus Nordwest
Bild 4: Windstärke 2, Wind aus Südost

Wenn eine Windstärke eine doppelt so große Zahl hat, bedeutet das nicht, dass die Windgeschwindigkeit auch doppelt so hoch ist. Bei Windstärke 5 liegt die Windgeschwindigkeit zum Beispiel unter 40 km/h und bei Windstärke 10 aber bei 90 km/h oder höher. Die Windstärken stellen nur unterschiedliche Stufen dar und hätten statt mit Zahlen auch mit Buchstaben bezeichnet werden können.

Schräges Wetter!, Seite S 74

Die trockene Fläche neben der Garage beträgt 7,5 m^2.

Die trockene Fläche unter dem Tisch ist gleich groß wie die Tischplatte, also 2 m^2. Sie hat sogar die gleiche Form. Wenn es schräg regnet, verschiebt sich nur die Fläche entsprechend.

Die Größe der Schattenfläche hängt von der Neigung der Platte ab. Solange die Tischplatte parallel zum Erdboden verläuft, ist der Schatten gleich groß. Wenn der Gartenschirm zur Sonne geneigt wird, vergrößert sich der Schatten unter dem Schirm.

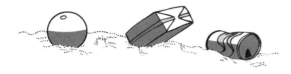

Hochwasser in der Altstadt, Seite S 75

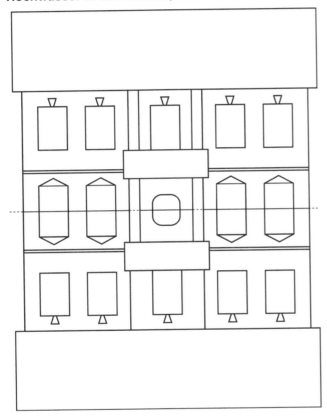

Sachthema: Auf Entdeckung – Symmetrie überall

Fünf Freunde stellen sich vor, Seite S 77

SISSI BECKER   MAX HOCKE

TIM BOCK   ANNA EICHE   HEIDI BODE

Weitere symmetrische Wörter der Seite sind: KOCH, BODECK, DEICH

Auf dem Schulweg, Seite S 78

Das „Rathaus von Bodeck" ist achsensymmetrisch. Ausnahme: Die Rathausuhr.

Details, die erkennbar die Gesamtsymmetrie der vorgestellten Gebäude durchbrechen:
Brandenburger Tor in Berlin: Quadriga (Siegesgöttin im Streitwagen mit vier Pferden) auf dem Tor,
Dom zu Speyer: Anbauten links und rechts neben den Türmen im Vordergrund des Fotos,
Thüringer Fachwerkhäuser: Erdgeschosse mit Geschäften; einzelne Fachwerkbalken.

Zeichnung des achsensymmetrischen Fachwerkhauses: individuelle Lösung
Tipp: Im Erdgeschoss die Hauseingangstür, das Schaufenster und die Ladentür symmetrisch anordnen!

In der Pause, Seite S 79

Die Schnittfläche der Mandarine ist achsensymmetrisch, die der Sternfrucht nicht.

Die abgebildeten Schnittflächen der Blutorange und des Apfels besitzen bei großzügiger Betrachtung eine Symmetrieachse, die Schnittfläche der Kiwi keine.
Tipp: Vergleich dieser Schnittflächen mit frisch aufgeschnittenem Obst.

Beide Schneekristalle sind sternförmig und haben sechs Spitzen. Auf den ersten Blick sind beide achsensymmetrisch und haben sechs Symmetrieachsen. Bei genauerer Betrachtung erscheint der linke Stern regelmäßiger als der rechte.

Baumfotos: Das zweite Foto entstand durch Spiegelung des gesamten ersten Fotos. Das dritte Foto besteht aus zwei linken Hälften des ersten Fotos, das vierte Foto aus zwei rechten Hälften; jeweils eine Hälfte ist gespiegelt.

Die Blätter sind mit einer Ausnahme (Ulmenblatt) alle achsensymmetrisch.

Das Lindenblatt ist ca. 25 cm^2 groß.
Der Flächeninhalt aller Blätter der Linde beträgt dann 150 m^2.

Das Ahornblatt ist ca. 76 Kästchen groß, das sind 19 cm^2. Das Eichenblatt ist ca. 58 Kästchen groß, das sind 14,5 cm^2.

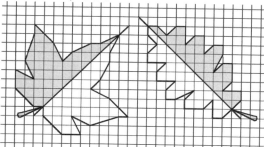

Blütenzauber, Seite S 80

Das Blütenbild der Pflanze Immergrün ist **nicht** achsensymmetrisch. Bei großzügiger Betrachtung besitzen folgende Blütenbilder eine Symmetrieachse: Storchschnabel und Tränendes Herz. Die Blüte des Buschwindröschens hat sechs Symmetrieachsen.

Anna hat bei der Bepflanzung ihres Blumenkastens diese sechs verschiedenen Möglichkeiten:

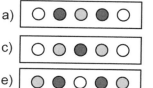
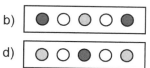

Kosten für die jeweilige Bepflanzung:
Achtung: Die Setpreise des Sonderangebotes müssen beachtet werden!

a), b) 2w   + 2b   + 1g
        2·40ct + 99ct + 70ct = 249ct = 2,49€
c), d) 2w   + 1b   + 2g
        2·40ct + 99ct + 70ct = 249ct = 2,49€
e), f) 1w   + 2b   + 2g
        40ct   + 99ct + 70ct = 209ct = 2,09 €

Antwort: Es gibt zwei Möglichkeiten e), f), die am kostengünstigsten sind. Anna muss 2,09€ bezahlen. Sie hat dann eine blaublühende Pflanze übrig.

Lösung des Legepuzzles:

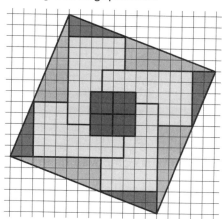

Gartenkunst, Seite S 81

Achsensymmetrisch ergänzte Zeichnung des Gartenarchitekten:

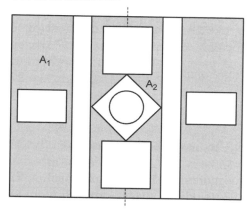

Flächeninhalt der grauen Fläche:
$A = 2 \cdot A_1 + A_2$
$A_1 = (16 \cdot 50) \text{mm}^2 - (13 \cdot 9) \text{mm}^2 = 683 \text{mm}^2$
$A_2 = (19 \cdot 50) \text{mm}^2 - 3 \cdot (13 \cdot 13) \text{mm}^2 = 443 \text{mm}^2$
$A = 2 \cdot 683 \text{mm}^2 + 443 \text{mm}^2 = 1809 \text{mm}^2$
$A = 18,09 \text{cm}^2 \approx 18 \text{cm}^2$
(da Rechnung mit Messwerten)
Flächeninhalt der Rasenfläche:
$A = 2 \cdot 17075 \text{dm}^2 + 11075 \text{dm}^2$
$= 45225 \text{dm}^2 = 452,25 \text{m}^2 \approx 452 \text{m}^2$

Multipliziert man den Flächeninhalt der grauen Fläche einmal mit 500, erhält man nur 9000 cm^2 = 0,9 m^2. Dies kann man sich vergleichsweise damit erklären, dass man bei einem Rechteck nur die Länge vervielfacht hat, nicht aber auch die Breite.
Kosten für die Rasenfläche:
452 m^2 : 50 m^2 = 9 Rest 2
Es werden 10 Beutel Grassamen benötigt. Diese kosten dann 229€.

Daheim in der Deichstraße, Seite S 82

Wohnfläche der abgebildeten Doppelhaushälfte:

$A = A_1 + A_2$
$A_1 = 7,5\,m \cdot (6,5 + 2,5 + 3,8)\,m$
$A_1 = 75\,dm \cdot 128\,dm$
$A_1 = 9600\,dm^2 = 96\,m^2$
$A_2 = 3,3\,m \cdot (13,7 - 12,8)\,m$
$A_2 = 33\,dm \cdot 9\,dm$
$A_2 = 297\,dm^2 = 2,97\,m^2$
$A = (9600 + 297)\,dm^2$
$A = 9897\,dm^2 = 98,97\,m^2$

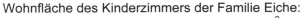

Wohnfläche des Doppelhauses:
$A_{ges.} = 2 \cdot A = 2 \cdot 9897\,dm^2 = 19\,794\,dm^2$
$A_{ges.} = 197,94\,m^2 \approx 198\,m^2$

Wohnfläche des Kinderzimmers der Familie Eiche:
$A_3 = 3,00\,m \cdot 4,20\,m = 30\,dm \cdot 42\,dm = 1260\,dm^2$
$ = 12,60\,m^2$
Wohnfläche des Kinderzimmers der Familie Bock:
$A_4 = 4,60\,m \cdot 3,30\,m = 46\,dm \cdot 33\,dm = 1518\,dm^2$
$ = 15,18\,m^2$
Wohnfläche der Kinder im Doppelhaus:
$A = A_3 + A_4 = 1260\,dm^2 + 1518\,dm^2 = 2778\,dm^2$
$A = 27,78\,m^2 \approx 28\,m^2$

Erdgeschoss der Familie Hocke:
$A_E = 8874\,dm^2 = 88,74\,m^2$
Obergeschoss der Familie Hocke:
$A_O = 8064\,dm^2 = 80,64\,m^2$

Wohnfläche des Hauses der Familie Hocke:
$A = A_E + A_O = 88,74\,m^2 + 80,64\,m^2 = 169,38\,m^2$
$A = 169,38\,m^2 \approx 170\,m^2$
Nutzfläche des Hauses der Familie Hocke:
$A_{ges.} = A + A_K = 170\,m^2 + 84\,m^2$
$A_{ges.} = 254\,m^2$

Mietpreis für das Obergeschoss:
$80,64\,m^2 \cdot 7\,€/m^2 = 564,48\,€ \approx 560\,€$

Länge der Holzleiste in Sissis Kinderzimmer:
$U = 2 \cdot (2,53\,m + 4,76\,m) = 2 \cdot (253\,cm + 476\,cm)$
$U = 2 \cdot 729\,cm$
$U = 1458\,cm = 14,58\,m$

Verwandelte Flächen, Seite S 83

Von den entstandenen Figuren auf den Karten ist Fig. 2 achsensymmetrisch und Fig. 5 punktsymmetrisch. Die anderen Figuren sind nicht symmetrisch.

Die ausgeschnittenen schwarzen Formen und die entstandenen weißen Flächen liegen

– in Fig. 1 sowohl achsen- als auch punktsymmetrisch,
– in Fig. 2 sowohl achsen- als auch punktsymmetrisch,

– in Fig. 3 nur achsensymmetrisch,
– in Fig. 4 nur punktsymmetrisch und
– in Fig. 5 nicht symmetrisch zueinander.

Flächeninhalt der farbigen Formen
Fig. 1: $A = 1,5 \cdot 3,9\,cm^2 = 15 \cdot 39\,mm^2$
$ = 585\,mm^2 = 5,85\,cm^2$
Fig. 2: $A = (5,4 \cdot 2,5) : 2\,cm^2$
$ = (54 \cdot 25) : 2\,mm^2 = 675\,mm^2 = 6,75\,cm^2$
Fig. 3: $A = 1,8 \cdot 4,6\,cm^2 = 18 \cdot 46\,mm^2$
$ = 828\,mm^2 = 8,28\,cm^2$
Fig. 4: $A = 1,8 \cdot 3\,cm^2 = 18 \cdot 30\,mm^2$
$ = 540\,mm^2 = 5,4\,cm^2$
Fig. 5: $A = 2,7 \cdot 1,8\,cm^2 = 27 \cdot 18\,mm^2$
$ = 486\,mm^2 = 4,86\,cm^2$

Rechenspiegel, Seite S 84

1 Die Oma von Max heißt ILSE. Um die Zahl 3571 als Wort „ILSE" lesen zu können, dreht Max den Taschenrechner um, das entspricht einer Punktspiegelung der Zahl.

2 Senkrecht: **1** 738319; **2** 7391335
Waagerecht: **1** 8739; **3** 13; **4** 335; **5** 3873;
6 31907018; **7** 7353; **8** 35137; **9** 7312

¹G	E	L	B			²S	
³E I				⁴S	E	E	
	⁵E	L	B	E		E	
	⁶B	I	O	L	O	G	I E
	⁷E	S	E	L		G	
	⁸L	E	I	S	E		E
			⁹Z	I	E	L	

3 Der Name „SISSI" lässt sich mit Ziffern direkt in den Taschenrechner schreiben und ergibt die Zahl: 51551
Beispiele für Aufgaben:
1. $33333 \cdot 3 + 6056 \cdot (-8) = 51551$
2. $5315011202 : 103102 = 51551$
3. $(777777 - 4512) : 15 = 51551$
4. $8888 \cdot 191 - (3292 \cdot 500 + 57) = 51551$
5. $[-666 \cdot 5151 + 79157 \cdot (-55)] : (-151) = 51551$

Symmetrische Körper, Seite S 85

Quader	2 + 1
Würfel	4 + 2 + 2 + 1
Prisma (GF: regelm. Dreieck)	3 + 1
Prisma (GF: regelm. Sechseck)	6 + 1
Zylinder	unendlich viele
Kugel	unendlich viele

zusammengesetzte Körper aus:	Anzahl der Symmetrieebenen
Würfel und regelmäßiges dreiseitiges Prisma (Haus)	2
Würfel und sechsseitiges Prisma	2
Würfel und Zylinder	4
Würfel und Kugel	4
regelmäßiges dreiseitiges und sechsseitiges Prisma	3
regelmäßiges dreiseitiges Prisma und Zylinder	3
regelmäßiges dreiseitiges Prisma und Kugel	3
regelmäßiges sechsseitiges Prisma und Zylinder	6
regelmäßiges sechsseitiges Prisma und Kugel	6
Zylinder und Kugel	unendlich viele

Tipp: Zur besseren Veranschaulichung Bausteine benutzen. Es wird empfohlen, die Kopiervorlage Seite S 107 mit den Körpern und zusammengesetzten Körpern auf Folie zu kopieren.

Man benötigt zum Bau eines Somawürfels 27 kleine gleich große Würfel.

Wenn die Holzleiste eine Schnittfläche von $1\,cm^2$ hat, braucht man mindestens eine 27 cm lange Leiste.

Volumen eines kleinen Würfels:
$V_w = 1{,}5\,cm \cdot 1{,}5\,cm \cdot 1{,}5\,cm$
$= (15 \cdot 15 \cdot 15)\,mm^3 = 3375\,mm^3 = 3{,}375\,cm^3$

Teil des Somawürfels	Anzahl der Symmetrieebenen	Anzahl der kl. Würfel	Volumen des Somateils
Nr. 1	2	3	$3 \cdot V_w = 10\,125\,mm^3$ $= 10{,}125\,cm^3$
Nr. 2	1	4	
Nr. 3	0	4	
Nr. 4	1	4	$4 \cdot V_w = 13\,500\,mm^3$ $= 13{,}5\,cm^3$
Nr. 5	2	4	
Nr. 6	1	4	
Nr. 7	0	4	

Volumen des Somawürfels:
$V = 27 \cdot V_w = 27 \cdot 3375\,mm^3 = 91\,125\,mm^3$
$= 91{,}125\,cm^3$

Wanted – Körper gesucht!, Seite S 86
Der gesuchte Körper ist ein Quader.
Er hat die Maße:
Länge a = 25 mm = 2,5 cm
Breite b = 25 mm = 2,5 cm
Höhe c = 40 mm = 4 cm
Die Größe seiner Grundfläche beträgt:
$A = 25 \cdot 25\,mm^2 = 625\,mm^2 = 6{,}25\,cm^2$
Sein Volumen hat die Größe von:
$V = 625 \cdot 40\,mm^3 = 25\,000\,mm^3 = 25\,cm^3$
Netz und Schrägbild des gesuchten Körpers:
Grafik ist auf 50 % verkleinert.

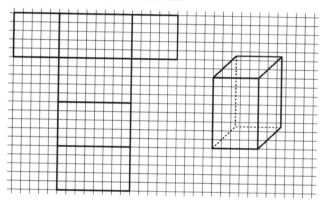

Fadenbilder, Seite S 87
individuelle Lösungen

Zum Knobeln:
mögliche Lösung:

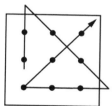

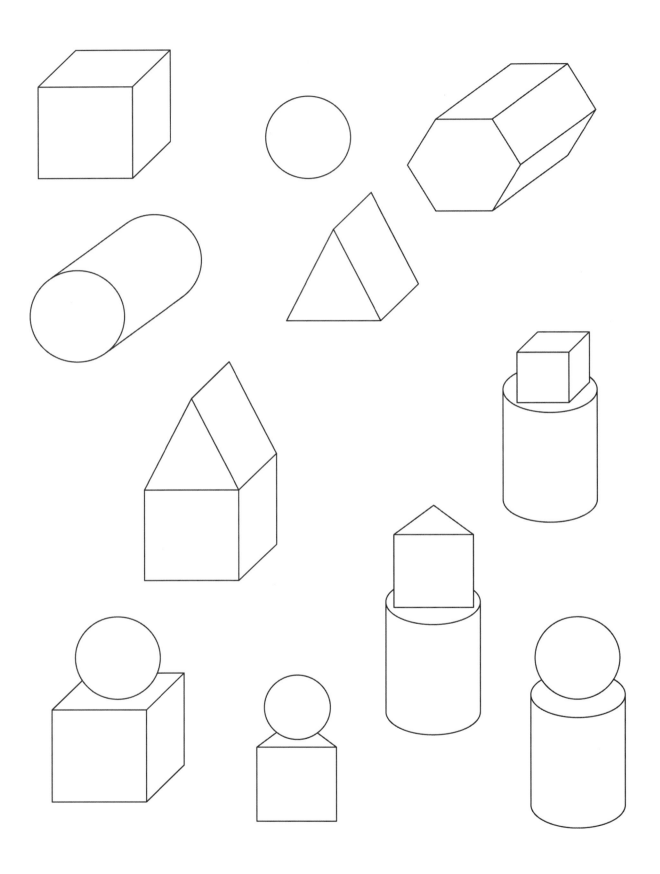

 Ernst Klett Verlag GmbH, Stuttgart 2009

I Natürliche Zahlen

Lösungshinweise Kapitel 1 Erkundungen

Seite 10

Früchte

Auf der Oberseite sieht man verschieden große Früchte. Die großen sind in einer 2 x 3-Anordnung, die kleinen in einer 3 x 4-Anordnung. Man kann annehmen (durch Einzeichnen der Umrisse einiger nicht sichtbarer), dass in der Kiste zwei verdeckte Schichten der großen und drei verdeckte Schichten der kleinen Früchte liegen. So erhält man insgesamt eine Rechnung, wie z. B. diese:

$2 \cdot 3 \cdot 3 + 3 \cdot 4 \cdot 4 = 18 + 48 = 66.$

Aber auch hiervon abweichende Lösungen sind möglich, wenn begründet werden kann, welche Anzahlen von Schichten angenommen wurden.

Mozartkugeln

Auch hier sind nicht alle Kugeln sichtbar. Eine mögliche Strategie besteht darin Symmetrieachsen einzuzeichnen. Hier gibt es verschiedene Lösungsmöglichkeiten, eine Argumentation kann lauten: Wenn ich einen senkrechten Strich zeichne, liegen 4 Kugeln darauf, rechts sind 10 Kugeln und links müssen noch einmal 10 sein. Also

$4 + 10 + 10 = 24.$

Pyramide aus Kanonenkugeln

Auch hier muss zunächst einmal die nicht sichtbare Struktur erschlossen und systematisch fortgesetzt werden:

$8 \cdot 8 + 7 \cdot 7 + 6 \cdot 6 + 5 \cdot 5 + 4 \cdot 4 + 3 \cdot 3 + 2 \cdot 2 + 1$
$= 64 + 49 + 36 + 25 + 16 + 9 + 4 + 1 = 204.$

Auch eine Lösung mit dreieckiger Grundform muss als durchaus plausibel anerkannt werden.

Schafe

Mögliche Lösung: ca. 40 Schafe in einem Zentimeterquadrat. Ungefähr 24 gefüllte Zentimeterquadrate.

$40 \cdot 24 = 960$ Schafe also etwa 1000 Schafe.

Mikrochips

Hier muss nicht nur gezählt, sondern auch hochgerechnet werden. Auf dem Chip erkennt man 10 defekte, die ganze runde Platine hat ca. 250 Chips (die halben am Rand nicht mitgezählt, da sie ohnehin nicht benutzbar sind). Von 1000 hergestellten müssen also 40 weggeworfen werden.

Lücken in Zahlenmauern füllen

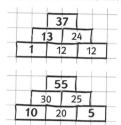
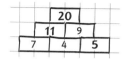

Zahlenmauern erforschen

– Forschungsauftrag 1: Stehen unten gerade Zahlen, so sind schon in der zweiten Reihe nur noch gerade Zahlen möglich und erst recht an der Spitze.
– Forschungsauftrag 2: An der Spitze steht grundsätzlich das Vierfache des mittleres Fußsteines
– Forschungsauftrag 3: Um oben ein möglichst kleines Ergebnis zu bekommen, muss man die kleinste Zahl in die Mitte schreiben. Dies geht zweifach ins Ergebnis ein.
– Forschungsauftrag 4: Erhöht man alle unteren Zahlen um 1, so erhöht sich die Zahl an der Spitze immer um 4. (Da die mittlere Zahl zweifach addiert wird, wirkt sich auch ihre Erhöhung zweifach aus.)

1 Zählen und darstellen

Seite 13

1 a)

Alter	9 Jahre	10 Jahre	11 Jahre	12 Jahre
Anzahl	2	10	15	1

Maßstab z. B. 1 Kästchen (0,5 cm) für einen Schüler auf der Hochachse.

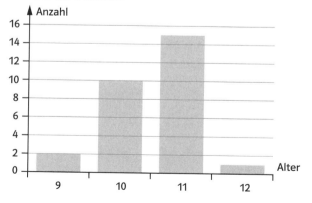

b) individuelle Lösung

2

Geschwister	Keine	Ein	Zwei	Drei	Mehr
Anzahl	11	8	5	3	1

Maßstab z. B. 1 Kästchen (0,5 cm) für einen Schüler auf der Hochachse.

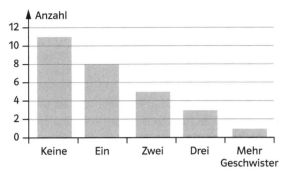

Seite 14

3 a) Die meisten Ferientage hat die Türkei (110 Tage). Die wenigsten Ferientage haben Deutschland und Spanien (75 Tage).
b)

Land	Anzahl der Ferientage
Deutschland	75
Frankreich	95
Italien	90
Türkei	110
Spanien	75
Großbritannien	80

c) Das kann man ohne weitere Informationen nicht sagen. Man müsste wissen, wie lange die Kinder an jedem Schultag in der Schule sind.

4 bis **6** individuelle Lösungen

Seite 15

7 individuelle Lösung

8 a) TREFFPUNKT LINDE
b) „EIN EIS FUER ALLE" → TXC TXH UJTG PAAT

c)

A	104	J	1	S	120
B	38	K	25	T	113
C	94	L	62	U	79
D	91	M	69	V	11
E	317	N	186	W	28
F	21	O	35	X	0
G	44	P	21	Y	0
H	129	Q	0	Z	18
I	173	R	114		

Die Überschrift des Textes und der Name der Autorin wurden nicht mitgezählt.
In dem Text auf Seite 173 kommt das E, bei der Geheimbotschaft das N am häufigsten vor. Also haben sich bei der Scheibe E außen und N innen gegenübergestanden.
Unter dem A stand das J:
DIE SICHERHEIT EINER GEHEIMSCHRIFT DARF NUR VON DER GEHEIMHALTUNG DES SCHLUESSELS ABHAENGEN; NICHT JEDOCH VON DER GEHEIMHALTUNG DER VERSCHLUESSELUNGSMETHODE

2 Große Zahlen

Seite 17

1 a) 4700; 24 100; 104 500; 89 000; 287 100; 3 700 400; 10 000
b) 5900; 76 800; 19 500; 100 100; 7 000 000; 34 400; 222 200

2 a) 43 687; gerundet 44 000.
b) 3 640 983; gerundet 3 641 000.
c) 949 500; gerundet 950 000.

Seite 18

3 siebzehntausendvierhundertachtundfünfzig

4 um 60 bzw. 6000

5 a) 3 455 090 b) 3 455 100 c) 3 455 000
d) 3 460 000 e) 3 500 000

6 a) 2 €; 9 €; 12 €; 101 €; 99 €.
b) 30 €; 90 €; 140 €; 400 €; 2010 €.
c) 400 €; 600 €; 2900 €; 44 000 €; 10 000 €.

7 a) 222 > 102 b) 3000 > 103
c) 10^5 > 4109 d) 14 000 > 10^4
e) 6 000 000 > 10^6

8 Wuppertal, Bochum, Duisburg, Düsseldorf, Essen, Dortmund, Köln

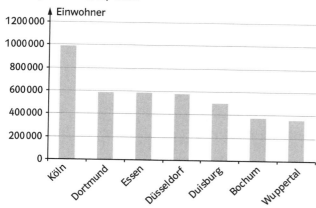

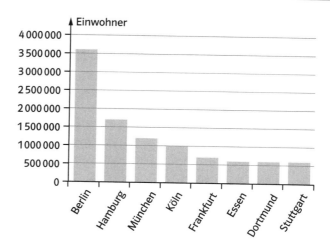

9 Merkur, Venus, Erde, Mars, Jupiter, Saturn, Uranus, Neptun, Pluto.
Die Anfangsbuchstaben der Wörter im Spruch sind die Anfangsbuchstaben der Planetennamen in unserem Sonnensystem.

10 a) 100 000 000
b) 9 999 999
c) 9 876 543 210
d) 1 023 456 789

11 a) 456 788; 456 790
5 000 998; 5 001 000
b) 99 998; 100 000
8 098 999; 809 901
c) 749 999; 750 001
100 099; 100 101
d) 6 999 999; 7 000 001
909 908; 909 910

12 a) 999 999; 1 000 001
99 999; 100 001
b) 99; 101
9 999 999; 10 000 001
c) 9999; 10 001
2 999 999; 3 000 001
d) 9999; 10 001
999 999 999;
2 000 000 001

Seite 19

13 Einwohnerzahlen z. B. auf 100 000 gerundet:

Berlin	Hamburg	München	Köln
3 600 000	1 700 000	1 200 000	1 000 000

Frankfurt	Essen	Dortmund	Stuttgart
700 000	600 000	600 000	600 000

Maßstab z. B.: 100 000 Einwohner entsprechen 0,5 cm auf der Hochachse.

14 a)

Land	Bevölkerung
Dänemark	5 000 000
Portugal	10 000 000
Belgien	10 000 000
Griechenland	10 000 000
Niederlande	15 000 000
Spanien	40 000 000
Frankreich	55 000 000
Großbritannien	60 000 000
Italien	60 000 000
Deutschland	80 000 000

b) Einwohnerzahlen auf 1 Million gerundet.
Norwegen: 4 Millionen;   Finnland: 5 Millionen;
Schweden: 8 Millionen;   Dänemark: 5 Millionen;

Land	Bevölkerung; ♦ = 1 Million
Norwegen	♦ ♦ ♦ ♦
Finnland	♦ ♦ ♦ ♦ ♦
Schweden	♦ ♦ ♦ ♦ ♦ ♦ ♦ ♦
Dänemark	♦ ♦ ♦ ♦ ♦

15 a) Um eine der Zahlen 335; 336; ...; 344.
b) Zehn Zahlen: 625; 626; ...; 634.
c) Hundert Zahlen: 550; 551; 552; ...; 649.

16 a) 4 | 41 | 2 | 18 | 173 | 0
b) 173 | 0 | 18 | 2 | 41 | 4

17 a) 400 000   b) 150 000 000   c) 780 000 000
d) 230 000 000 000 000

18 25 Billionen. Das sind 25 000 000 Millionen.

19 a) 700   b) 10 000   c) 30   d) 6000
e) 7000   f) 40 000 000
g) 9 000 000   h) 100 000 000

20 Darstellung z.B. im Säulendiagramm; Maßstab: 1 Million entspricht 0,5 cm auf der Hochachse.

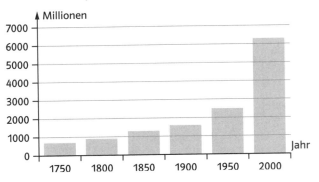

Seite 20

21 Darstellung z.B. im Balkendiagramm; Maßstab: 1 Million entspricht 1 cm; Werte dazu geschrieben.

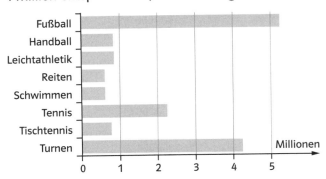

22 Das ist nur möglich, wenn Herr Kranz alle Geldbeträge auf 100 € rundet. Dann könnte es so gewesen sein:
Die Hose hat 50 € gekostet (gerundet 100 €).
Die Jacke hat 150 € gekostet (gerundet 200 €).

23 Die genaue Zahl der Erbsen im vollen Gefäß beträgt mindestens 4350 und höchstens 4449. Im halb vollen Gefäß sind also mindestens 2175 und höchstens 2224 (oder 2225) Erbsen.

24 Die kleinste Zahl ist 28.

25 Kontrollaufgabe nach dem Lesen oder Vorspielen: Finde eine andere Zahl, bei der das Ergebnis beim „nacheinander" Runden auf Zehner und Hunderter nicht mit dem richtigen Ergebnis beim Runden auf Hunderter übereinstimmt.

26 individuelle Lösung

27 a) Man schläft etwa ein Drittel seines Lebens. Bei einem Lebensalter von 90 Jahren sind das 30 Jahre, was einer Stundenanzahl von 262 800 entspricht.
b) – f) individuelle Lösung

3 Rechnen mit natürlichen Zahlen

Seite 21

Einstieg: Die Berechnung von Michael führt zu einem Fahrpreis von $41 € + 22 € + 4 \cdot 5 € = 83 €$. Es ist günstiger zwei Zehnerkarten zum Gesamtpreis von 82 € zu kaufen.

Seite 22

1

	a)	b)	c)	d)
	40	27	88	4
	43	38	63	4
	138	39	120	4
	1011	660	156	24

2

	a)	b)	c)	d)
	750	200	480	4
	50	6000	126	166
	38	145	6	290
	98	24	234	95

3 a) 8 b) 112 c) 4 d) 9

4 a) $4 \cdot 20 = 80$; $49 + 29 = 78$
b) $34 + 33 = 67$; $9 \cdot 12 = 108$
c) $112 : 14 = 8$ oder $112 : 8 = 14$; $89 + 88 = 177$
d) $84 - 17 = 67$ oder $84 - 67 = 17$;
$96 : 6 = 16$ oder $96 : 16 = 6$

5
a)

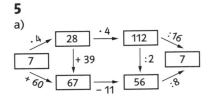

b)

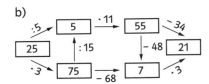

Marginale: $6 : 3 = 2$, da $2 \cdot 3 = 6$. Wenn aber $6 : 0 = 0$ wäre, dann müsste auch $0 \cdot 0 = 6$ gelten. Das ist offenbar falsch. Das gleiche Argument gilt für $6 : 0 = 1$ oder $6 : 0 = 6$.

6 a) $18 \cdot 11 = 198$; $18 - 11 = 7$
b) $45 + 9 = 54$; $45 : 9 = 5$

Seite 23

7

a)

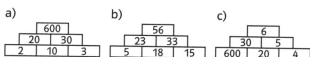

b)

c)

8 Die fehlende Zahl heißt:
a) 22   b) 8   c) 90   d) 24
   56   103   1800   106

9 Die fehlenden fünf Zahlen sind fett gedruckt.
a) 7, 16, 25, 34, **43, 52, 61, 70, 79**. Zur Zahl wird jeweils 9 addiert.
b) 2, 4, 8, 16, **32, 64, 128, 256, 512**. Die Zahl wird jeweils verdoppelt.
c) 3, 4, 6, 9, 13, **18, 24, 31, 39, 48**. Es werden nacheinander die Zahlen 1, 2, 3, 4, 5, 6, usw. addiert.
d) 2, 4, 3, 6, 5, 10, **9, 18, 17, 34, 33**. Es wird abwechselnd die Zahl verdoppelt oder 1 von der Zahl subtrahiert.

10 a) Von 47 bis 50 fehlen 3, von 50 bis 100 fehlen 50, von 100 bis 111 fehlen 11, zusammen 64.
Es fehlt 64.
b) $7 \cdot 12 = 84$ c) $14 \cdot 14 = 196$
d) $87 - 39 = 48$ e) $91 : 7 = 13$

11 Das Lösungswort lautet FINNLAND.

12 a) 64   b) 58
c) Mit 111, da $9 \cdot 111 = 999$
d) 176   e) sechsmal

13 a) $1 + 2 + 3 + 4 + 5 + 6 = 21$
b) $1 \cdot 2 \cdot 3 \cdot 4 \cdot 5 \cdot 6 = 720$

14 Es können 2 Vierergruppen vorkommen (zusammen mit 7 Dreiergruppen).
Es können 5 Vierergruppen vorkommen (zusammen mit 3 Dreiergruppen).

15 Wurst und Brot kosten zusammen 10,30 €. Sie kann beides einkaufen und hat noch 70 ct übrig.

Seite 24

16 a) Von 1955 bis 1975: Abnahme um 270. Von 1975 bis 1990: Zunahme um 90. Von 1990 bis heute: Zunahme um 240. Es gibt heute 360 Störche, also im Vergleich zu 1955 60 Störche mehr.
b) Individuelle Lösung

17 Es sind 44 Tierbeine.

18 Man spart 6 €.

19 Kinder zahlen 12 €, Erwachsene zahlen 24 €.
Anleitung: Man rechnet die beiden Erwachsenen wie 4 Kinder; es fahren also 7 Kinder;
84 € : 7 = 12 €.

20 Es gibt mehrere Möglichkeiten. Zum Beispiel 5 a, 5 b, 6 a, zusammen 93; 5 c, 6 c, 6 b, zusammen 93.

21 Der Verein hatte am Jahresanfang 445 Mitglieder.

22 Die Einwohnerzahl vor 5 Jahren betrug 525.

23 a) Die Summe wird doppelt so groß.
b) Die Differenz ändert sich nicht.
c) Das Produkt wird sechsmal so groß.

Seite 25

24 Die Familie kann 24 Tage wechseln.
Anleitung: Man füllt eine Tabelle mit den Sitzplatznummern 1, 2, 3 und 4 aus und zählt die Möglichkeiten.

Vater	Mutter	Tochter	Sohn
1	2	3	4
1	2	4	3
3	1	2	4
…	…	…	…

25 a) 1400 Flöhe   b) 40 Flöhe

26 In der Familie sind 5 Kinder, da es nur eine Tochter gibt.

27 Am Tisch sitzen Großmutter, Mutter und Tochter.

28 a) 24 → 20 → 4 → 16 → 37 → 58 → 89 → 145 → 42 → 20 → 4 → 16 → 37
b) 1; 7; 10; 13; 19; 23; 28; 31; 32; 44; 49; 68; 70; 79; 82; 86; 91; 94; 97; 100
c) Es gibt Zahlen, deren Zahlenketten Zyklen besitzen, das bedeutet die Zahlen in der Zahlenkette wiederholen sich. Die Zahl 24 ist ein Beispiel dafür.

29 1 – 4 – 2 – 1 – 4 – 2 – …
4 – 2 – 1 – 4 – 2 – 1 – 4 – …
5 – 16 – 8 – 4 – 2 – 1 – 4 – …
6 – 3 – 10 – 5 – 16 – 8 – 4 – 2 – …
Bei diesen Anfangszahlen enden die Reihen immer bei 4 – 2 – 1 – 4 – …

4 Größen messen und schätzen

1 individuelle Lösung

2 Auto: Gewicht 1 t; Länge 4 m
Bett: Länge 2 m; Schlafdauer 8 h
Farbstift: Länge 14 cm; Gewicht 5 g
Turnschuh: Gewicht 200 g; Länge 3 dm
Sprinter: Länge 100 m; Zeitdauer 10 s
Stecknadel: Gewicht 1 g; Länge 3 cm

3 individuelle Lösung

4 individuelle Lösung

5 individuelle Lösung

6 Bei einem geschätzten Gewicht von 30 kg sind es neun Fünftklässler.
Bei einem geschätzten Gewicht von 35 kg sind es acht Fünftklässler.
Bei einem geschätzten Gewicht von 40 kg sind es sieben Fünftklässler.
Bei einem geschätzten Gewicht von 45 kg sind es sechs Fünftklässler.
Bei einem geschätzten Gewicht von 50 kg sind es fünf Fünftklässler.

7 a) individuelle Lösung (Wenn möglich Messwert besorgen.)
b) individuelle Lösung. Die Schätzung wird verbessert, wenn man z. B. einen Schultag in Phasen einteilt: Vom Aufstehen bis zum aus dem Haus gehen: 5-mal
Bis Schulschluss: 6-mal
Zu Hause bis zum Abendessen: 8-mal
Vom Abendessen bis zum Zubettgehen: 8-mal.
Zusammen 27-mal (Die Schätzungen hängen sehr von den Umständen ab.)
c) individuelle Lösung (Genaue Zahl von der Schulleitung besorgen.)
d) individuelle Lösung (Messen des Gewichtes z. B. so: Der Arm wird in eine wassergefüllte Wanne gesenkt und das Gewicht des überlaufenden Wassers wird gemessen.)

8 a) individuelle Lösung (Der Umfang einer Saftflasche beträgt zwischen 25 cm und 29 cm.)
b) 100 Blatt Papier wiegen eindeutig mehr (etwa 400 g).
c) individuelle Lösung

9 und **10** individuelle Lösung

5 Mit Größen rechnen

1 a) 4 m; 2 m; 13 000 m b) 2 cm; 30 cm; 500 cm
c) 5 dm; 210 dm; 30 dm
d) 100 mm; 1100 mm, 2000 mm

2 a) 140 m b) 37 km c) 41 m d) 45 m
e) 123 km f) 321 m g) 12 km h) 130 m

3 a) 4 kg; 2000 kg; 1 kg
b) 20 000 g; 3 g; 5 000 000 g
c) 2 000 000 mg; 250 000 mg; 3 000 000 000 mg
d) 2 t; 35 t; 20 t

4 a) 40 kg b) 4500 g c) 60 t d) 120 kg
e) 7 t f) 350 g g) 7600 kg h) 320 g

5 a) 240 s; 1320 s; 3540 s
b) 120 min; 210 min; 30,5 min
c) 72 h; 3,75 h; 7,5 h
d) 195 s; 165 s; 270 s

6 a) 9 h 10 min

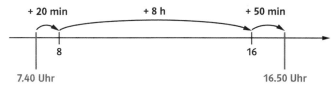

b) 7 h 50 min

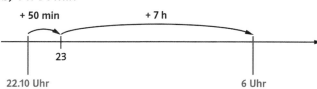

c) 10 h 58 min

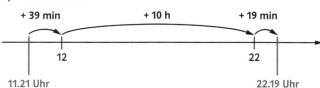

7

a)

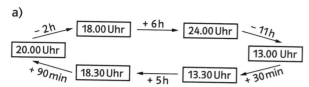

b)

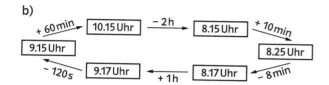

8

a) 2000 m	b) 3000 kg	c) 500 cm
4 m	8 kg	7 cm
6 m	10 000 kg	20 cm
10 000 m	10 kg	1000 cm
d) 60 min	e) 7000 g	
2 min	10 000 g	
180 min	1 g	
10 min	10 g	

9

a) 60 dm	b) 51 000 g	c) 96 h	d) 35 cm
300 ct	5 cm	6 t	5 min
12 t	4 h	30 m	3000 cm
660 s	3000 mg	16 km	5000 g

10

a) 3400 g < 40 kg   b) 30 dm > 294 cm
   40 dm > 305 cm   2 h > 115 min
   70 min < 3 h   20 000 g < 1 t
   805 cm > 70 dm   2400 h > 7 d
c) 1 d > 21 h   d) 50 mm < 6 cm

11

a) 3 d ≙ 72 h
   600 s ≙ 10 min
   1500 g ≙ 1 kg 500 g ≙ 3 Pfund
   2100 g ≙ 2 kg 100 g
   300 cm ≙ 3 dm ≙ 30 m
b) individuelle Lösung

12

a) 900 cm	b) 5000 g	c) 12 000 kg
7000 g	10 000 m	120 min
48 h	180 s	40 dm
50 000 m	1800 ct	29 000 g
d) 600 s	e) 800 ct	
30 000 g	7000 kg	
400 dm	300 mm	
120 h	10 000 mg	

13

a) 4 dm	b) 5 h	c) 20 t
3 €	4 m	4 km
2 t	10 €	3 cm
5 d	20 dm	11 min
d) 4 €	e) 8 cm	
17 t	4 g	
34 km	3 d	
3 h	30 kg	

14

a) 3 kg 100 g	b) 4 m 1 dm	c) 8 cm 4 mm
6 km 8 m	2 kg 400 g	6 kg 800 g
1 h 20 min	2 d 12 h	4 d 4 h
1 m 17 cm	3 km 407 m	10 km 40 m
d) 1 min 20 s	e) 3 g 400 mg	
1 dm 2 cm	1 min 30 s	
1 kg 250 g	3 m 7 cm	
2 d 5 h	1 min 50 s	

15

a) 74 cm	b) 3600 g	c) 3500 m
2050 kg	205 mm	3200 mg
23 cm	5370 g	430 cm
20 500 g	1280 m	350 kg

16 a) 180 cm = 1,8 m (kann richtig sein)
b) 7,5 min (kann richtig sein)
c) 1570 m = 1,57 km (ist sicher falsch)
d) 10 kg (kann richtig sein)
e) 500 € (ist sicher falsch)
f) individuelle Lösung

17 a) 9 h 10 min   b) 7 h 50 min   c) 10 h 58 min

18 Der Waggon ist mindestens 36 m lang.

19 a) 8.12 Uhr + 2 h 26 min = 10.38 Uhr.
b) 11.36 Uhr + 1 h = 12.36 Uhr;
12.36 Uhr + 23 min = 12.59 Uhr.
Der IC erreicht Magdeburg um 12.59 Uhr.

20 a) 11.07 → 11.14 = 7 min; 11.17 → 11.27 = 10 min
b) 11.02 → 11.30 = 28 min; 11.09 → 11.47 = 38 min
c) 16.06 → 19.11 = 3 h 5 min
d) RE: 11.36 → 14.18 = 2 h 42 min
ICE: 11.29 → 13.09 = 1 h 40 min
e) individuelle Lösung

21 Der Komet erscheint alle 76 Jahre, die nächsten
Male in den Jahren 2062 und 2138.

22 individuelle Lösung

23 Diese Maße gibt es noch in einigen englisch-
sprachigen Ländern:
1 Gallon (US) = 3,8 Liter   1 Gallon (GB) = 4,5 Liter
1 Yard = 91 cm   100 Yard = 91 m
1 Zoll = 26 mm   17 Zoll = 442 mm
1 foot = 305 mm   1000 feet = 305 m

6 Größen mit Komma

Seite 35

1

	m	cm	t	kg
Walhai	15	20	10	500
Manta	4	40	1	600
Wels	2	50	0	300
Karpfen	0	40	0	3

2
a) 12 dm
   1200 g
   205 mm
   15 050 m
d) 4700 m
   12 200 g
   46 cm
   20 050 kg

b) 4500 g
   78 dm
   34 700 m
   2004 kg
e) 21 mm
   8900 g
   5200 m
   1001 cm

c) 3700 g
   2374 ct
   3500 kg
   2090 m

3
a) 3,680 kg
   11,400 km
   23,0 cm
   7,060 t
d) 4,500 t
   56 dm (5,60 m)
   2,050 km
   10,100 km

b) 3,700 km
   1,250 kg
   45 dm (4,50 m)
   1,405 t
e) 13,4 dm (1,34 m)
   2,4 cm
   3,560 kg
   2,091 t

c) 3,4 dm
   6,600 t
   34,100 km
   10,010 km

4
a) 250 cm
   205 cm
   1,2 cm
   10,2 cm
b) 2100 g
   2100 g
   2010 g
   2001 g
c) 9500 kg
   600 kg
   100 000 kg
   10 090 kg
d) 4,5 km
   100 km
   0,7 km
   0,850 km

Seite 36

5 a) 645 g gehört nicht dazu.
b) 37 m 8 cm gehört nicht dazu.
c) 1 dm 5 cm gehört nicht dazu.
d) 15 000 dm gehört nicht dazu.

6
a) 7,4 m
   3,8 kg
   45 mm
   9,6 km
b) 7 kg
   2,1 m
   4,5 cm
   3850 kg
c) 2880 m
   1650 g
   750 kg
   26,8 cm
d) 1,3 t
   4,3 m
   43,6 g
   25,2 km

7
a) 13 cm
   42,9 km
   90 cm
b) 7,2 kg
   16,5 dm
   0,9 g
c) 5 g
   90 cm
   2040 m
d) 8,8 m
   14,1 kg
   400 g

8
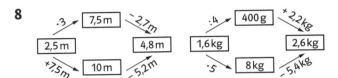

9 Es fehlen Jana noch 77,3 kg.

10

Unterschied beim Weitsprung	Unterschied beim Kugelstoßen	Unterschied beim Speerwurf	Unterschied beim 1500-m-Lauf
84 cm	7,79 m	28,32 m	57 s

11 individuelle Lösungen

Wiederholen – Vertiefen – Vernetzen

Seite 37

1 a) Jens: 13,6 g Eiweiß; 100 g Fett; 116 g Kohlenhydrate
Grete: 13,35 g Eiweiß; 14,9 g Fett; 73,9 g Kohlenhydrate (Der Apfel wurde mit 100 g gerechnet.)
b) individuelle Lösung, bei einem Körpergewicht
von z. B. 40 kg beträgt der Tagesbedarf Eiweiß 60 g;
Fett 40 g; Kohlenhydrate 200 g.
Dies wird in etwa bereitgestellt von z. B. 300 g Brot,
100 g Fisch, 100 g Käse und 100 g Apfel.
(Eiweiß 67 g, Fett 45 g, Kohlenhydrate 192 g)

2 a) individuelle Lösung, z. B. Säulendiagramm;
Maßstab: 1 g Eiweiß entspricht 1 Kästchen (0,5 cm).
b) Man setzt bei einem Säulendiagramm jeweils
drei verschiedenfarbige Säulen nebeneinander.
Gehalt von 100 g eines Nahrungsmittels an Eiweiß,
Fett und Kohlenhydraten.

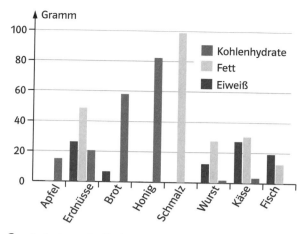

3 1. Anke   2. Christa   3. Torsten   4. Bernd

4 a) individuelle Lösung
b) individuelle Lösung, z. B.
Die Boeing 747 benötigt bei nicht einmal doppelter
Reichweite wie ein Airbus A 319 die etwa sieben-
fache Treibstoffmenge. Dafür kann sie fast die dreifache Passagierzahl befördern.
Der Airbus A 380 transportiert doppelt so viele Passagiere wie die Boeing 747 und hat eine größere
Reichweite wie sie, braucht dafür aber nicht den
doppelten Treibstoff wie die Boeing 747.
c) Weitere Vergleichsmöglichkeiten: Passagierzahl
und Leergewicht; Länge und Spannweite; Flügelflä-
che und Passagierzahl.

Seite 38

5 individuelle Lösung

6 individuelle Lösung

7 Die Größen sollten mit den üblichen Maßeinheiten angegeben werden;
Wie ich einen guten Kuchen backe
Wenn man wie ich nur **41 kg** wiegt und **1 m 45 cm**
lang ist, sollte man hin und wieder einen Kuchen
essen. Danach muss ich dann meinen Gürtel um die
Winzigkeit von **2 cm** weiter stellen. Am leichtesten
geht Rührkuchen. Dazu nehme ich **500 g** Mehl. Das
ist gar nicht so viel, wie es auf den ersten Blick aussieht. Dazu **250 g** Margarine, ein bisschen Milch und
ein paar Eier. Alles in eine Schüssel und gut rühren.
Halt, fast hätte ich den Zucker vergessen. Oh je,
wir haben nur noch **100 g** da, hoffentlich reicht das.
Noch mal kräftig gerührt und dann zack in die Form
und **20 min** bei 180 °C backen. Während der Kuchen
im Ofen ist, spiele ich mit meinem Hund. Ich werfe
einen Ball **22 m** in die Wiese hinaus und der Hund
muss ihn holen. Wenn der Kuchen fertig ist, kommen alle aus nah und fern, sogar aus dem **4,5 m**
entfernten Wohnzimmer, um ihn zu essen. So gut
ist mein Kuchen!

8 Bei allen Monaten außer dem Februar bleibt
die Tageszahl gleich.
Januar 31; März 31; April 30; Mai 31; Juni 30; Juli 31;
August 31; September 30; Oktober 31; November 30;
Dezember 31.
Anzahl der Februartage:

Jahr	2003	2004	2005	2006	2007	2008	2009
Anzahl	28	29	28	28	28	29	28

Jahr	2010	2011	2012	2013	2014	2015
Anzahl	28	28	29	28	28	28

9 a) 10 Tage
b) 22 + 31 + 30 + 31 = 114 Tage
c) 8 + 31 + 30 + 31 + 30 + 31 + 31 + 30 + 31 +30 + 31
= 314 Tage.

10 a) Franz ist älter.   b) Unterschied: 30 Tage

Exkursion:
Wie die Menschen Zahlen schreiben

Seite 39

Zählen bevor es Zählzeichen gab:
z. B.: „Drei Männer gehen zum Gatter, durch das die
Herde getrieben wird. Der erste hebt für jeden an
ihm vorüberziehenden Kopf der Herde einen Finger.
Sobald er alle zehn Finger erhoben hat, hebt der
zweite Mann einen Finger und der erste beginnt
von Neuem. Wenn der zweite Mann auch alle Finger erhoben hat, hebt der dritte Mann einen Finger
und die beiden ersten Männer beginnen von Neuem.
Sind sie fertig, ritzen sie das Ergebnis in ein Stück
Holz, das sie bis zur nächsten Zählung aufheben."
(Methode eines südafrikanischen Stamms)

Römische Zählzeichen:
– Julius, 14 Schafe → XIV
– Cornelia, 345 Schafe → CCCXLV
– Marcus Publius, 1538 Schafe → MDXXXVIII

Seite 40

1 a) 5; 200; 152; 1096   b) 12; 1100; 91; 2700
c) 7; 900; 1900; 2040   d) 15; 90; 2900; 3600
e) 120; 510; 910; 3710

2 a) VIII; XVII; LXXIX; DCCLXXXVIII
b) XVI; XXII; CLX; MCDL
c) XIII; XL; CXC; MDC
d) IX; XXIV; CXCVII; MCCCLXXIX
e) XIV; XXV; CLXXXIX; MDCLXXVII

3 Das Haus wurde 1723 erbaut.

4
V + I = VI, IV + I = V
X – I = IX
VII + I = VIII

5 Kolumbus entdeckt Amerika: MXDII (1492)
Der erste Mensch auf dem Mond: MCMLXIX (1969)
Karl der Große wird zum Kaiser gekrönt: DCCC (800)
Der Eiffelturm wird gebaut: MDCCCLXXXIX (1889)

Seite 41

Ägyptische Zählzeichen

8 + 5 = 13
→ Strich = 1
   Fessel = 10

128 + 73 = 201
→ Seil = 100

521 + 582 = 1103
→ Lotusblume = 1000

1800 + 8200 = 10 000
→ Finger = 10 000

90 000 + 40 000 + 80 000 = 210 000 000
→ Kaulquappe = 100 000

Gott = 1 000 000

Seite 42

Jahreszahl an der Stiftskirche Bad Urach: 1472

Seite 43

1 a) 2; 5; 13; 31   b) 6; 14; 9; 17
c) 3; 1; 8; 21   d) 7; 11; 24; 16
e) 2; 15; 23; 51

2 a) $(110)_2$; $(1001)_2$; $(1110)_2$; $(100000)_2$
b) $(100)_2$; $(1010)_2$; $(1100)_2$; $(101000)_2$
c) $(1000)_2$; $(1011)_2$; $(10100)_2$; $(100001)_2$
d) $(101)_2$; $(10000)_2$; $(11110)_2$; $(100010)_2$
e) $(11)_2$; $(111)_2$; $(10001)_2$; $(110010)_2$

3 individuelle Lösung

4 a) $(10)_2$, $(100)_2$ b) $(110)_2$, $(1000)_2$
c) $(1)_2$, $(11)_2$ d) $(11)_2$, $(101)_2$
e) $(1001)_2$, $(1011)_2$

5 individuelle Lösungen

6
– Hängt man an eine Zahl im Zweiersystem eine Null ran, so verdoppelt sich die Zahl.
– Im Zweiersystem besitzt jede gerade Zahl die Endziffer 0, jede ungerade Zahl die Endziffer 1.
– Da $(111111)_2$ = 63, kann man im Zweiersystem außer der Null noch 63 Zahlen mit höchstens sechs Stellen darstellen.
– Die größte Zahl im Zweiersystem mit zwei Einsen und zwei Nullen lautet: $(1100)_2$ = 12

Blick zurück

Ägyptisch:
Test 1: 7
Test 2: Je näher die Einerstelle der Zahl an der 10 ist, desto mehr Zeichen werden gebraucht. Für die Zahl 17 benötigt man acht Zeichen, für die Zahl 8 aber auch. Im Allgemeinen braucht man so viele Zeichen wie die Quersumme der Zahl in Dezimalsystem.
Test 3: Große Zahlen lassen sich relativ einfach aufschreiben. Die Stelle an der die Ziffer vorkommt, gibt an, welches Symbol verwendet wird und der Wert der Ziffer die Anzahl der Zeichen.
Test 4: Bei Zahlen wie zum Beispiel 789 kann man sich leicht bei der Anzahl der Symbole verzählen.

Römisch
Test 1: 7
Test 2: Die Zahl 17 braucht vier Zeichen. Zahlen, deren Ziffern aus vielen 3er und 5er bestehen, benötigen mehr Zeichen als etwa gleich große Zahlen in der Umgebung. Um kleine Zahlen im Bereich 1 – 30 zu schreiben, werden höchstens sieben Zeichen verwendet.
Test 3: Große Zahlen lassen sich relativ schwer aufschreiben. Für jeden Zehner -, Hunderter- oder Tausenderübergang muss man rechnen.
Test 4: Bei Übergängen kann man sich verrechnen und eine zu große Zahl oder zu kleine Zahl aufschreiben.

II Symmetrie

Lösungshinweise Kapitel 2 Erkundungen

Seite 48

Erkundung: Die Welt der Symmetrie

Autologos
Die Logos lassen sich an Hand der Anzahl ihrer Symmetrieachsen (Spiegelachsen) in Gruppen einteilen:
1. keine Symmetrieachse: Opel, BMW (wenn man die Schrift mit betrachtet), Renault
2. eine Symmetrieachse: Citroën, VW
3. zwei Symmetrieachsen: Audi (ohne Berücksichtigung der Schattierungen)
4. drei Symmetrieachsen: Mercedes, Mitsubishi
Eine andere Einteilung nach Drehsymmetrie:
1. „Halbe Drehung": Renault, Audi, Opel
2. „Drittel Drehung": Mitsubishi, Mercedes
Mit dem in der Aufgabenstellung erwähnten Spiegel lassen sich nur Achsensymmetrien finden.

Tiere
Die Tiere lassen sich ebenfalls an Hand der Anzahl ihrer Symmetrieachsen in Gruppen einteilen:
1. eine Symmetrieachse: Schlange (so wie in dieser Abbildung), Muschel, Scholle, Schmetterling, Stiefmütterchen
2. fünf Symmetrieachsen: Seestern

„Verrückte Gesichter"
Auch hier lässt sich mit Hilfe eines Spiegels erkennen, dass die mittleren und rechten Gesichter aus Spiegelungen jeweils einer Gesichtshälfte entstanden sind.
In allen Fällen verlief die Spiegelachse durch die Mitte des Gesichts. Für die mittleren Bilder wurde jeweils die die linke Gesichtshälfte auf die rechte gespiegelt. Für die rechten Bilder genau umgekehrt.

Seite 49

„Verrückte" Bilder
Mit einem Spiegel lässt sich erkennen, dass die linke Seite des linken Bildes gespiegelt wurde und zwar an einer senkrechten Achse, die durch die Kopfmitte geht.

Buchstabensalat
1. Buchstaben, die bleiben wie sie sind
a) ... wenn sie senkrecht durch die Mitte oder neben dem Buchstaben gespiegelt werden:
A, H, I, M, O, T, U, V, W, X, Y

b) ... wenn sie wagerecht durch die Mitte oder über/unter dem Buchstaben gespiegelt werden:
B, C, D, E, H, I, K, O, X
2. Buchstaben, die zu anderen werden:
Y zu X; R zu B; C zu O; J zu U
Viele andere Beobachtungen sind möglich, z. B.
P wird zu b

1 Achsensymmetrische Figuren

Seite 51

1 a)

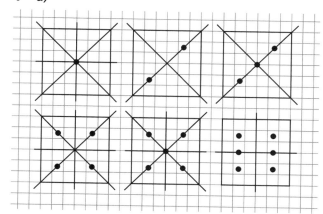

b) zwei Symmetrieachsen: 2, 3, 6
vier Symmetrieachsen: 1, 4, 5
c) individuelle Lösung, z. B.:

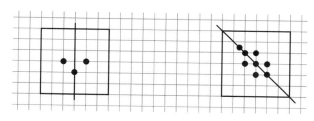

Seite 52

2

3

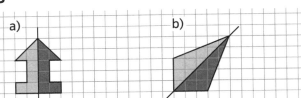

a)   b)

4   a)

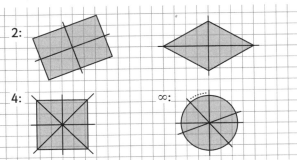

2:

4:                      ∞:

Beim Kreis gibt es unendlich viele Symmetrieachsen, die alle durch den Kreismittelpunkt gehen.
b) individuelle Lösung z. B.:

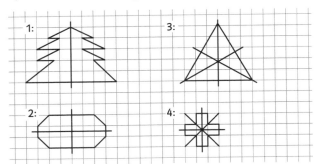

1:                      3:

2:                      4:

5

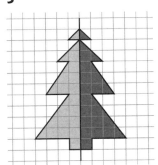

6   HEIKO BECK; HEIDI EICHE

7

a)   b)

zwei Symmetrieachsen   vier Symmetrieachsen

8

a)

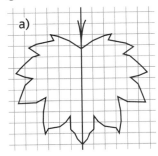

b)   Birke   Eiche

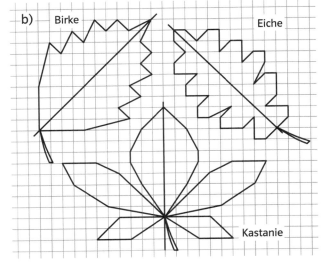

Kastanie

c) In der Natur wächst nichts ganz regelmäßig. Auch bei achsensymmetrisch wirkenden Figuren ist es immer möglich, kleine Unregelmäßigkeiten zu finden.

9   a) Buchstaben mit waagerechter Symmetrieachse: B; C; D; E; H; I; K; O; X
Buchstaben mit senkrechter Symmetrieachse: A; H; I; M; O; T; U; V; W; X; Y
b) Buchstaben mit mehreren Symmetrieachsen: H; I; O; X

c)
```
M
A
O
A
M     MAOAM
```

d)

					BEIDE	KOCH
					BOB	EIBE
					DIE	DEICH

10

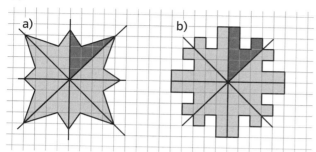

a)   b)

11

Die Bilder von außen und innen betrachtet sind genau Spiegelbilder zueinander.

12 a)

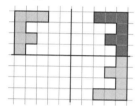

b) Verschiebt man ein F, so ändern sich entweder die Spiegelachsen oder die Positionen der anderen beiden Fs bei unveränderten Spiegelachsen.

2 Orthogonale und parallele Geraden

Seite 55

1 parallele Strecken:
- gegenüberliegende Kanten des Tisches
- gegenüberliegende Kanten der Tafel
- gegenüberliegende Seiten des Spielfeldes
- Laufbahnmarkierung der 100-m-Bahn
- Notenlinien
- Taktstriche
- Straßenbahnschienen

orthogonale Strecken:
- benachbarte Kanten am Tisch
- Schreiblinie zum Rand im Heft
- Schenkel des Geodreiecks
- Haltelinie zur Straßenführung im Verkehr
- Notenhals zur Notenlinie
- Taktstrich zur Notenlinie

2 Sowohl in Fig. 5, als auch in Fig. 6 scheinen die roten Geraden nicht parallel zu verlaufen. Nachmessen mit dem Geodreieck ergibt allerdings die Parallelität der roten Geraden.

3

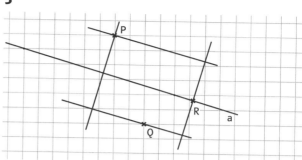

Seite 56

4 $a\|c$; $d\|f$; $e\|g$; $h\|k$; $i\|l$;
$a \perp d$; $a \perp f$; $c \perp d$; $c \perp f$; $b \perp e$; $b \perp f$

5

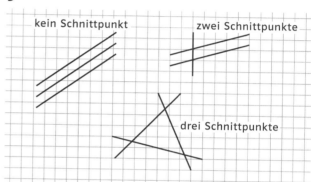

Die Aussage von Paula stimmt nicht. Drei Schnittpunkte entstehen nur, wenn die Geraden untereinander nicht parallel sind.

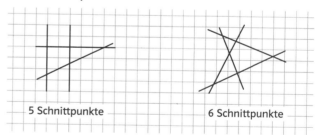

Die Aussage von Hans stimmt nicht. Vier Schnittpunkte entstehen nur, wenn jeweils zwei Geraden parallel zueinander sind.

6   a) $g\|h$ b) $g \perp h$
c) $g \perp h$ d) $g\|h$
e) $g\|h$ f) $g\|h$

7 a) Bohrmaschine, Hammer und Schraubendreher können bei der Herstellung des Bilderrahmens verwendet werden, eignen sich jedoch nicht zur Absicherung von parallelen oder orthogonalen Kanten.
Lot:
– Senkrechtes Aufhängen des Bildes
Wasserwaage:
– waagerechtes Aufhängen des Bildes
– parallele und orthogonale Bilderrahmenkanten auf einem waagerechten Untergrund
Dreieck:
– orthogonale Bilderrahmenkanten
– parallele Bilderrahmenkanten durch zwei Messungen
Zirkel:
– prinzipiell zur Konstruktion von parallelen und orthogonalen Linien, jedoch für Bilderrahmen nicht geeignet, da zu klein
Gliedermaßstab:
– gleiche Längen gegenüberliegender Bilderrahmenkanten, parallele Kanten
– Faustregel 3 cm, 4 cm, 5 m zur Erzeugung von rechten Winkeln, orthogonale Kanten (Pythagoras nicht erwähnen)
Schieblehre:
– gleicher Abstand von Kanten zu parallelen Kanten
b) Beim Bau ist darauf zu achten, dass gegenüberliegende Kanten immer parallel sind. Benachbarte Kanten müssen orthogonal zueinander verlaufen.

8

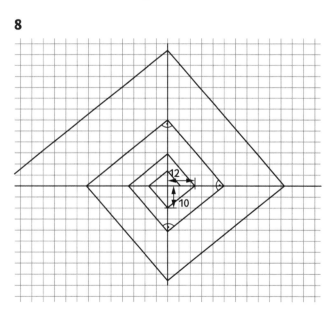

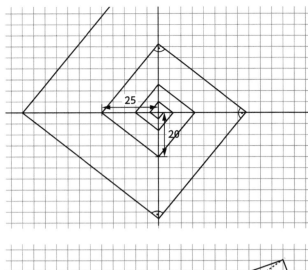

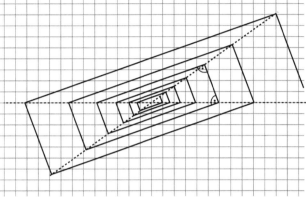

9

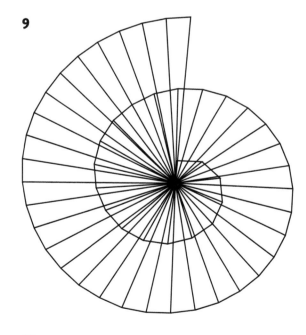

10

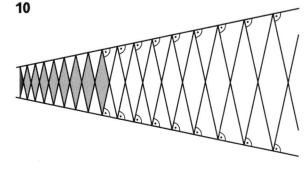

3 Figuren

1

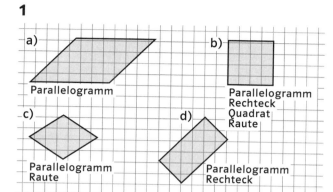

a) Parallelogramm

b) Parallelogramm
Rechteck
Quadrat
Raute

c) Parallelogramm
Raute

d) Parallelogramm
Rechteck

2   Da das Winkelmessen noch nicht behandelt wurde, können unterschiedliche Parallelogramme entstehen.

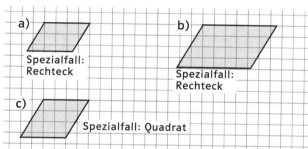

a) Spezialfall:
Rechteck

b) Spezialfall:
Rechteck

c) Spezialfall: Quadrat

3

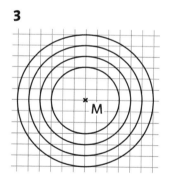

4   Beispiele für weitere Muster findet man auf der Randspalte. Es sind auch eigene Ideen gefragt.

5

Quadrat

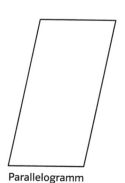

Parallelogramm

6   a)
– Gegenüberliegende Seiten sind parallel.
– Benachbarte Seiten sind zueinander orthogonal.
– Diagonalen sind gleich lang.
– Die Diagonalen halbieren einander.
b)
– Gegenüberliegende Seiten sind parallel.
– Die Diagonalen halbieren einander.

7   Parallelogramm, Raute, Quadrat (wenn die Schienen orthogonal zueinander verlaufen)

8
Raute:
– Gegenüberliegende Seiten sind parallel.
– Diagonalen halbieren einander.
– Diagonalen sind orthogonal zueinander.
Drachen:
– Diagonalen sind orthogonal zueinander.

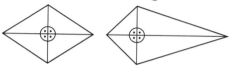

9

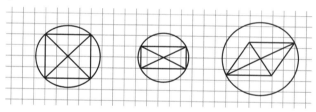

1. An Beispielen ausprobieren.
2. Einzelne Gegenbeispiele widerlegen die Möglichkeit eines Umkreises für ein Parallelogramm.
3. Nach allgemeiner Begründung für Quadrat und Rechteck suchen.
Diagonalenschnittpunkt ist Mittelpunkt für den Umkreis.
– Dies ist möglich, da sich die Diagonalen gegenseitig halbieren und die Diagonalen gleich lang sind.
– Damit hat jeder Eckpunkt denselben Abstand zum Kreismittelpunkt.
– Sollen zwei Punkte auf einem Kreis liegen, so müssen sie denselben Abstand zum Kreismittelpunkt haben.
– Der Kreismittelpunkt liegt also auf der Seitenhalbierenden.
– Im Quadrat und Rechteck schneiden sich die Seitenhalbierenden in einem Punkt.
(Im Parallelogramm haben Seitenhalbierende gegenüberliegender Seiten keine gemeinsamen Punkte.)

10

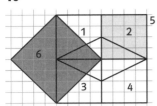

Rechtecke
Parallelogramme
(Raute)
(Drachen)
Dreieck
Trapez

11

a)

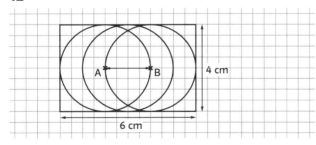

b) Die Scheibenwischblätter eines Busses stehen immer senkrecht. Die Scheibenwischblätter beschreiben Teile einer Kreisbahn. Die spezielle Lage wird durch die Drehbewegung einer Parallelogrammseite erreicht.

12

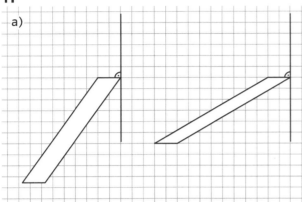

Der Radius der Kreise entspricht der halben Länge der kürzeren Rechteckseite. Die Mittelpunkte liegen auf der Strecke $\overline{AB}$.

13

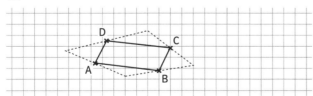

14 a) einhundertzwanzigtausend
b) vier Millionen zweihundertdreißigtausendeinhundertsechsundzwanzig
c) 2 300 000, zwei Millionen dreihunderttausend
d) 4 320 000, vier Millionen dreihundertzwanzigtausend

15 a) 3 492 227   b) 800 052

16 a) 25 km = 25 000 m   b) 15 m = 1500 cm
c) 13 000 cm = 130 m   d) 4 kg 23 g = 4023 g
e) 120 000 g = 120 kg   f) 2 t 75 kg = 2 075 000 g
g) 2 h 26 min = 146 min   h) 5 min 30 s = 330 s

17

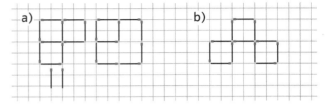

4 Koordinatensysteme

Seite 62

1 a) P (4 | 4)   b) P (5 | 3)

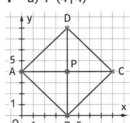

c) P (6 | 4)

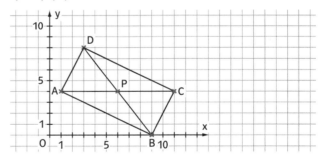

d) P (6 | 4)

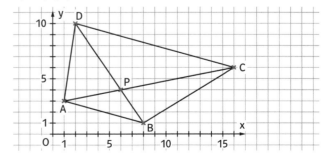

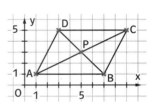

2

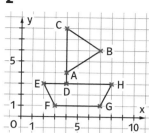

3 Die Reihenfolge der Punkte ABCD wird berücksichtigt.
a) D (11 | 11)   b) D (7 | 0)   c) D (13 | 5)

4 (1 | 3), (3 | 3), (3 | 2), (5 | 1), (9 | 1), (5 | 3), (5 | 4), (9 | 6), (7 | 6), (8 | 8), (5 | 5), (4 | 6), (5 | 9), (2 | 6), (2 | 5), (3 | 4), (2 | 4), (1 | 3)

5 individuelle Gestaltung

6 Der Hydrant befindet sich vom Schild aus:
6,1 m nach vorne und 11,8 m nach links.
Die Abwasserleitung befindet sich vom Schild aus:
7,6 m nach vorne und 4,2 m nach links.
Die Gasleitung befindet sich vom Schild aus:
6,5 m nach vorne und 3,8 m nach links.
Die Kabelleitung befindet sich vom Schild aus:
6,7 m nach vorne und 2,3 m nach links

7 Zeichnung: individuelle Lösung
Wenn es sich bei einem Viereck um ein Parallelogramm handelt, so lassen sich die Koordinaten der Eckpunkte zu zwei Pärchen mit jeweils den selben x- und y-Koordinatendifferenzen zusammenfassen.
z. B: (3 | 2), (4 | 0) und (6 | 2), (5 | 4)
x-Koordinatendifferenz jeweils 1,
y-Koordinatendifferenz jeweils 2.
Also beschreiben diese Koordinaten ein Parallelogramm.

Seite 63

8 a) C (0 | 1)   b) D (9 | 0)

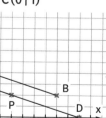

9 a) Dreieck: A (2 | 1), B (5 | 5), C (0 | 7)
Parallelogramm: A (1 | 4), B (3 | 0), C (5 | 4), D (3 | 8)
Quadrat: A (2 | 1), B (5 | 2), C (4 | 5), D (1 | 4)

b) Dreieck: M_{AB} (3,5 | 3), M_{BC} (2,5 | 6), M_{AC} (1 | 4)
Parallelogramm: M_{AB} (2 | 2), M_{BC} (4 | 2), M_{CD} (4 | 6)
M_{AD} (2 | 6)
Quadrat: M_{AB} (3,5 | 1,5), M_{BC} (4,5 | 3,5), M_{CD} (2,5 | 4,5)
M_{AD} (1,5 | 2,5)

10 S – P_1 (2 | 1); P_2 (8 | 3); P_3 (11 | 1); P_4 (18 | 6);
P_5 (19 | 1); P_6 (27 | 1) – Z

11 D_1 (5 | 4); D_2 (1 | 0); D_3 (5 | 8)

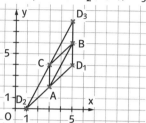

12 a) A (1 | 1), B (2 | 0), C (4 | 2), D (3 | 3), E (5 | 1), F (5 | 3)
b) A′ (9 | 1); B′ (8 | 0); C′ (6 | 2); D′ (7 | 3)

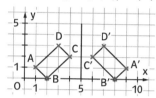

c) P (4 | 1); P′ (10 – 4 | 1) = P′ (6 | 1)

13 a) auf der x-Achse
b) auf einer Parallelen zur y-Achse durch den Punkt (2 | 0)
c) auf einer Geraden durch die Punkte (0 | 0) und (1 | 1)

14

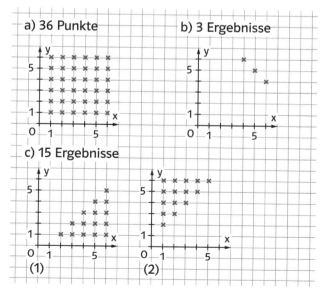

a) 36 Punkte   b) 3 Ergebnisse

c) 15 Ergebnisse

(1)   (2)

Wenn die x-Koordinate die Augenzahl des roten Würfels ist, dann gilt (2). Ist die x-Koordinate die Augenzahl des gelben Würfels, dann gilt (1).

5 Punktsymmetrische Figuren

Seite 65

1

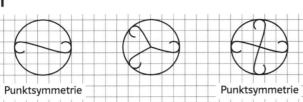

Punktsymmetrie   Punktsymmetrie

2 a) Rechteck – punktsymmetrisch
b) Trapez – nicht punktsymmetrisch
c) Drachen – nicht punktsymmetrisch
d) Raute – punktsymmetrisch
e) Quadrat – punktsymmetrisch

3

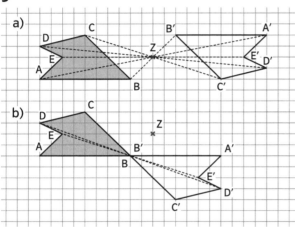

Seite 66

4 A′(1|3); B′(1|2); C′(2|2); D′(3|1); E′(5|3)

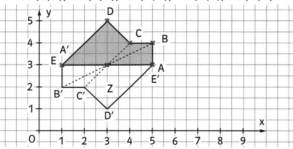

A′(5|3); B′(5|2); C′(6|2); D′(7|1); E′(9|3)

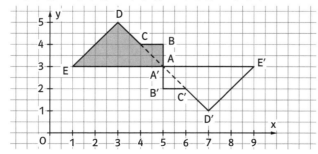

5

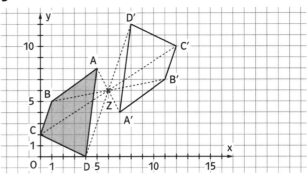

6

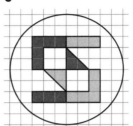

7

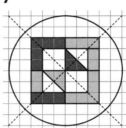

8

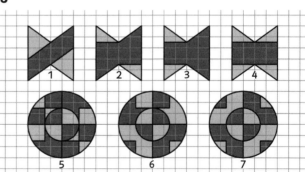

1 punktsymmetrisch
2 punktsymmetrisch
3 achsensymmetrisch
4 punkt- und achsensymmetrisch
5 punktsymmetrisch
6 –
7 punkt- und achsensymmetrisch

9

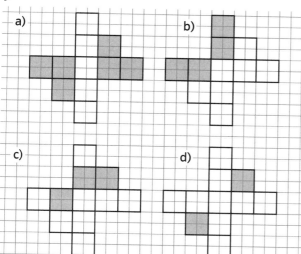

a) Die Ausgangsfigur und das zuletzt gezeichnete Bild liegen punktsymmetrisch zueinander. Das Symmetriezentrum ist Z.

b) Ja. Wird eine Figur nacheinander an den Geraden g und h gespiegelt, so entsteht ein Bild, welches punktsymmetrisch zur Ausgangsfigur liegt. Das Symmetriezentrum ist der Schnittpunkt der Geraden von g und h.

c) Liegen g und h nicht orthogonal zueinander, so entsteht keine punktsymmetrische Lage des Bildes zur Ausgangsfigur.

14 a) Skizze

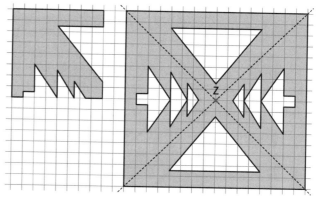

Die Figur ist achsen- und punktsymmetrisch.

b) Auch wenn das Quadrat entlang der Diagonale gefaltet wird, entsteht ein Schnittmuster mit Punkt- und Achsensymmetrie.

10

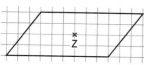

Jedes Parallelogramm, das weder Raute noch Rechteck ist, erfüllt die gesuchten Eigenschaften.

Seite 67

11

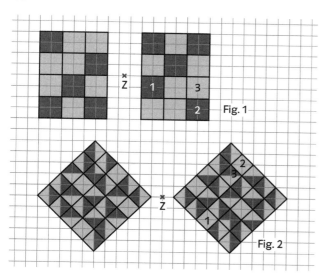

Fig. 1

Fig. 2

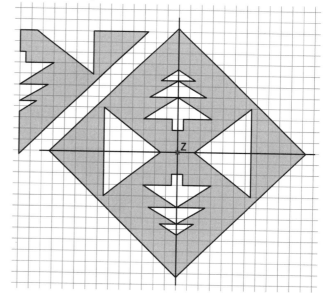

12 Summand + Summand = Summe
Faktor · Faktor = Produkt

13

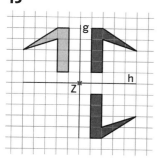

Wiederholen – Vertiefen – Vernetzen

Seite 68

1

a)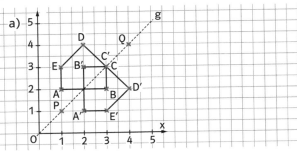

b) A' (2 | 1); B' (2 | 3); C' (3 | 3); D' (4 | 2); E' (3 | 1)

2

a)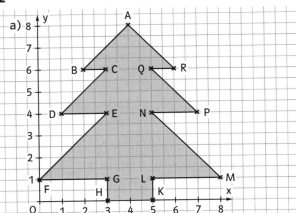

b) individuelle Lösungen

3

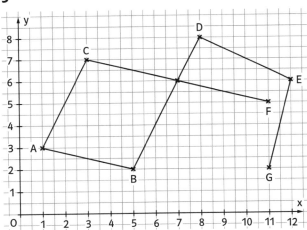

a)
$\overline{AB}$ = 4,1 cm $\overline{AC}$ = 4,5 cm $\overline{BD}$ = 6,7 cm

$\overline{CF}$ = 8,2 cm $\overline{DE}$ = 4,5 cm $\overline{EG}$ = 4,1 cm

$\overline{CF}$ > $\overline{BD}$ > $\overline{AC}$ > $\overline{DE}$ > $\overline{AB}$ > $\overline{EG}$

b) $\overline{CF} \parallel \overline{AB}$; $\overline{AC} \parallel \overline{BD}$

c) $\overline{CF} \perp \overline{EG}$; $\overline{AC} \perp \overline{DE}$ $\overline{AB} \perp \overline{EG}$; $\overline{BD} \perp \overline{DE}$

4 a)

Kreis:	M (1 | 1); r = 1
Dreieck:	$\triangle_1$ (0 | 2); (2 | 4); (0 | 4)
	$\triangle_2$ (3 | 2); (5 | 2); (5 | 4)
Trapez:	T_1 (0 | 2); (3 | 2); (5 | 4); (0 | 4)
	T_2 (0 | 2); (5 | 2); (5 | 4); (2 | 4)
Rechtecke:	R_1 (0 | 2); (5 | 2); (5 | 4); (0 | 4)
	R_2 (0 | 2); (0 | 0); (3 | 0); (3 | 2)
	R_3 (0 | 2); (0 | 0); (5 | 0); (5 | 2)
	R_4 (0 | 0); (5 | 0); (5 | 4); (0 | 4)
Quadrat:	Q_1 (3 | 0); (5 | 0); (5 | 2); (3 | 2)
Parallelogramm:	P_2 (0 | 2); (3 | 2); (5 | 4); (2 | 4)

5

a)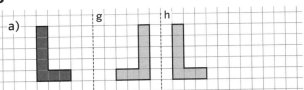

b) Das Endbild hat dieselbe Lage wie das Ausgangsbild. Die Bilder liegen nicht spiegelbildlich zueinander. Das Endbild kann nicht durch eine einzige Spiegelung aus dem Anfangsbild erzeugt werden.

6 individuelle Lösung, z. B.:

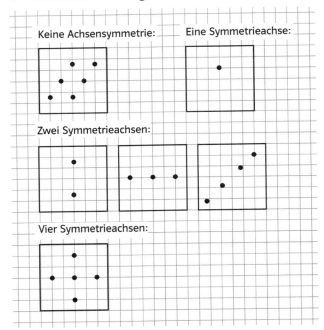

Seite 69

7

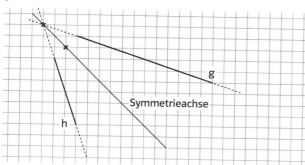

Symmetrieachse

8 a) Die beiden Uhren zeigen dieselbe Zeit. Der Unterschied beträgt 0 Minuten.
b) 10.30 und 13.30   8.05 und 3.55
    6.00 und 6.00   5.45 und 6.15
    9.10 und 2.50   12.00 und 24.00

9

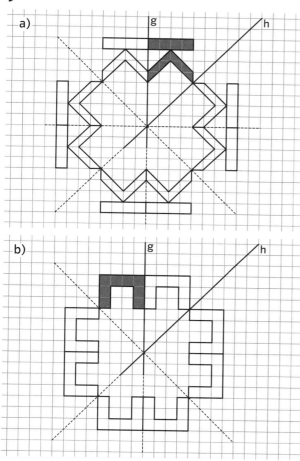

10 a), b) achsensymmetrisch für die ersten beiden Takte; punktsymmetrisch für die nächsten beiden Takte

11 a) Es gibt drei Möglichkeiten, die Punkte, A, B, C zu einem Parallelogramm zu ergänzen: $D_1(10|12)$; $D_2(0|10)$; $D_3(2|0)$.

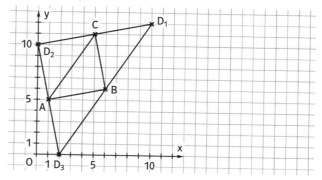

b) Es gibt eine Möglichkeit, ein Quadrat zu erhalten, und zwar mit $D_2(0|10)$.

12 $B(5|1)$; $D(3|7)$

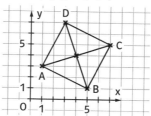

Man nutzt die Eigenschaften des Quadrats.
– Diagonalen halbieren einander.
– Diagonalen stehen orthogonal aufeinander.

13
a) 61 m
   92 mm = 9,2 cm
   5172 g = 5,172 kg
c) 1978 g = 1,978 kg
   27 min
   190 min = 3 h 10 min

b) 56 g
   293 mm = 29,3 cm
   79 cm = 7,9 dm
d) 194 cm = 1 m 94 cm
   312 mm = 31,2 cm
   260 min = 4 h 20 min

14 a) 134,32 € ≈ 130 €
14,50 € ≈ 10 €
435,40 € ≈ 440 €
104,99 € ≈ 100 €
1298,50 € ≈ 1300 €
b) 183,4 dm ≈ 183 dm
12 dm 7 cm ≈ 13 dm
136 cm = 13,6 dm ≈ 14 dm
14 563 mm = 145,63 dm ≈ 146 dm
2 m 6 cm = 20,6 dm ≈ 21 dm

III Rechnen

Lösungshinweise Kapitel 3 Erkundungen

Seite 76

Erkundung 1:
Die erste „Rechenmaschine" der Welt

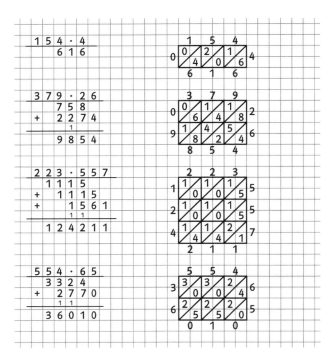

Auftrag. Lara hat recht, wie die folgende Rechnung für die Aufgabe 936 · 72 zeigt:
Lösung mit schriftlicher Multiplikation:

```
9 3 6 · 7 2
  6 5 5 2
    1 8 7 2
  6 7 3 9 2
```

Seite 77

Erkundung 2: Fermi-Fragen

Für das Lösen der Aufgabe „Wie viele Zahnärzte gibt es in Deutschland?" können die folgenden Strategien helfen:
1. Hilfsfragen
2. Abschätzen
3. Plausibiltätsprüfung

ad 1. Suche nach geeigneten Hilfsfragen
– Wie viel Zahnärzte werden wohl benötigt?
– Wie viel Menschen gehen in Deutschland zum Zahnarzt? Etwa 80 000 000.
– Wie oft geht jeder? 1- bis 2-mal im Jahr, einige gar nicht, einige viel öfter.
– Wie lange dauert ein Termin durchschnittlich? Manche 15 Minuten, manche 1 Stunde.
– Wie viel Stunden arbeitet ein Zahnarzt? Wahrscheinlich etwa 35 Stunden, vielleicht mehr.
– Wie viel Arbeitswochen hat er? Bei 6 Wochen Urlaub etwa 45 Wochen.
Diese Schätzungen sind ein Vorschlag, in dem schon das Verhalten von Kindern und Erwachsenen gemittelt und überschlagen wurden. Auch sind solche Menschen, die größere Behandlungen haben und jene, die am liebsten nie zum Zahnarzt gehen, durch diese Schätzung gegeneinander aufgerechnet. Hier müssen Sie mit vielen unterschiedlichen, aber möglicherweise auch tragfähigen Ansätzen rechnen.

ad 2. Abschätzen (oder nachschlagen) der benötigten Werte und berechnen
– Man benötigt also etwa
$80\,000\,000 \cdot \frac{1}{2} = 40\,000\,000$ Zahnarztstunden.
– Jeder Zahnarzt arbeitet etwa
$35 \cdot 45 \approx 40 \cdot 40 = 1600$ Stunden
– Das können
$40\,000\,000 : 1600 = 400\,000 : (4 \cdot 4) \approx 25\,000$
Zahnärzte bewältigen

ad 3. Auf Plausibilität prüfen.
– Kann das sein? Was würde das für eine Großstadt bedeuten?
– Essen mit 800 000 Einwohnern hätte also $25\,000 : 100 = 250$ Zahnärzte.
– Ein Blick ins Branchenverzeichnis liefert mehr als 300 Zahnärzte.
– Welche Annahmen könnten falsch gewesen sein?
– Wie wirkt sich eine Veränderung der Schätzungen auf das Ergebnis aus?

1 Rechenausdrücke

Seite 79

1

a) 120	b) 78	c) 1116	d) 48
35	64	52	60
70	115	25	1400

2 a)

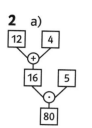

$(12 + 4) \cdot 5 = 80$

b)

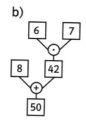

$6 \cdot 7 + 8 = 50$

c)

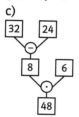

$(32 - 24) \cdot 6 = 48$

d)

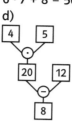

$4 \cdot 5 - 12 = 8$

Seite 80

3 a)

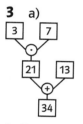

$3 \cdot 7 + 13 = 34$

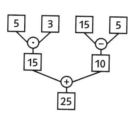

$5 \cdot 3 + (15 - 5) = 25$

b)

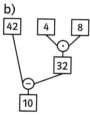

$42 - 4 \cdot 8 = 10$

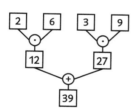

$2 \cdot 6 + 3 \cdot 9 = 39$

c)

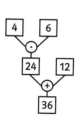

$4 \cdot 6 + 12 = 36$

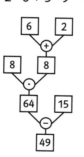

$8 \cdot (6 + 2) - 15 = 49$

d)

$9 \cdot (3 + 2) = 45$

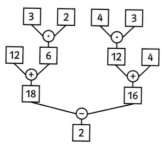

$(12 + 3 \cdot 2) - (4 \cdot 3 + 4) = 2$

4 a) 47 988 b) 42 350
c) 366 510 d) 613 452
e) 2520 f) 5875

5 a) 536 b) 943
c) 384 d) 372
e) 755 f) 179

6 a) 493 b) 2676
c) 3192 d) 11
e) 2445 f) 13 700

7 a) $4 \cdot (5 + 9) \cdot 3$ b) $(2 \cdot 3 + 11) \cdot 5$
c) $5 \cdot (26 - 3 \cdot 6)$ d) $(8 + 2) \cdot (14 - 7)$

8 a) 75; 80; 57; 18; 90 FASAN
b) 201; 308; 303; 105; 608 STIFT

9 $5 + 3 \cdot 5 + 12 = 32$; $(5 + 3) \cdot 5 + 12 = 52$;
$5 + 3 \cdot (5 + 12) = 56$
$17 \cdot 2 + 2 - 1 = 35$; $17 \cdot (2 + 2) - 1 = 67$;
$17 \cdot (2 + 2 - 1) = 51$
$2 \cdot 25 - 3 \cdot 5 = 35$; $2 \cdot (25 - 3 \cdot 5) = 20$;
$(2 \cdot 25 - 3) \cdot 5 = 235$; $2 \cdot (25 - 3) \cdot 5 = 220$
$5 \cdot 12 - 2 \cdot 3 + 15 = 69$; $5 \cdot (12 - 2 \cdot 3 + 15) = 105$;
$(5 \cdot 12 - 2) \cdot 3 + 15 = 189$; $5 \cdot (12 - 2) \cdot 3 + 15 = 165$
$5 \cdot (12 - 2 \cdot 3) + 15 = 45$
$2 \cdot 3 + 4 \cdot 6 = 30$; $2 \cdot (3 + 4 \cdot 6) = 54$;
$(2 \cdot 3 + 4) \cdot 6 = 60$; $2 \cdot (3 + 4) \cdot 6 = 84$
$80 - 2 \cdot 5 + 3 \cdot 5 = 85$; $(80 - 2 \cdot 5 + 3) \cdot 5 = 365$;
$(80 - 2) \cdot 5 + 3 \cdot 5 = 405$; $80 - 2 \cdot (5 + 3) \cdot 5 = 0$;
$80 - 2 \cdot (5 + 3 \cdot 5) = 40$

10 a) 2 b) 18
c) 2 d) 5
e) 5 f) 13

11 a) 45 · 24 + 5 · (43 + 39) = 1490

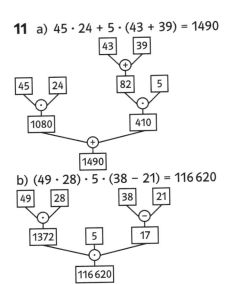

b) (49 · 28) · 5 · (38 − 21) = 116 620

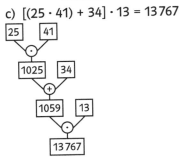

c) [(25 · 41) + 34] · 13 = 13 767

12 a) Addiere zum Produkt von 12 und 25 das Produkt von 3 und 4. Ergebnis: 312
b) Addiere zu 23 das 24-fache der Differenz von 5 und 3. Ergebnis: 71
c) Multipliziere die Differenz von 27 und 12 mit der Summe von 8 und 17. Ergebnis: 375
d) Subtrahiere vom Produkt von 4 und 12 das Produkt von 3 und 8. Ergebnis: 24
e) Multipliziere die Summe von dem Produkt von 12 und 6 und 34 mit 15. Ergebnis: 1590
f) Multipliziere 511 mit der Differenz aus dem Produkt von 11 und 307 und 235. Ergebnis: 1 605 562

13 18 · 45 − 722 = 88. Man spart bei Barzahlung 88 €.

Seite 81

14 individuelle Gestaltung

15
a) 1 = 5 − 4
3 = 5 − 4 + 2
5 = 2 · 4 + 2 − 5
7 = 2 + 5
9 = 5 + 4
11 = 2 + 4 + 5
13 = 2 · 4 + 5
15 = 4 · 5 − 5
17 = 4 · 5 − 5 + 2
19 = (5 − 2) · 5 + 4
21 = 5 · 5 − 4
23 = 5 · 5 − 2
25 = 5 · 5
27 = 5 · 5 + 2
29 = 5 · 5 + 4
31 = 5 · (5 + 2) − 4
33 = 5 · (5 + 2) − 2

2 = 4 − 2
4 = 2 + 2
6 = 4 + 2
8 = 2 · 4
10 = 5 + 5
12 = (5 − 2) · 4
14 = 5 + 5 + 4
16 = 2 · 5 + 4 + 2
18 = 4 · 5 − 2
20 = 4 · 5
22 = 4 · 5 + 2
24 = 4 · 5 + 2 + 2
26 = (5 + 2) · 4 − 2
28 = (5 + 2) · 4
30 = 5 · (4 + 2)
32 = 5 · (4 + 2) + 2

b) 34 = —
36 = 4 · (5 + 2 + 2)
38 = —
40 = 5 · (4 + 2 + 2)

35 = 5 · (5 + 2)
37 = 5 · (5 + 2) + 2
39 = 5 · (5 + 2) + 4

16
(2 + ☐ 5) · 3 = 2 1
1 + ☐ 5 · 2 = 1 1
2 + 2 5 + 5 = 3 2

17 a) Höhe 4   Höhe 5

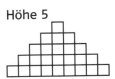

Höhe der Treppe	1	2	3	4
Würfel in der untersten Reihe	1	3	5	7
Gesamtzahl der Würfel	1	4	9	16

Höhe der Treppe	5	6	7	8
Würfel in der untersten Reihe	9	11	13	15
Gesamtzahl der Würfel	25	36	49	64

b) Unterste Reihe: 23 Würfel.
Insgesamt: 144 Würfel.
c) Anzahl der Würfel in der unteren Reihe: Multipliziere die Höhe mit 2 und subtrahiere 1.
Gesamtzahl der Würfel: Multipliziere die Höhe mit sich selbst.

2 Rechengesetze und Rechenvorteile I

Seite 83

1 a) 617 b) 846 c) 3500
d) individuelle Lösungen

2 a) $144 + (456 + 378) = 978$
b) $(212 + 227) + (188 + 173) = 800$
c) $1340 + (890 + 660) = 2890$

3 a) Addiere die Summe der Zahlen 188 und 465 zur Zahl 245.
b) Addiere die Summe der Zahlen 168 und 673 zur Summe der Zahlen 465 und 342.

4 a) Der Wert der Summe vergrößert sich um 16.
b) Der Wert der Summe verkleinert sich um 15.
c) Der Wert der Summe vergrößert sich um 4.

5 a) 2090 b) 1900 c) 3760 d) 12 000

6

96	11	89	68
88	69	91	16
61	86	18	99
19	98	66	81

Die magische Summe beträgt 264.

7 Katrin hat zunächst $55 - 25 = 30$ berechnet, anschließend 30 von 126 subtrahiert und 96 erhalten und schließlich $96 - 19 = 77$ berechnet. Susanne hat von links nach rechts gerechnet: $126 - 55 = 71$; $71 - 25 = 46$; $46 - 19 = 27$. Dies ist das richtige Vorgehen. Carla hat $55 - 25 = 30$ und danach $30 - 19 = 11$ berechnet und schließlich 11 von 126 subtrahiert und 115 erhalten.

8 Ein Beispiel für Elkes Strategie:
A: 3 E: $3 + 8 = 11$ A: $11 + 1 = 12$ E: $12 + 10 = 22$
A: $22 + 7 = 29$
E: $29 + 4 = 33$ A: $33 + 10 = 43$ E: $43 + 1 = 44$
A: $44 + 2 = 46$ E: $46 + 9 = 55$.
Elke muss immer die Zahl addieren, die von Achims letzter Zahl auf 11 fehlt.
Sie erhält dann als Summe immer ein Vielfaches von 11 und erreicht so sicher zuerst 55.

9 a) $437 - (248 - 123) = 437 - 125 = 312$
$437 - 248 - 123 = 189 - 123 = 66$
$437 + 248 - 123 = 685 - 123 = 562$
$437 - 248 + 123 = 189 + 123 = 312$
$437 + 248 + 123 = 685 + 123 = 808$
b) individuelle Lösung

c) Die einzige Möglichkeit die Minusklammer richtig „aufzulösen" ist die, die schon in der Aufgabe 8 zu erkennen ist. Man erhält nur dann das gleiche Ergebnis, wenn man den Minuend der Differenz von der ersten Zahl subtrahiert und danach den Subtrahend zum Ergebnis addiert.

3 Rechengesetze und Rechenvorteile II

Seite 86

1 a) $(2 \cdot 5) \cdot 17 = 170$ b) $4 \cdot 25 \cdot 36 = 3600$
c) $17 \cdot (125 \cdot 8) = 17\,000$ d) $14 \cdot 5 \cdot 7 = 490$
e) $3 \cdot (2 \cdot 25) \cdot 3 = 450$ f) $125 \cdot 8 \cdot 7 \cdot 3 = 21\,000$
g) $29 \cdot (25 \cdot 2 \cdot 2) = 2900$ h) $87 \cdot (5 \cdot 10 \cdot 2) = 8700$
i) $39 \cdot (4 \cdot 2 \cdot 125) = 39\,000$
j) $(2 \cdot 500) \cdot (39 \cdot 3) = 117\,000$
k) $(2 \cdot 3 \cdot 5) \cdot (4 \cdot 25) = 3000$
l) $170 \cdot (5 \cdot 4 \cdot 5) = 17\,000$

2 a) 115 b) 208 c) 143 d) 30
e) 90 f) 3990 g) 350 h) 300
i) 22 j) 180 k) 2000 l) 141

3 a) 248 b) 608 c) 152 d) 288
e) 343 f) 539 g) 465 h) 648
i) 801 j) 979 k) 560 l) 1199

4 a) $(24 + 17) \cdot 5 = 205$
b) $(67 \cdot 423) - (423 \cdot 47) = 8460$
c) $(360 + 72) : 18 = 24$
d) $(6300 - 49) : 7 = 893$

5 a) Multipliziere das Produkt aus 8 und 18 mit der Summe aus 15 und 125.
$(8 \cdot 18) \cdot (15 + 125) = 20\,160$
b) Subtrahiere das Produkt aus 99 und 23 von dem Produkt aus 32 und 99.
$32 \cdot 99 - 99 \cdot 23 = 891$
c) Dividiere die Differenz aus 520 und 104 durch 26.
$(520 - 104) : 26 = 16$
d) Multipliziere die Zahl 111 mit der Summe aus 3 und 30.
$111 \cdot (3 + 30) = 3663$
e) individuelle Lösung

6 a) Kleinstes Ergebnis: $5 \cdot (30 + 8) = 190$
Größtes Ergebnis: $30 \cdot (5 + 8) = 390$
b) Kleinstes Ergebnis: $12 \cdot (25 + 50) = 900$
Größtes Ergebnis: $50 \cdot (12 + 25) = 1850$
c) Kleinstes Ergebnis: $6 \cdot (40 - 15) = 150$
Größtes Ergebnis: $15 \cdot (40 - 6) = 510$

Seite 87

7 Das Mädchen, da der Subtrahend nicht berechnet werden muss.

8 Die Kleidung kostet 330 €.

9 a) Das Assoziativgesetz gilt nicht für die Division. Es muss also zuerst 845 : 45 gerechnet und anschließend das Ergebnis durch 9 dividiert werden.
Merkregel: Bei der Division kommt es auf die Reihenfolge an!
b) Das Distributivgesetz der Multiplikation wurde nicht richtig angewendet. Die 11 muss auch noch mit der 9 multipliziert werden.
Merkregel: Beim Ausmultiplizieren den Faktor mit allen Ausdrücken in der Klammer multiplizieren!
c) Beim Ausklammern wurde ein Fehler gemacht. Richtig wäre:
$11 \cdot 15 + 15 \cdot 4 \cdot 3 = 15 \cdot (11 + 4 \cdot 3) = 15 \cdot 23 = 345$.
Merkregel: Nur der Faktor, der in allen Summanden auftaucht darf vor bzw. nach der Klammer stehen.
d) Das Distributivgesetz der Multiplikation darf hier nicht angewendet werden.
Richtig wäre: $72 : (24 + 12) = 72 : 36 = 2$.
Merkregel: Das Distributivgesetz der Division ist nur anwendbar wenn der Klammerausdruck vor dem Divisionszeichen steht.

10 a) $(240 - 84) : 12 = 156 : 12 = 13$
$(240 - 84) : 12 = 240 : 12 - 84 : 12 = 20 - 7 = 13$
b) $240 : (10 + 20) = 240 : 30 = 8$
c) $14 \cdot (87 - 78) = 14 \cdot 9 = 126$
$14 \cdot (87 - 78) = 14 \cdot 87 - 14 \cdot 78 = 1218 - 1092 = 126$
d) $(30 - 3) \cdot 15 = 27 \cdot 15 = 405$
$(30 - 3) \cdot 15 = 30 \cdot 15 - 3 \cdot 15 = 450 - 45 = 405$
e) $90 : (3 + 9) = 90 : 12 = 7,5$
f) $(84 - 49) : 7 = 35 : 7 = 5$
$(84 - 49) : 7 = 84 : 7 - 49 : 7 = 12 - 7 = 5$

11 Tüten: $10 \cdot 120 \cdot (8 + 36 + 54) = 117\,600$
Riegel: $10 \cdot 120 \cdot (32 + 64 + 96) = 230\,400$

12 $(16 + 12 + 20) : 4 + (14 + 17 + 11) : 3 = 12 + 14 = 26$
Es werden insgesamt 26 Zimmer benötigt.
Bemerkung: Die Anzahl der Jungen in den einzelnen Klassen ist nicht durch 3 teilbar. Daher müssen Jungen aus verschiedenen Klassen in ein Zimmer.

4 Schriftliches Addieren

Seite 89

1 a) 367   b) 2939   c) 91066
d) 2448   e) 678989   f) 117603
g) 103252   h) 17467   i) 186824
j) 1815026

2 a) 17890   b) 30715   c) 301606
d) 119956   e) 1671026633

3 a) 37850   b) 2661949   c) 999036
d) 83107   e) 69103   f) 812223

4 a) $999 + 888 + 777 = 2664$
    +   +   +   +
   $666 + 555 + 444 = 1665$
    +   +   +   +
   $333 + 222 + 111 = 666$
──────────────────────
   $1998 + 1665 + 1332 = 4995$

b) $612 + 589 + 878 = 2079$
    +   +   +   +
  $1286 + 2463 + 1619 = 5368$
    +   +   +   +
   $637 + 842 + 2185 = 3664$
──────────────────────
   $2535 + 3894 + 4682 = 11111$

5 a)

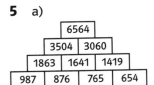

b)

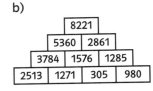

c)

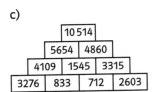

6 a) $706 + 83 + 1101 = 1890$
b) $4060 + 2100074 + 838505 = 2942639$

7

a)	b)	c)	d)
542	1272	673	1694
+ 321	+ 6304	+ 769	+ 3372
+ 136	+ 2423	+ 747	+ 799
999	9999	2189	+ 4134
			9999

Seite 90

8 Rote Schlange: 987 – 2757 – 8642 – 2245 – 369
Grüne Schlange: 1111 – 525 – 7370 – 486 – 5508

9 a) 424 + 9347 + 64 248 + 927 + 7655 + 37 +
23 338 836 = 23 421 474
b) 37 845 464 + 52 778 + 7346 + 252 837 + 2263 =
38 160 688
c) 724 + 346 + 5622 + 346 + 7 675 346 + 78 346 =
7 760 730
d) 936 + 4688 + 9455 + 732 483 + 48 678 + 37 934 736
= 38 730 976
e) individuelle Lösungen

10 a) 9 876 543 210 + 900 000 000 = 10 776 543 210
b) 999 999 999 + 10 = 1 000 000 009
Bei beiden Rechnungen reicht die Anzahl der Ziffern, die der Taschenrechner darstellt, nicht mehr aus. Dann werden die Ergebnisse in wissenschaftlicher Darstellung, 10er Potenzen, angegeben.

11 Große Summe: z. B. 862 + 731 = 1593
Kleine Summe: z. B. 137 + 268 = 405
Genau 900:
738 + 162 = 732 + 168 = 617 + 283 = 613 + 287 = 900

12 Falsche Verwendung des Gleichheitszeichens.
$\quad$ 13 + 65 + 28 + 5 + 18
= $\quad$ 78 $\quad$ + 28 + 5 + 18
= $\qquad$ 106 $\quad$ + 5 + 18
= $\qquad\quad$ 111 $\quad$ + 18
= $\qquad\qquad$ 129

13 a) 343 kg; 11 050 g = 11 kg 50 g;
11 225 g = 11 kg 225 g
b) 38 167 €; 8617 ct = 86 € 17 ct;
61 954 ct = 619 € 54 ct
Geldbeträge und Längen können nicht addiert werden.
c) 1678 km; 264 260 m = 264 km 260 m;
10 681 m = 10 km 681 m
Längen und Gewichte können nicht addiert werden.

14 Fahrtzeiten in Minuten:
29 + 10 + 8 + 11 + 11 + 22 + 18 + 33 + 50 + 40 + 58
= 290
290 min = 4 h 50 min
Wartezeiten in Minuten:
5 + 2 + 2 + 2 + 2 + 5 + 2 + 2 + 2 + 2 = 26; 26 min

15 123 km + 12 968 km + 507 km + 172 km + 3 km
= 13 773 km

Seite 91

16 (1623 kg + 98 kg + 28 kg + 135 kg + 7 kg + 14 kg +
8 kg + 69 kg + 29 kg + 86 kg) = 2097 kg.
Es sind 37 kg zu viel auf den Minivan.

17 a) falsche Einrückung
$\quad$ 3 1 5
+ $\quad$ 1 2
$\overline{\quad\quad}$
$\quad$ 3 2 7

b) Übertrag 1 vergessen
$\quad$ 1 4 1 3
+ 2 6 8 9
$\underset{\scriptstyle 1\ 1\ 1}{\overline{\quad\quad\quad}}$
$\quad$ 4 1 0 2

c) Bei der ersten Stelle Übertrag nicht als Ergebnis notiert
$\quad$ 3 2 1 4
+ 8 7 8 9
$\underset{\scriptstyle 1\ 1\ 1\ 1}{\overline{\quad\quad\quad}}$
1 2 0 0 3

d) Überträge als Ergebnisse notiert
$\quad$ 2 8 5
+ 1 2 6
$\underset{\scriptstyle 1\ 1}{\overline{\quad\quad}}$
$\quad$ 4 1 1

e) falsche Einrückung
$\quad$ 1 8
+ 2 1 4
$\underset{\scriptstyle 1}{\overline{\quad\quad}}$
$\quad$ 2 3 2

18 217 km + 264 km + 165 km + 164 km + 154 km
+ 668 km = 1632 km

19 a) 806 Seiten und 2 Buchdeckel
b) 1931 Seiten und 10 Buchdeckel
c) 713 Seiten und 4 Buchdeckel

20 a) Nils: 22 km 475 m
John: 62 km 635 m
b) Nils: 1 h 43 min 38 s
John: 5 h 1 min 13 s
c) Nils läuft in einer Stunde ca. 13 km, John etwas weniger.

5 Schriftliches Subtrahieren

Seite 92

1 a) 142; 2143 b) 421; 3201
c) 532; 543 d) 120; 4766
e) 934; 7082

Marginalie: 13212 – 12111 = 1101

Seite 93

2 a) 248 b) 966 c) 999 d) 307158
e) 1769 f) 12178 g) 42030 h) 43039

3 a) 12345 b) 10101 c) 272727
d) 456789 e) 575757 f) 90909

4 a) 2183; 10655
b) 35788; 204615
c) 94229; 645558

5 a) $453 \xrightarrow{-89} 364 \xrightarrow{-89} 275 \xrightarrow{-89} 186 \xrightarrow{-89} 97 \xrightarrow{-89} 8$
b) $1456 \xrightarrow{-213} 1243 \xrightarrow{-213} 1030 \xrightarrow{-213} 817 \xrightarrow{-213} 604 \xrightarrow{-213}$
$391 \xrightarrow{-213} 178$

6
a) 46652 b) 9054 c) 131884

7 946 – 720 = 226
593 – 272 = 321

8 Montag–Mittwoch: 11 h
Donnerstag und Freitag: 12 h
Samstag und Sonntag: 8 h
In der Woche: 3 · 11 h + 2 · 12 h + 2 · 8 h = 73 h

9 a) 75913; 999075913
b) 99999 – 4359 = 95640

10 a) 7308 – 4099 = 3209
b) 6003 – 5148 = 855
c) 376299703411 – 263086400301 = 113213303110

11 a)

b)

c) Timon hat Recht. Trägt man in das erste graue Kästchen 74638 ein, so stimmt das Gleichheitszeichen nicht mehr. Es würde dann auf der linken Seite vom Gleichheitszeichen 74638 und auf der rechten Seite 7300 dastehen.

Seite 94

12

36703	47737	39016
43465	41152	38839
43288	34567	45601

13
a)

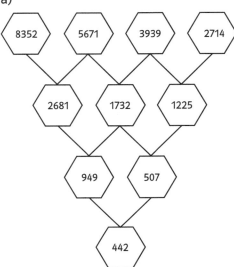

b)

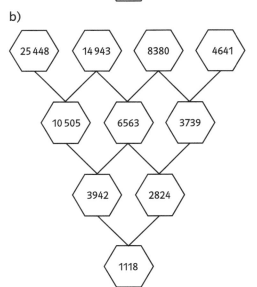

c)

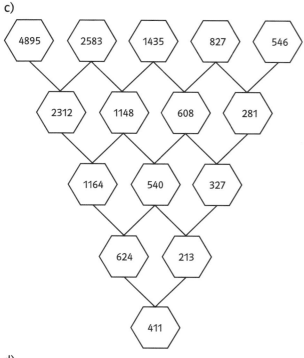

d)

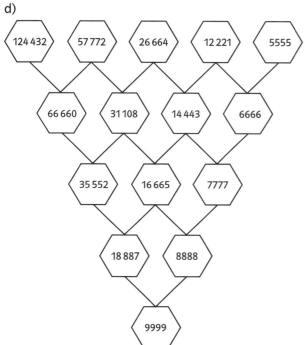

14 individuelle Lösung
z. B.: Ist die obere Ziffer kleiner als die untere, so erhöht man sie um 10, sodass man problemlos subtrahieren kann. Durch den Übertrag wird der hinzugenommene Zehner im nächsten Schritt wieder mit abgezogen.

15 Sarah hat insgesamt für 19,80 € eingekauft. Sie hätte also eigentlich Rückgeld in Höhe von 0,20 € bekommen müssen.

16 a) 3699 kg; 1357 g = 1 kg 357 g
1526 kg = 1 t 526 kg
b) 4876 €; 4 € 46 ct
Geldbeträge und Längen können nicht addiert werden.
c) 20 658 km
Längen und Gewichte können nicht subtrahiert werden.
2898 km 180 m

17
a) 3 km 244 m b) 969 t 223 kg c) 1822 €
d) 50 € 1 ct e) 8 t 947 kg f) 469 m 16 cm
g) 70 m 53 cm h) 3 d 9 h i) 17 min 16 s

18 Die Tante wohnt 77 km 400 m weit entfernt.

19 2. Anhänger: 4064 kg; 3. Anhänger: 5681 kg;
4. Anhänger: 7771 kg

Seite 95

20
a)   83   b)   995   c)   83   d)   566
   − 41   − 621   − 29   − 279
   ____   _____   ____   _____
     42   374   54   287

21 a) größte Differenz: 987 − 123 = 864
kleinste Differenz: 789 − 321 = 468
b) 987 − 321 = 666; 978 − 312 = 666;
897 − 231 = 666; 879 − 213 = 666;
798 − 132 = 666; 789 − 123 = 666

22 Auto: 490 kg   Segelflugzeug: 216 kg
Kleinbus: 978 kg   Jumbojet: 59 t
Kleinlaster: 3966 kg   Mondrakete: 6 t

23 a) 3 t 500 kg
b) 1. Gondel: 2 t + 1300 kg + 2 · 80 kg = 3 t 460 kg
   2. Gondel: 1800 kg + 1550 kg = 3350 kg
                          = 3 t 350 kg
Dann fehlen noch 2 Monteure. Also geht es nicht.

24 Herr Roth kann um 14.45 Uhr sein Wochenende beginnen.

25 Aus dem ersten und letzten Schild folgt aus den Angaben für Münster, dass der Abstand der Schilder 238 km – 167 km = 71 km sein muss.
Aus dem zweiten und letzten Schild folgt aus den Angaben für Dortmund, dass der Abstand der Schilder 150 km – 99 km = 51 km sein muss.
Daraus folgt, dass der Abstand des ersten und zweiten Schildes 71 km – 51 km = 20 km sein muss.
Daraus ergibt sich insgesamt:

Münster   238 km
Dortmund   170 km
Köln   75 km
Euskirchen 31 km

Münster   218 km
Dortmund   150 km
Köln   55 km
Euskirchen 11 km

Münster   167 km
Dortmund   99 km
Köln   4 km

6 Schriftliches Multiplizieren

1 a) 180; 1155; 5284   b) 264; 770; 9657
c) 651; 4932; 25 760   d) 468; 2247; 27 118

2 a) 667; 1704; 170 400; 941 109
b) 714; 71 400; 585 864; 830 679
c) 6566; 91 872; 9 187 200; 995 190
d) 5916; 591 600; 434 304; 1 040 910

3 a) 200 · 70 = 14 000 → 14 235;
500 · 2000 = 1 000 000 → 1 054 025
b) 50 · 3000 = 150 000 → 166 140;
1000 · 5000 = 5 000 000 → 5 217 777
c) 90 · 2000 = 180 000 → 218 868;
5000 · 40 000 = 200 000 000 → 223 585 570

4 a) 20 009 565 000; 2 041 145 030 707
b) 28 041 162 105; 28 832 151 694
c) 61 141 535 154; 273 887 622 741

5 a)

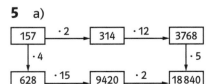

b)

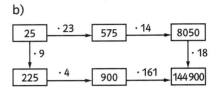

6 a) 530 091   b) 529
c) 22 · 24 = 528   Ist um 1 kleiner als b)

7 a) 16 · 60 · 24 = 23 040 pro Tag;
23 040 · 31 = 714 240 im Monat
b) 70 · 60 · 24 · 365 = 36 792 000

8 a) individuelle Lösung
b) ungefähr 10 220 000-mal

9 a) 368 · 58 € + 516 · 43 € + 622 · 27 € = 60 326 €.
b) (368 + 516 + 622) · 48 € = 72 228 €.
Der Veranstalter hat Mehreinnahmen von 11 962 €.

10 a) Papa: 30 km · 2 · 52 = 3120 km
Mama: 9 km · 52 = 468 km
Leonhard: 1250 m · 3 · 52 = 195 000 m = 195 km
Marlene: 7500 m · 182 = 1 365 000 m = 1365 km
Insgesamt: 5148 km
b) individuelle Lösung

11 a) Klaus trinkt 730 l Cola im Jahr. Das sind 78 kg 110 g Zucker bzw. 26 280 Zuckerwürfel innerhalb eines Jahres. Ein erwachsener Mann wiegt etwa soviel.
b) Klaus müsste täglich 1 h 40 min, wöchentlich 11 h 40 min und jährlich 606 h 40 min joggen.

Marginale: 365 · 36 · 1 cm = 13 140 cm = 131 m 40 cm

12 a) 19,68 €
b) Es lohnt sich den Tarif zu wechseln. Frau Redsam würde ab der 328-ten Minute für den Vielredner-Tarif 7 Cent pro Minute, für den Standard-Tarif jedoch 11 Cent pro Minute bezahlen. Telefoniert sie beispielsweise 400 Minuten, dann zahlt sie beim Vielredner-Tarif 47,68 €, beim Standard-Tarif aber 50,56 €.
c)

Gesprächs-minuten pro Tag	Gesamtkosten im Monat (30 Tage)	
	„Sparsam"-Tarif	„Vielredner"-Tarif
3	11,70 €	25,98 €
10	39 €	40,68 €
30	117 €	82,68 €

13 Mirko und Jona treiben 13 km 500 m stromabwärts. Würden sie zwei Stunden lang wieder zurück rudern, hätten sie eine Strecke von 21 km 600 m zurückgelegt. Mirko hat die Strecke, die sie sich haben treiben lassen überschätzt oder ihre eigene Geschwindigkeit unterschätzt.

14 a) 24 · 3672 km = 88 128 km
b) 27 · 88 128 km + 8 · 3672 km = 2 408 832 km

15 a) In einer Stunde: 60 · 1788 = 107 280; 107 280 km
An einem Tag: 24 · 107 280 = 2 574 720; 2 574 720 km
b)

	Mond	Erde
pro Stunde	3672 km	107 280 km
pro Tag	88 128 km	2 574 720 km

Andere Länder, andere Sitten

16 á 15	
~~16~~	~~15~~
~~8~~	~~30~~
~~4~~	~~60~~
~~2~~	~~120~~
1	240
	240

18 á 52	
~~18~~	~~52~~
9	104
~~4~~	~~208~~
~~2~~	~~416~~
1	832
	936

84 á 39	
~~84~~	~~39~~
~~42~~	~~78~~
21	156
~~10~~	~~312~~
5	624
~~2~~	~~1248~~
1	2496
	1 1 1
	3276

128 á 7	
~~128~~	~~7~~
~~64~~	~~14~~
~~32~~	~~28~~
~~16~~	~~56~~
~~8~~	~~112~~
~~4~~	~~224~~
~~2~~	~~448~~
1	896
	896

111 á 11	
111	11
55	22
27	44
13	88
~~6~~	~~176~~
3	352
1	704
	2 2
	1221

298 á 24	
~~298~~	~~24~~
149	48
~~74~~	~~96~~
37	192
~~18~~	~~384~~
9	768
~~4~~	~~1536~~
~~2~~	~~3072~~
1	6144
	1 2 2
	7152

7 Schriftliches Dividieren

Seite 101

1 a) 52; 171 b) 74; 686
c) 46; 330 d) 21; 521
e) 21; 571

2 a) 3000 : 20 = 150; 121
8000 : 20 = 400; 351 50 000 : 100 = 500; 537
b) 2100 : 30 = 70; 69 7000 : 70 = 100; 123
30 000 : 40 = 750; 807
c) 4000 : 50 = 80; 89 4000 : 40 = 100; 93
30 000 : 40 = 750; 698
d) 5000 : 60 ≈ 83; 91 4000 : 100 = 40; 45
50 000 : 50 = 1000; 907
INLINESKATER

3
a) 64; 13 b) 51; 213 564 c) 9; 67

4 a) 240 : 10 = 24; 22 Rest 1
40 000 : 50 = 800; 752 Rest 36
b) 800 : 20 = 40; 42 Rest 17
90 000 : 40 = 2250; 2431 Rest 5
c) 2100 : 70 = 30; 32 Rest 30
75 000 : 30 = 2500; 2803 Rest 8
d) 3000 : 30 = 100; 101 Rest 10
60 000 : 50 = 1200; 1172 Rest 32

5 a) 14 Rest 3; 83 Rest 1; 23 Rest 15
b) 16 Rest 5; 44 Rest 26; 14 Rest 392
c) 28 Rest 9; 59 Rest 11; 13 Rest 81
d) 10 Rest 12; 117 Rest 49; 11 Rest 436
MOUNTAINBIKE

6 a) ☐ = 8; △ = 1; ☐ = 6; △ = 1
b) ☐ = 14; △ = 7; ☐ = 30; △ = 4
c) ☐ = 114; △ = 2; ☐ = 14; △ = 2

7 a) 3 (z.B.: 93 : 10 = 9 R 3)
b) 2 oder 7 (z.B.: 17 : 5 = 3 R 2; 92 : 5 = 18 R 2)
c) 4 oder 9 (z.B.: 314 : 25 = 12 R 14;
189 : 25 = 7 R 14)
d) 1 (z.B.: 161 : 50 = 3 R 11)

8
a) 84 b) 69 c) 14

Seite 102

9 a)
```
8235 : 27 = 305
-81
 13
 - 0   ← 27 ist nullmal in 13 enthalten
 135
 - 135
   0
```

b)
```
8235 : 27 = 305
-81
 13
 - 0
 135
 - 135
   0   ← 27 ist fünfmal in 135 enthalten
```

10 (131 − 83) : 6 = 8
Hermann muss acht Wochen, also zwei Monate warten.

11 Nach Timos Vorschlag müssten sie fünf große Boote nehmen. Die Kosten dafür liegen bei 245 €. Jeder müsste demnach knapp 2,95 € zahlen. Würden sie aber vier große Boote und ein kleines Boot nehmen, zahlt jeder nur ca. 2,77 €.

12 a) Lisa-Maria liest in einer Stunde 15 Seiten. Für 736 Seiten benötigt sie 49 Stunden.
b) Sie müsste jeden Abend 3 h 30 min lesen.
c) Bei 10 Stunden durchlesen, könnte Lisa-Maria einen Roman von 150 Seiten lesen.

Seite 103

13 Der Blauwal wiegt 320-mal so viel wie die Kuh.
Der Blauwal wiegt etwa 14 545-mal so viel wie der Hund.
Das Nilpferd wiegt etwa 3-mal so viel wie die Kuh.
Das Nilpferd wiegt etwa 145-mal so viel wie der Hund.
Die Kuh wiegt etwa 45-mal so viel wie der Hund.
Die Kuh wiegt etwa 1667-mal so viel wie eine Taube.
Der Hund wiegt etwa 37-mal so viel die eine Taube.

14 Sauerstoffverbrauch des Flugzeugs in einer Stunde: 60 · 600 = 36 000; 36 000 kg
Anzahl der benötigten Buchen: 36 000 : 2 = 18 000

15 Man braucht für eine Kiste:
1 Boden
4 Dreikantlatten zu je 25 cm, also 1 m Dreikantlatte
4 Holzlatten à 60 cm und 4 Holzlatten à 40 cm, insgesamt also 4 m Holzlatte
Die Böden reichen für 75 Kisten, die Dreikantlatten für 72 Kisten und die Holzlatten für 71 Kisten. Also lassen sich höchstens 71 Kisten herstellen.

16 a) 1000 Tage entsprechen etwa 2 Jahren und 270 Tagen, also etwa 2 Jahren und 9 Monaten. Zu diesem Zeitpunkt kann man in der Regel schon laufen.
b) 1000 Wochen entsprechen etwa 19 Jahren und 12 Wochen, also 19 Jahren und 3 Monaten. So alt sollten Fünftklässler nicht sein.
c) 1000 Monate entsprechen 83 Jahren und 4 Monaten.

17 In jeder Schicht befinden sich 30 Eier, es gibt 23 Schichten, damit 690 Eier.
a) 690 : 6 = 115. Es gibt 115 Sechserpackungen.
b) 690 : 12 = 57 Rest 6. Es gibt 57 Zwölferpackungen. Es bleiben 6 Eier übrig.
c) 690 − 63 · 6 = 312. Der Rest geht in 31 Zehnerpackungen. Es bleiben 2 Eier übrig.

18 a) Überschlag: 105 000 : 15 = 7000
102 102 : 14 = 7293.
b) Auf einer Etage stehen 561 Container. Das macht bei einer Gesamtanzahl von 7293 Container 13 Etagen.
c) Der Containerturm kann nicht höher als die Länge des Containerschiffs sein wenn es mit dem Bug aus dem Wasser gehoben wird. Das wäre bei einer Containerlänge von 610 cm maximal 202 m. Die höchsten Wolkenkratzer der Welt sind über 500 m hoch.

8 Bruchteile von Größen

Seite 105

1 a) 500 m; 2500 m   b) 250 m; 3250 m
c) 1250 m; 1750 m   d) 750 m; 4500 m

2 a) 500 g   b) 250 g
c) 750 g   d) 1500 g

3 a) 30 min; 105 min   b) 15 min; 315 min
c) 45 min; 90 min   d) 150 min; 255 min

4   a) $\frac{1}{4}$ kg; $\frac{3}{4}$ kg; $\frac{1}{2}$ kg

b) $1\frac{1}{2}$ kg; $2\frac{1}{4}$ kg; $1\frac{1}{4}$ kg

c) $\frac{1}{4}$ g; $5\frac{3}{4}$ g; $\frac{1}{2}$ g

d) $\frac{1}{4}$ h; $1\frac{1}{4}$ h; $2\frac{1}{4}$ h

e) $\frac{1}{2}$ d; $1\frac{1}{2}$ d; $2\frac{1}{2}$ d

5   a) 8.35 Uhr; 8.20 Uhr; 10.50 Uhr

b) 7.20 Uhr; 4.50 Uhr; 5.35 Uhr; 2.20 Uhr

6   Anika: 70 min + 30 min + 60 min + 15 min
            + 70 min = 245 min = 4 h 5 min

Janine: 60 min + 45 min + 30 min + 30 min + 45 min
            = 210 min = 3 h 30 min

Anika braucht länger für die Hausaufgaben.

7   a) 10 500 g = $10\frac{1}{2}$ kg   b) 3 kg

8   a) 1,25 € + 1,10 € + 3,60 € = 5,95 €

b) $1\frac{1}{2}$ kg

9   Ja, denn die aufzunehmenden Sendungen dauern zusammen 125 min. Auf der Kassette ist noch Platz für 135 min.

10   Nein, denn zusammen erreicht sie nur eine Höhe von 244 cm.

11   a) 18.18 Uhr

b) individuelle Lösung

12 $1\frac{1}{2}$ m Länge entsprechen 750 Reihen. Somit braucht er 900 m Wollfaden.

13   Ja, denn zusammen benötigen die Lieder 39 min 51 s.

14   15 750 m = $15\frac{3}{4}$ km

15   a) 30 cm; 20 cm; 3 mm

b) 600 km

c) 1 cm

d) 8 m

e) $\frac{1}{2}$ mm

16   a) 4 m   b) 8 m

c) 500 dm   d) 715 cm

e) 1308 cm   f) 5009 m

g) 130 min   h) 80 mm

i) 80 dm

9 Anwendungen

Batterien: Die Kosten für 1000 Nachmittage betragen 459 € (1000 · 4,95 € : 10 = 459 €)

Akkus: Die Kosten für 1000 Nachmittage betragen 48,90 € (35,95 € + 12,95 € = 48,90 €)

(Die Stromkosten für das Aufladen rechnet Petra nicht mit.)

Für 2000 Nachmittage betragen die Kosten bei Batterien 990 €, mit Akkus unverändert 48,90 €.

1   Es müssen insgesamt 57 Kinder befördert werden. Pro Fahrt können 12 + 9 = 21 Kinder mitfahren. Beide Fahrstühle müssen jeweils mindestens dreimal fahren.

Wenn nur der größere Fahrstuhl benutzt wird, kommt man mit fünf Fahrten aus.

2   a)

	Preis	Anzahl	Gesamtpreis
Menü I	7,50	5	37,50
Menü II	8	17	136
Menü III	8,50	4	34
Cola	1,50	8	12
Wasser	1,20	15	18
Fruchtsaft	2	12	24

Insgesamt sind 261,50 € zu zahlen.

b) individuelle Lösung

3   a)

	Zeitdauer für 1-mal Föhnen	Anzahl pro Jahr	Gesamtzeit
Frau Meier	15 min	3 · 52	2340 min
Tochter	20 min	365 : 5	1460 min
Sohn	10 min	20 · 12	2400 min

Insgesamt föhnt sich Familie Meier pro Jahr 6200 Minuten die Haare.

Die Kosten dafür betragen: 620 · 2 ct = 12 € 40 ct

b) individuelle Lösung

4   individuelle Lösungen

5   individuelle Lösungen

Seite 109

6 a) Gewicht einer Latte: 1,5 kg
Gewicht der 5000 Zaunlatten:
5000 · 1,5 kg = 7500 kg = $7\frac{1}{2}$ t
Ladung pro Fahrt: 3 t
Er muss mindestens dreimal fahren.
b) Der Handwerker verarbeitet 20 Latten in der Stunde. Für 500 Latten benötigt er etwa:
500 : 20 = 25 Stunden.
c) Der gesamte Zaun kostet:
5 · 150 € + 25 · 32,50 € = 750 € + 812,50 € = 1562,50 €

7 a) In jeder Stunde schlägt die Uhr 10-mal. Am Tag (24 h) also 240-mal.
b) In einem Monat (31 Tage): 7440-mal
c) In einem Jahr (365 Tage): 87 600-mal
d) Anzahl der ganzen Tage (Montag bis Samstag): 6
Anzahl der zusätzlichen Stunden: 12
Innerhalb der 12 Minuten schlägt die Uhr nicht.
Insgesamt also: 6 · 240 + 12 · 10 = 1560

8 Beine der 27 Spinnen: 8 · 27 = 216
Beine der 206 Fliegen: 206 · 6 = 1236
Beine der 6 Frösche: 6 · 4 = 24
Anzahl der Bienen: 1476 : 6 = 246

9

	Anzahl der Plätze	Preis pro Platz in €	Einnahmen
Reihe 1–10	300	4	1200
Reihe 11–15	150	5	750
Reihe 16–20	150	5,50	825
Reihe 21–25	150	7	1050
Summe	750		3825

Preis pro Platz: 3825 € : 750 = 5,10 €

10

	Entfernung in km
Molkerei → A	12
A → B	16
B → C	4
C → D	7
D → E	2
E → Molkerei	20

gesamte Fahrtstrecke: 61 km

11 Anzahl der Personen im alten Gebäude:
Erdgeschoss: 7 · 3 = 21
1. Obergeschoss: 3 · 4 + 6 · 5 + 5 · 6 = 72
2. Obergeschoss: 15 · 2 = 30
3. Obergeschoss: 4
Gesamtanzahl: 127
Anzahl der neuen Büros:
(127 − 4) : 3 = 123 : 3 = 41
Damit erhält man für Anzahl der Büros: 4 + 41 = 45

Seite 110

12 a) Vorverkauf: 134 Karten à 20 €: 2680 €
134 Karten à 25 €: 3350 €
134 Karten à 30 €: 4020 €
Insgesamt: 10 050 €
b) Die Preise für die einzelnen Karten.
c) Vorverkauf: 402
Abendkasse: 122 + 244 + 244 = 610
Zurückgegebene Karten: 27
Insgesamt verkaufte Karten: 985
Nicht besetzte Plätze: 1200 − 985 = 215
d) Welcher Kategorie die zurückgegebenen Karten angehören.
Abendkasse: 122 à 29 € = 3538 €
244 à 24 € = 5856 €
244 à 19 € = 4636 €
Insgesamt: 14 030 €
Um die genauen Gesamteinnahmen zu berechnen, muss man wissen, wie teuer die zurückgegebenen Karten waren. Annahme: 27 Karten á 30 €.
Vorverkauf: 10 050 € − 27 · 30 € = 9240 €
Summe: 23 270 €

13 a)

	bergauf	bergab
Waldhütte (780 m) → 977 m	20 m, 50 m, 50 m, 50 m, 27 m	
977 m → Weißenstein (982 m)		27 m, 50 m, 50 m
	50 m, 50 m, 32 m	
Summe	329 m	127 m

b) 456 m bergauf; 456 m bergab

14 a) 1. Schritt: Fass 1: 120 − (120 : 2) = 60
  Fass 2: 40 + (120 : 2) = 100
2. Schritt: Fass 1: 60 + (100 : 2) = 110
  Fass 2: 100 − (100 : 2) = 50
3. Schritt: Fass 1: 110 − (110 : 2) = 55
  Fass 2: 50 + (110 : 2) = 105

	Fass 1		Fass 2
	120 l		40 l
1. Schritt	60 l		100 l
2. Schritt	110 l		50 l
3. Schritt	55 l		105 l

b) Fass 1: 55 Liter
   Fass 2: 105 Liter
c) Fass 1: 45 Liter Wasser und 10 Liter Saft
   Fass 2: 75 Liter Wasser und 30 Liter Saft

15 a) individuelle Lösungen
b) individuelle Lösungen

16 a) 6,5 m   b) 8,2 kg
c) 1,1 t   d) 3,9 km
e) 8,2 cm   f) 501 mm
g) 7,519 t   h) 43,6 cm

10 Rechnen mit Hilfsmitteln

Seite 111

Nur für $161 \cdot 34$ darf man ein Hilfsmittel benutzen. Die anderen Aufgaben sollte man im Kopf rechnen können.

Seite 112

1 individuelle Lösung

2 a) $45\,785 \cdot 1 = 45\,785$
b) $35 + 9 = 44$
c) $222\,222 + 555\,555 = 777\,777$ $(2 + 5 = 7)$
d) $137 \cdot 28 - 2 \cdot 14 \cdot 137 = 28 \cdot 137 - 28 \cdot 137 = 0$
e) $4560 : 10 = 456$
f) $88\,888 : 4 = 22\,222$ $(8 : 4 = 2)$

3 a) $(417 + 321 - 12) \cdot (20 - 20) = 0$ (kein Hilfsmittel)
b) $11\,567\,309\,413 + 56\,000 = 11\,567\,365\,413$ (kein Hilfsmittel)
c) $1\,200\,000\,000$ (kein Hilfsmittel)

4 a) Die Behauptung ist falsch. Auch ohne Hilfsmittel kann man entscheiden, dass 1,5 l pro Einwohner viel zu wenig ist.
b) In der Rechnung ist ein Fehler. Das Öl müsste 44,28 € kosten. Dies kann man mit Papier und Bleistift nachrechnen.
c) Mit der Rechnung $60 : 7,5 = 8$ erhält man ohne Hilfsmittel, dass der Tankinhalt für 800 km reicht.

5 Elsa muss $2 \cdot 1,90\,€ + 2,30\,€ = 6,10\,€$ bezahlen. Sie wird wahrscheinlich auf 6,50 € aufrunden und sich 13,50 € herausgeben lassen.

6 1. Angebot: $63,00\,€ + 2 \cdot 70 \cdot 0,50\,€ = 133,00\,€$
2. Angebot: $110,00\,€$
Sie wird sich für das 2. Angebot entscheiden.

7

Zahl	Vorgänger	Nachfolger	Produkt	Abstand zu 614 040
83	82	84	571 704	42 336
84	83	85	592 620	21 420
85	84	86	614 040	0
86	85	87	635 970	21 930
87	86	88	658 416	44 376

Die gesuchte Zahl ist 85.

8 Mia hat nicht Recht. Es gibt Gegenbeispiele: $2 \cdot 2 = 4$; $13 \cdot 13 = 169$

9 a) 356,50 €   b) 148,54 €

Exkursion: Multiplizieren mit den Fingern

Seite 113

1 Ja, die Regel funktioniert für alle Zahlen zwischen 5 und 10

2 a)
$$\begin{array}{r} 50 + 30 = \;\; 80 \\ 5 \cdot 3 = \;\; 15 \\ \underline{100} \\ 195 \end{array}$$
b)
$$\begin{array}{r} 20 + 40 = \;\; 60 \\ 2 \cdot 4 = \;\;\;\; 8 \\ \underline{100} \\ 168 \end{array}$$
c)
$$\begin{array}{r} 30 + 10 = \;\; 40 \\ 3 \cdot 1 = \;\;\;\; 3 \\ \underline{100} \\ 143 \end{array}$$

3 Ja, die Regel klappt auch noch bei diesen Rechnungen:
a)
$$\begin{array}{r} 0 + 0 = \;\;\;\; 0 \\ 0 \cdot 0 = \;\;\;\; 0 \\ \underline{100} \\ 100 \end{array}$$
b)
$$\begin{array}{r} 50 + 50 = 100 \\ 5 \cdot 5 = \;\; 25 \\ \underline{100} \\ 225 \end{array}$$
c)
$$\begin{array}{r} 0 + 50 = \;\; 50 \\ 0 \cdot 5 = \;\;\;\; 0 \\ \underline{100} \\ 150 \end{array}$$

IV Flächen

Lösungshinweise Kapitel 4 Erkundungen

Erkundung 1: Der geometrische Flickenteppich

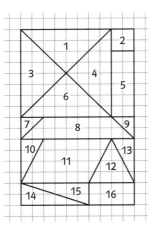

Bei **Manche gehören zusammen** sind verschiedene Einteilungsmöglichkeiten denkbar. Nach Anzahl der Ecken zu sortieren, ist nahe liegend. Auf diese Weise können die Schülerinnen und Schüler Dreiecke und Vierecke unterscheiden (vgl. unten). Aber auch eine differenziertere Sicht ist möglich, z. B. wenn die Dreiecke und Vierecke nach Anzahl der gleich langen Seiten noch mal unter die Lupe genommen werden. Auch könnten die Schülerinnen und Schüler schauen, welche Figuren zwei, welche vier Parallelen haben. Hier eine mögliche Lösung: Dreiecke: 1, 3, 4, 6, 7, 9, 10, 12, 13, 14, 15; Dreiecke mit zwei gleichlangen Seiten: 1, 3, 4, 6, 7, 9, 12; Vierecke: 2, 5, 8, 11, 16; Rechtecke: 2, 5, 16.

Wer steckt in wem schon drin: Hier sind einige Möglichkeiten angegeben, wie sich die Flächen durch andere zusammensetzen lassen: 5 = 14 + 15; 8 = 7 + 9 + 16 + 2; 11 = 12 + 13 + 16 + 10; 16 = 2 + 7 + 9 = 10 + 13; 12 = 10 + 13.

Erkundung 2: Das Geobrett

Die Figuren lassen sich auch nach Anzahl der gleich langen Seiten, nach gleichen Flächen, nach Anzahl der Parallelen, nach Vorhanden-Sein von rechten Winkeln oder nach Symmetrie ordnen.
Folgende verschieden große Quadrate können erzeugt werden: 1 LE (Längeneinheit), 2 LE, 3 LE, 4 LE, 5 LE, 6 LE, 1 KD (Kästchendiagonale), 2 KD, 3 KD, sowie folgende:

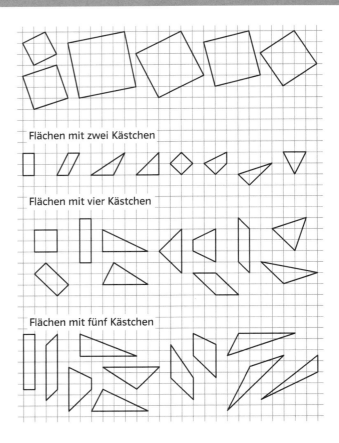

Flächen mit zwei Kästchen

Flächen mit vier Kästchen

Flächen mit fünf Kästchen

1 Welche Fläche ist größer?

1 Gesamtzahl der Zellen: 30; Gefüllte Zellen: 14
Es ist also weniger als die halbe Wabe mit Honig gefüllt.

2 a) Beispiele

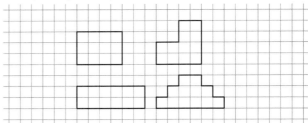

b) Beispiel

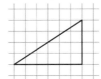

Ein Dreieck ist schwieriger zu zeichnen, da es nicht nur aus ganzen Kästchen bestehen kann.

3 a) individuelle Lösungen
b) 1. Figur: 30 Kästchengrößen; 2. Figur: 28 Kästchengrößen; 3. Figur: 20 Kästchengrößen
c) Beispiele:

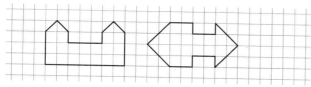

Seite 122

4 Beispiele

5 Beispiele

a)

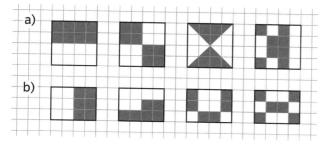

b)

c) 1. Figur: Halbiert man das Quadrat vertikal, so erhält man zwei Rechtecke, die jeweils zur Hälft rot und zur Hälfte weiß gefärbt sind.
2. Figur: Das Quadrat besteht aus vier weißen und vier roten ganzen Kästchen und aus acht weißen und acht roten halben Kästchen.
3. Figur: Das Quadrat besteht aus jeweils acht roten und acht weißen Kästchen.

6 a) Alle Dreiecke haben den Flächeninhalt 8 Kästchengrößen (wie das Rechteck).

b) Beispiele:

c)

d)

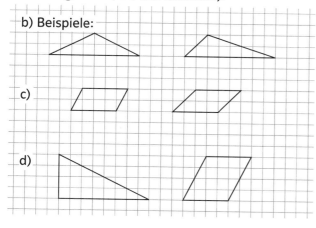

7

a)

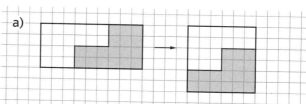

b) Das Rechteck hat den Flächeninhalt 144 Kästchengrößen. Das Quadrat hat also die Seitenlänge 12 Kästchenlängen.

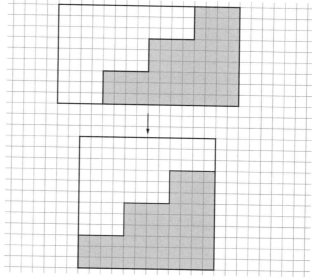

c) Beispiel:

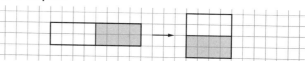

Es geht besonders einfach bei allen Rechtecken, die viermal so lang wie breit sind. Diese müssen einfach in zwei halb so lange Rechtecke zerlegt werden.
d) Es geht sicher nicht bei Rechtecken, deren Flächeninhalt keine Quadratzahl ist.

8 individuelle Lösung

9

a), b)

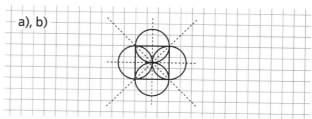

c) Die Figur ist punktsymmetrisch. Symmetriezentrum: Schnittpunkt der Symmetrieachsen

10

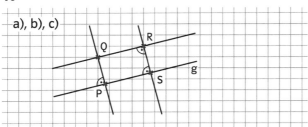

a), b), c)

c) Zeichne eine orthogonale Gerade zu g durch R. Sie schneidet g im gesuchten Punkt S.

2 Flächeneinheiten

Seite 123

Briefmarke: 4 cm^2
Seite dieses Buches: 5 dm^2
Zimmertür: 2 m^2
Spielfeld in der Halle: 4 a
Golfplatz: 46 ha
Bodensee: 539 km^2

Seite 124

1 Beispiel:
Kinderzimmer → m^2
Fußballplatz → m^2
Waldstück → ha
Schulgelände → a
Foto → dm^2
Teppich → m^2
Plakat → m^2
Briefmarke → mm^2
NRW → km^2
Postkarte → cm^2

2 1 m^2: Fenster, Badetuch
1 cm^2: 4 Karos im Heft, kleine Münze
1 ha: Wiese, Schulgelände
1 a: kleines Schwimmbecken, großes Klassenzimmer
1 km^2: Flughafengelände, alle Äcker eines großen Bauernhofs

3 Ein Quadrat mit der Seitenlänge 1 Fuß hat den Flächeninhalt 1 Quadratfuß.
Ähnliche Einheiten: 1 Quadratelle, 1 Quadratschritt, 1 Quadratdaumenbreite

Seite 125

4
a) 600 dm^2
1300 mm^2
b) 1500 a
200 ha
c) 8300 m^2
8700 cm^2

5
a) 5 dm^2
30 ha
b) 70 a
128 km^2
c) 12 ha
120 ha

6 graue Fläche: 175 mm^2
rote Fläche: 25 mm^2
orange Fläche: 250 mm^2
grüne Fläche: 525 mm^2
gelbe Fläche: 200 mm^2

7 360 000 mm^2 = 36 dm^2
Ein 9 dm langes und 4 dm breites Brett hätte den Flächeninhalt 36 dm^2. Davids Brett ist also wohl größer als 360 000 mm^2.

8
a) 512 dm^2
652 ha
b) 512 a
606 ha
c) 1250 m^2
1205 m^2
d) 50 040 cm^2
20 005 m^2

9
a) 40 m^2
1723 dm^2
b) 396 cm^2
3960 cm^2
c) 420 a
5 ha
d) 750 m^2
600 dm^2
= 6 m^2

10 a) 820 000 cm^2 = 82 m^2 (war falsch)
b) 522 000 dm^2 = 5220 m^2 (war richtig)
c) 31 770 cm^2 = 317 dm^2 70 cm^2 (war falsch)
d) 75 350 m^2 = 753 a 50 m^2 (war falsch)

11 a) 2 km^2 → 200 ha → 20 000 a → 2 000 000 m^2
1 000 000 mm^2 → 10 000 cm^2 → 100 dm^2 → 1 m^2
b) Mit vollständiger Reihe sind alle Flächeneinheiten in geordneter Reihenfolge gemeint. Lässt man eine Flächeneinheit aus, so funktioniert die Umrechnung mit der Multiplikation von 100 nicht mehr.

12 a) 710 dm^2
c) 3530 a
b) 11 495 cm^2
d) 490 cm^2

13 individuelle Lösung

14 a) 22 m^2 30 dm^2
c) 3 m^2 10 cm^2
e) 20 m^2 1 dm^2
b) 99 a
d) 21 m^2
f) 50 a

Seite 126

15 Familie Wehrmann muss 147 400 € bezahlen.

16 Die Blechtafel wiegt 2 kg.

17 Flächeninhalt des Gartens:
500 m^2 – 102 m^2 – 43 m^2 = 355 m^2

18 a) 28 cm² 36 mm²   b) 13 a 15 m²
c) 75 m²   d) 225 a
e) 65 m² 9 dm² 40 cm²
f) 2 050 350 m² = 2 km² 5 ha 3 a 50 m²

19 89,2 cm² (= 0,00892 m²)
< 8,92 dm² (= 0,0892 m²)
< 12,12 m² = 1212 dm² (= 12,12 m²)
< 15 m² 5 dm² (= 15,05 m²)
< 1550 dm² (= 15,5 m²
< 777 m²
< 7 ha 7 a 7 m² (= 70 707 m²)

20 a) 99 a   b) 5 a   c) 92 a   d) 20 a
e) 75 a 60 m²   f) 99 a 99 m²

21 Der Besitzer muss 303 855 € bezahlen.

22 a) 20 000 · 500 = 10 000 000. Auf der Haut befinden sich durchschnittlich 10 Millionen Nervenzellen.
b) Gesamtoberfläche der Lungenbläschen: 100 m².

3 Flächeninhalt eines Rechtecks

Jan: 16 m²
Anja: 16,5 m²
Eltern: 18 m²
Flur: 21 m²

1
a) 32 cm²   b) 100 mm² c) 16 m²   d) 160 ha
   10 000 m²   = 1 cm²   36 m²   220 mm²
   = 1 ha   75 ha

2 grün: 2 km · 2 km = 4 km²
blau: 500 m · 6000 m = 3 000 000 m² = 3 km²
gelb: 1 km · 5 km = 5 km²
rot: 1500 m · 1500 m = 2 250 000 m² = 225 ha
                = 2,25 km²

3 a) 9 cm   b) 20 cm
c) 25 mm   d) 25 cm

4 Beispiele:

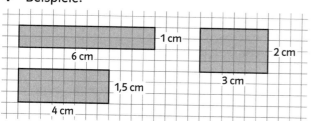

5 a) 3900 m² = 39 a   b) 5850 Liter Farbe

6 individuelle Lösung

7 a) ungefähr 147 km²

8 Fehmarn hat ungefähr den gleichen Flächeninhalt wie ein Rechteck mit den Seitenlängen 15 km und 12 km. Fehmarn ist also etwa 180 km² groß.

9 individuelle Lösung

10 a) Fläche der Buchseite: 19 · 26 cm² = 494 cm²
Die Bodenfläche eines Käfigs ist also etwas kleiner als die Buchseite.
b) Flächeninhalte:
Vierer-Käfig: 40 · 45 cm² = 1800 cm² = 4 · 450 cm²
Fünfer-Käfig: 50 · 45 cm² = 2250 cm² = 5 · 450 cm²
Sechser-Käfig: 60 · 45 cm² = 2700 cm² = 6 · 450 cm²
Alle Käfige genügen gerade noch der Verordnung.
c) Kleinstmögliche Fläche für alle Hühner:
44 000 000 · 450 cm² ≈ 19 800 000 000 cm² ≈ 2 km²

11 Kleinstes Fußballfeld: 4050 m²
Größtes Fußballfeld: 10 800 m²
Das größte Fußballfeld ist mehr als doppelt so groß wie das kleinstmögliche Fußballfeld.

12 a) Wohnzimmer: 58 · 72 dm² = 4176 dm² = 41,76 m²
Arbeitszimmer: 5 · 4 m² = 20 m² = 2000 dm² = 20 m²
Diele: 28 · 50 dm² = 1400 dm² = 14 m²
b) Wohnfläche: 7576 dm² = 75,76 m²
c) Grundfläche des Hauses:
12 · 8 m² = 96 m² = 9600 dm². Sie ist größer als die Wohnfläche, weil die Mauern mit berücksichtigt werden.

13

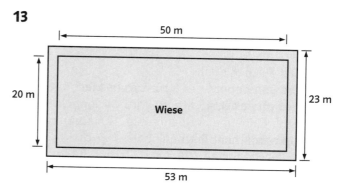

Fläche Weg: 53 m · 23 m − 50 m · 20 m = 219 m²

14 a) $3\,cm \cdot 3\,cm - 2\,cm \cdot 1\,cm = 7\,cm^2$
b) $2\,cm \cdot 4\,cm + 1\,cm \cdot 2\,cm = 10\,cm^2$
c) $25\,mm \cdot 30\,mm + 5\,mm \cdot 5\,mm - 10\,mm \cdot 10\,mm -$
$10\,mm \cdot 10\,mm = 575\,mm^2$

15 Flächeninhalt: $24 \cdot 6\,cm^2 = 144\,cm^2$
Das neue Rechteck hat die Breite $(144 : 8 = 18)$
18 cm. Da 144 eine Quadratzahl ist, gibt es ein Quadrat mit dem gleichen Flächeninhalt. Dieses Quadrat hat die Seitenlänge 12 cm.

16 Flächeninhalt: $8 \cdot 8\,cm^2 = 64\,cm^2$
Den Flächeninhalt eines Quadrats erhält man, indem man seine Seitenlänge mit sich selbst multipliziert. Hat das Quadrat die Seitenlänge a, so gilt für seinen Flächeninhalt A: $A = a \cdot a$ oder $A = a^2$.

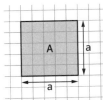

Halbiert man die Seitenlänge, so wird der Flächeninhalt geviertelt, verdoppelt man die Seitenlänge, so vervierfacht sich der Fächeninhalt.

17 a) Folgende Seitenlängen sind möglich:
1 cm, 2 cm, 10 cm, 20 cm, 1 m, 2 m.
Das größtmögliche Maß der Platten wäre 2 m. Die Plattenlängen müssen Teiler von 6 und 10 sein.
b) Im Allgemeinen gilt, dass die Breite der Platten durch die Breite des Hofs und die Länge der Platten durch die Länge des Hofs teilbar sein muss.
Rote Platte: $1000\,cm : 20\,cm = 50$. $600\,cm : 30\,cm = 20$.
$\rightarrow 50 \cdot 20 = 1000$ rote Platten.
Gelbe Platte: $100\,dm : 4\,dm = 25$. $600\,cm : 30\,cm = 20$.
$\rightarrow 25 \cdot 20 = 500$ gelbe Platten.
Grüne Platte: Kann nicht verwendet werden.
Blaue Platte: $10\,m : 1\,m = 10$. $60\,dm : 5\,dm = 12$.
$\rightarrow 10 \cdot 12 = 120$ Platten.

Seite 131

18 Der Flächeninhalt
a) wird verdoppelt,
b) wird halbiert,
c) wird vervierfacht,
d) wird verdoppelt.

19 Ursprünglicher Flächeninhalt: $6 \cdot 4\,cm^2 = 24\,cm^2$
Neuer Flächeninhalt: $24\,cm^2 + 12\,cm^2 = 36\,cm^2$
1. Möglichkeit:
Neue Länge: $(36 : 4)\,cm = 9\,cm$. Das Rechteck wurde um 3 cm verlängert.
2. Möglichkeit:
Neue Breite: $(36 : 6)\,cm = 6\,cm$
Das Rechteck wurde um 2 cm verbreitert.

20 Länge bei 100-facher Vergrößerung: 2,7 cm.
Normale Länge: $2,7\,cm : 100 = 0,27\,mm$.
Ungefähre Fläche: $0,27\,mm \cdot 0,1\,mm = 0,027\,mm^2$

21 individuelle Lösung

22 Frau Weizenkorn hat einen quadratischen Acker mit der Seitenlänge 200 m.
Fläche des Randstreifens:
$2 \cdot 200 \cdot 2\,m^2 + 2 \cdot 196 \cdot 2\,m^2 = 1584\,m^2$.
Frau Rübesam hat einen rechteckigen Acker mit den Seitenlängen 80 m und 500 m.
Fläche des Randstreifens:
$2 \cdot 500 \cdot 2\,m^2 + 2 \cdot 76 \cdot 2\,m^2 = 2304\,m^2$.

23

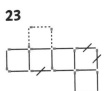

24 Es entstehen fünf kleine Quadrate und ein großes Quadrat.

24
1 080 800: Eine Million achtzigtausendachthundert
108 800: Einhundertachttausendachthundert
1 800 008: Eine Million achthunderttausendundacht
10^6: Zehn hoch sechs bzw. eine Million
888 888: Achthundertachtundachtzigtausendachthundertachtundachtzig
1 008 888: Eine Million achttausendachthundertachtundachtzig
$108\,800 < 888\,888 < 10^6 < 1\,008\,888 < 1\,080\,800$
$< 1\,800\,008$

26 a) $2 \cdot 20 = 40$ b) $60 \cdot 3 = 180$
c) $10 \cdot 5 + 20 \cdot 12 = 290$ d) $100 \cdot 15 = 1500$
e) $32 + 48 + 20 = 100$ f) $2 \cdot 56 = 112$

27 a) 286 875   b) 2980   c) 8580

4 Flächeninhalte veranschaulichen

Seite 132

1 individuelle Lösung

2 individuelle Lösung

Seite 133

3 offene Fragestellung

4 individuelle Lösung

5 Die Fläche, die der Bart bedeckt, ist etwa so groß wie zwei Handflächen, also 2 dm².
Fläche, die in einem Jahr rasiert wird:
365 · 2 dm² = 730 dm² ≈ 7 m².
Flächeninhalt des Rasens: 15 · 8 m² = 120 m²
Zeit bis Herr Barth 120 m² rasiert hat:
≈ (120 : 7) Jahre ≈ 17 Jahre.
Wenn Herr Barth 34 Jahre alt sein wird, hat er eine Fläche rasiert, die so groß ist wie sein Rasen.

6 Gesamte Bürofläche:
88 · 2000 m² = 176 000 m² ≈ 180 000 m²
Mögliche Maße eines einstöckigen Gebäudes mit der Grundfläche 180 000 m²: 300 m · 600 m
Flächeninhalt eines Fußballfeldes:
≈ 100 · 60 m² = 60 a
Gesamte Bürofläche: ≈ 1800 a = 30 · 60 a
Auf der Fläche des Gebäudes hätten also etwa 30 Fußballfelder Platz.

7 Der Ölteppich hat ungefähr den gleichen Flächeninhalt wie ein Rechteck mit den Seitenlängen 10 km und 50 km. Er ist also etwa 500 km² groß. Das ist ungefähr der Flächeninhalt des Bodensees.

8 Platzbedarf eines Schwimmers:
ca. 1,5 · 2 m² = 3 m²
Platzbedarf von 2500 Schwimmern:
ca. 2500 · 3 m² = 7500 m²
Flächeninhalt des Schwimmbeckens:
50 · 21 m² = 1050 m²
Das Becken ist also für 2500 Schwimmer viel zu klein.
Platzbedarf eines stehenden Menschen:
ca. 6 · 3 dm² ≈ 20 dm²
Platzbedarf von 2500 stehenden Menschen:
ca. 2500 · 20 dm² = 50 000 dm² = 500 m²
Stehend würden also alle 2500 Besucher im Schwimmbecken Platz finden.

9 individuelle Lösung

10 individuelle Lösung
Messen: Flächeninhalt eines Blattes
Schätzen: Durchschnittliche Anzahl von Blättern einer Zeitung
Sich informieren: Ausgaben pro Jahr, mittlere Auflage, d.h. Anzahl der gedruckten Zeitungen pro Tag.

5 Flächeninhalt eines Parallelogramms und eines Dreiecks

Seite 135

1 a) 4 · 5 cm² = 20 cm²
b) 28 · 25 mm² = 700 mm² = 7 cm²
c) 20 · 4 cm² = 80 cm²

2 rosa: 20 · 15 mm² = 300 mm² = 3 cm²
blau: 60 · 5 mm² = 300 mm² = 3 cm²
dunkelgelb: 25 · 5 mm² = 125 mm²
violett: 20 · 15 mm² = 300 mm² = 3 cm²
hellgelb: 20 · 15 mm² = 300 mm² = 3 cm²

Seite 136

3 a) 12 cm²   b) 385 mm²   c) 25 dm²

4 rosa: (24 · 22) : 2 mm² = 264 mm²
blau: (36 · 13) : 2 mm² = 234 mm²
violett: (52 · 8) : 2 mm² = 208 mm²
gelb: (23 · 27) : 2 mm² = 310,5 mm²

5 Im Parallelogramm braucht man die Angaben 3,0 cm; 4,0 cm und 6,9 cm nicht.
Im Dreieck braucht man die Angaben 2,5 cm und 3,2 cm nicht.

6 rosa: 24 · 16 mm² = 384 mm²
blau: 22 · 20 mm² = 440 mm²
gelb: (41 · 25) : 2 mm² = 512,5 mm²
violett: (26 · 13) : 2 mm² = 169 mm²

7 a) 680 m²   b) 280 m²

Seite 137

8 Beispiele:

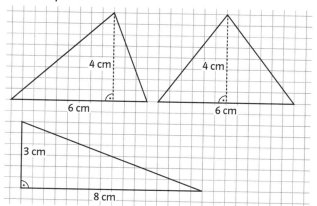

9

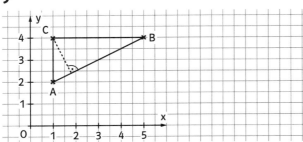

a) Grundseite: ≈ 45 mm; Höhe: ≈ 18 mm
Flächeninhalt: ≈ (45 · 18) : 2 mm² = 405 mm²
b) Längen der beiden orthogonalen Seiten: 2 cm;
4 cm
Flächeninhalt: (2 · 4) : 2 cm² = 4 cm²

10 Höhe: (72 : 12) cm = 6 cm

11

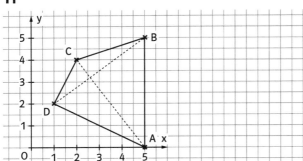

a) Zerlege in die Dreiecke ABC und ACD.
Flächeninhalt: (50 · 30) : 2 mm² + (50 · 20) : 2 mm²
$\qquad$ = 750 mm² + 500 mm² = 1250 mm²
b) Zerlege in die Dreiecke ABD und BCD.
Flächeninhalt: (50 · 10) : 2 mm² + (50 · 40) : 2 mm²
$\qquad$ = 1250 mm²

12 a) richtig $\qquad$ b) richtig
c) falsch (z. B. Kreis)

13 1. Berechnung des Flächeninhaltes des großen
Rechtecks
2. Berechnung der Flächeninhalte der weißen
Ecken. Dafür die Ecken jeweils als halbes Rechteck
auffassen, also die Flächeninhalte der Rechtecke
berechnen und anschließend halbieren.
3. Die Flächeninhalte der weißen Ecken vom
Flächeninhalt des großen Rechtecks abziehen.
(7 · 5) cm² − (4 · 3) : 2 cm² − (3 · 2) : 2 cm²
− (4 · 3) : 2 cm² − (3 · 2) : 2 cm² = 17 cm²

14 a) wird verdoppelt

b)

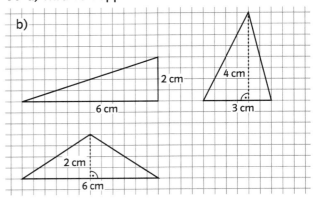

15 Spiel

6 Umfang einer Fläche

Seite 138

Eine Wanderung um den Stillen See ist ca. 8 km
lang. Eine Wanderung um den Wildsee ist ca.
10 km lang.

Seite 139

1 a) Alle drei Figuren haben den gleichen Umfang. Figur 1 hat den größten Flächeninhalt, Figur 2
den zweitgrößten und Figur 3 den kleinsten.
b) Beispiele:

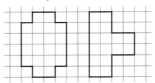

2 a) Beispiele:

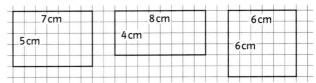

b) Das Quadrat mit der Seitenlänge 6 cm hat den
größten Flächeninhalt.

3 a) Umfang: 12 cm; Flächeninhalt: 6 cm²

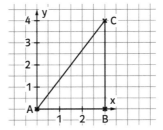

b) Umfang: ≈ 14,5 cm; Flächeninhalt: 10 cm²

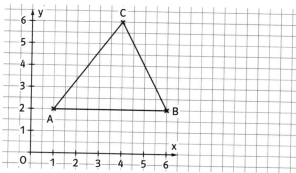

c) Umfang: 22 cm; Flächeninhalt: 24 cm²

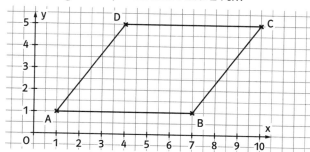

d) Umfang: ≈ 15,5 cm; Flächeninhalt: ≈ 10 cm²

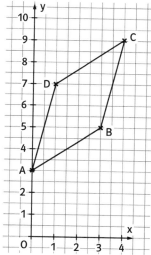

4 a) 2 cm b) 12 dm c) 50 m d) 8 km
e) Um die 2. Seite zu bestimmen teilt man den Flächeninhalt durch die gegebene Seite.

5 a) A = 120 mm²; U = 86 mm
b) b = 10 cm; A = 300 cm²
c) a = 40 m; U = 130 m
d) A = 105 mm²; U = 44 mm
e) A = 7239 km²; U = 368 km
f) A = 22 ha; U = 2,6 km

6 (1) viel zu klein (2) falsche Einheit
(3) richtig (4) viel z groß

7 Beide Zimmer haben den gleichen Umfang, nämlich 18 m. Für beide Zimmer braucht man gleich viele Fußbodenleisten und gleich viele Tapeten, wenn die beiden Zimmer gleich hoch sind und die Fläche für Fenster und Türen gleich groß sind. Der Flächeninhalt des ersten Zimmers beträgt 20 m², der des zweiten Zimmers 18 m². Für das erste Zimmer braucht man daher mehr Teppichboden und mehr Farbe für die Decke.

8 a) A = 72 cm²; U = 36 cm
b) 8 cm c) 9 cm

Seite 140

9 a) 25 m b) 80 m c) 112 500 €

10 Umfang der Wiese: 126 m.
Zaunpfosten: 126 : 3 = 42 → 42 Pfosten
Stacheldrahtzaun: 2 · 126 m = 252 m
Wiesenfläche: 747 m²

11 a) Umfang: 4 · 3,5 cm = 14 cm
b) Man erhält den Umfang eines Quadrats, indem man seine Seitelänge vervierfacht.
c) U = 4 · a

12 a) Der Umfang wird verdreifacht, der Flächeninhalt wird neunmal so groß.
b) Die Seitenlänge wird verdoppelt, also wird auch der Umfang doppelt so groß.

13 a) 36 m² = 1 m · 36 m = 9 m · 4 m = 2 m · 18 m = 3 m · 12 m
60 m² = 1 m · 60 m = 10 m · 6 m = 2 m · 30 m = 20 m · 3 m = 4 m · 15 m = 5 m · 12 m
b) a = 9 m; b = 4 m → U = 26 m
a = 10 m; b = 6 m → U = 32 m
c) a = 1 m; b = 36 m → U = 74 m
a = 1 m; b = 60 m → U = 122 m

14 a) 16 dm = 2 · (1 dm + 7 dm) = 2 · (2 m + 6 m) =
2 · (3 m + 5 m) = 2 · (4 m + 4 m)
20 dm = 2 · (1 m + 9 m) = 2 · (2 m + 8 m) =
2 · (3 m + 7 m) = 2 · (4 m + 6 m) = 2 · (5 m + 5 m)
b) a = 1 dm; b = 7 dm → A = 7 dm^2
a = 1 dm; b = 9 dm → A = 9 dm^2
c) a = 4 dm; b = 4 dm → A = 16 dm^2
a = 5 dm; b = 5 dm → A = 25 dm^2

15 Beide Figuren haben etwa den gleichen Flächeninhalt. Die Treppenfigur hat aber einen größeren Umfang als das Dreieck.

Marginale: a = 6 cm; b = 3 cm; A = 18 cm^2

Wiederholen – Vertiefen – Vernetzen

Seite 141

1 a) 1 m = 100 cm = 10^2 cm
1 km = 1000 m = 10^3 m
100 m = 1000 dm = 10^3 dm
b) 1 a = 100 m^2 = 10^2 m^2
1 ha = 10 000 m^2 = 10^4 m^2
10 m^2 = 100 000 cm^2 = 10^5 cm^2
c) 10 dm^2 = 100 000 mm^2 = 10^5 mm^2
10 dm = 1000 mm = 10^3 mm
1 km^2 = 10 000 000 000 cm^2 = 10^{10} cm^2

2 a) 15 württ. Morgen = 47 235 m^2
14 bayr. Juchart = 47 684 m^2
13 bad. Morgen = 46 800 m^2
Die Fläche mit 14 bayr. Juchart ist am größten.
b) Flächeninhalt der Wiese: 6 · 3149 m^2 = 18 894 m^2
Breite: (18 894 : 134) m = 141 m
c) Flächeninhalt: 4 · 3600 m^2 = 14 400 m^2
Seitenlänge des Quadrats: 120 m
Umfang: 4 · 120 m = 480 m

3 a) bis b)
Flächeninhalt Islands: 103 000 km^2
c) Bevölkerungsdichte
Island: ca. 3 Einwohner pro km^2
Deutschland: ca. 230 Einwohner pro km^2

4 Es bleibt kein Teppichboden übrig, wenn sie ein 3,40 m langes und 3 m breites sowie ein 1,70 m langes und ein 4 m breites Stück kauft. Soll der Teppichboden aus einem Stück bestehen, so muss sie ein 5 m langes und ein 4 m breites Stück kaufen.

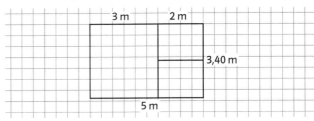

5 a) Flächeninhalt:
25 dm · 400 dm = 10 000 dm^2 = 100 m^2
b) Das Bauamt muss 12 t 500 kg bestellen.

Seite 142

6 a) Länge: 450 cm; Breite: 360 cm
Flächeninhalt:
162 000 cm^2 = 1620 dm^2 = 16 m^2 20 dm^2
b) Anzahl der Plättchen: 720
Kosten: 180 Reichsmark

7 Flächeninhalt: 316 m^2 20 dm^2
Man braucht etwa 317 Körbe Kies.
Kosten: 31,70 Reichsmark.

8 a) Der Drachen besteht aus vier rechtwinkligen Dreiecken. Flächeninhalt:
2 · (1 · 2) : 2 cm^2 + 2 · (4 · 2) : 2 cm^2 = 10 cm^2
Anderer Lösungsweg:

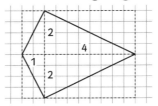

Der Drachen ist halb so groß wie ein Rechteck mit den Seitenlängen 5 cm und 4 cm. Er hat also den Flächeninhalt 20 cm^2 : 2 = 10 cm^2.

b) Am zweiten Lösungsweg in a) sieht man: Jeder Drachen ist halb so groß wie ein Rechteck, dessen Seiten so lang sind wie die Diagonalen des Drachens.

c)
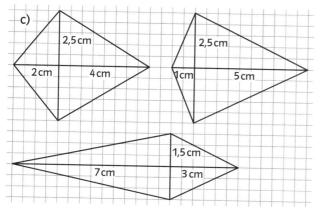

9

a), b)
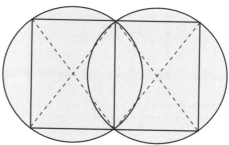

10 a) Der Flächeninhalt bleibt gleich.

b) Die Summe der Umfänge ist dreimal so groß wie der Umfang des ursprünglichen Quadrats.

c) Ein Quadrat ohne roten Rand, vier Quadrate mit einer roten Randstrecke, vier Quadrate mit zwei roten Randstrecken. Kein Quadrat mit drei oder vier roten Randstrecken.

d) Flächeninhalt bleibt gleich, Umfang wird viermal so groß. Vier Quadrate ohne roten Rand, acht mit einer roten Randstrecke, vier mit zwei roten Randstrecken.

e) Flächeninhalt bleibt gleich, Umfang wird 100-mal so groß. Vier Quadrate mit zwei roten Randstrecken, $4 \cdot 98 = 392$ mit einer roten Randstrecke, $98 \cdot 98 = 9604$ ohne roten Rand.

11

a)
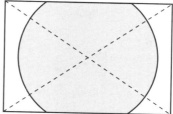

b) Man teilt den Rasen in zwei gleichgroße Rechtecke. Die Sprenger müssen dann in den Schnittpunkten der Diagonalen der jeweiligen Teilstücke aufgestellt werden.

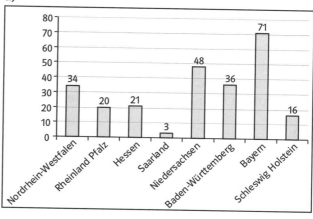

c) Nein. Die Diagonale eines Rechtecks mit den Seitenlängen a = 30 m und b = 20 m hat eine Länge von 50 m. Damit die komplette Fläche berieselt werden kann, muss die Reichweite des Sprengers mindestens 25 m betragen.

12 $A_{alt} = 24\,cm^2$
$A_{neu} = 36\,cm^2$
$36\,cm^2 = 6\,cm^2 \cdot 6\,cm^2 = 9\,cm^2 \cdot 4\,cm^2$.

13 a) Fläche Föhr: ca. 82 km²
Fläche Amrum: ca. 21 km²
b) Länge Rundgang Föhr: ca. 37 km
Länge Rundgang Amrum: ca. 33 km
Zeit Rundgang Föhr: etwa 7,5 Stunden
Zeit Rundgang Amrum: ca. 6,5 Stunden

14

a)

b) Nordrhein-Westfalen: 680 km
Rheinland Pfalz: 400 km
Hessen: 420 km
Saarland: 60 km
Niedersachsen: 960 km
Baden-Württemberg: 720 km
Bayern: 1420 km
Schleswig Holstein: 320 km

15 a) Flächeninhalt Weg: 14 m^2
b) Flächeninhalt beider Dreiecke: 84 m^2

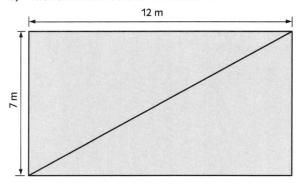

Exkursion: Sportplätze sind auch Flächen

Seite 144

1. Aufgabe:
Kleinstmögliches Fußballfeld:

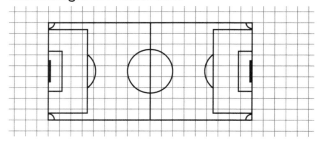

2. Aufgabe:
Kleinstmöglich: 90 · 45 m^2 = 4050 m^2
Größtmöglich: 120 · 90 m^2 = 10 800 m^2
Das größtmögliche Fußballfeld ist also etwa $2\frac{1}{2}$-mal
so groß wie das kleinstmögliche.

3. Aufgabe
Beim kleinsten Feld: 4050 m^2 : 22 ≈ 184 m^2
Beim größten Feld: 10 800 m^2 : 22 ≈ 491 m^2

4. Aufgabe
Im Torraum ist der Torwart besonders geschützt.
Er darf dort nicht angerempelt werden. Begeht
ein Abwehrspieler im Strafraum ein Handspiel
oder ein gröberes Foul, so erhält die angreifende
Mannschaft einen Strafstoß („Elfmeter"). Nur im

Strafraum darf der Torwart den Ball mit der Hand
spielen.

5., 6., 7. Aufgabe
Das Spielfeld des Westfalenstadions kann
man mit etwa 477 · 309 Bällen = 147 393 Bällen
auslegen. Diese wiegen zusammen ca. 59 Tonnen.
Könnte man sie aufeinander stapeln, so wäre die
Säule etwa 33 km hoch.

Seite 145

1. Aufgabe
Das Spielfeld für ein Doppel ist 23,77 m lang (Seitenlinien) und 10,97 m breit. Das Netz ist parallel zu
den Grundlinien und halbiert das Spielfeld. Die Aufschlaglinien sind parallel zum Netz und von diesem
jeweils 6,40 m entfernt. Die beiden Felder zwischen
dem Netz und den Aufschlaglinien werden durch
eine Linie parallel zu den Seitenlinien halbiert. Die
Seitenlinien für ein Einzel sind zu den Seitenlinien
für das Doppel parallel und haben von diesen jeweils einen Abstand von 1,37 m. Der gesamte Tennisplatz ist nach beiden Seiten um 3,66 m breiter
und nach beiden Seiten um 6,40 m länger als das
Spielfeld.

2. Aufgabe
Maße in Yards umgerechnet:
23,77 m ≈ 26,00 y; 8,23 m ≈ 9,00 y
9,60 m ≈ 10,50 y; 6,40 m ≈ 7,00 y
3,66 m ≈ 4,00 y
Das Doppelspielfeld ist also 26 Yards lang und
12 Yards breit.

3. Aufgabe
Flächeninhalt der Wiese: 80 · 60 m^2 = 4800 m^2
Flächeninhalt des Doppelspielfeldes: 261 m^2.
Rein rechnerisch passen 4800 : 261 ≈ 18, d.h.
18 Doppelspielfelder auf die Wiese. Da man noch
Wege anlegen muss, passen weniger Spielfelder auf
die Wiese.

4. Aufgabe
Gesamter Platz:
Länge: 36,57 m; Breite: 18,29 m
Umfang: 109,72 m; Flächeninhalt: ≈ 669 m^2

5. Aufgabe
Gesamtlänge aller Linien des Spielfeldes:
4 · 23,77 m + 2 · 6,40 m + 2 · 10,97 m + 2 · 8,23 m =
146,28 m

6. Aufgabe

Flächeninhalt des Einzelspielfeldes: $196\,m^2$
Flächeninhalt des Doppelspielfeldes: $261\,m^2$
Flächeninhalt des Platzes: $669\,m^2$
Der Tennisplatz ist mehr als doppelt so groß wie
das Doppelspielfeld. Das Einzelspielfeld ist nicht
sehr viel kleiner.

7. Aufgabe

Rechnerische Spielfläche pro Spieler:
beim Einzel: $98\,m^2$; beim Doppel: $65\,m^2$

8. Aufgabe

Flächeninhalt des Netzes: $10\,970 \cdot 914\,mm^2 \approx 10\,m^2$

V Körper

Lösungshinweise Kapitel 5 Erkundungen

Seite 150

Erkundung 1: Haibecken

Das Volumen des Submarine Forest:
$800\,m^3 = 800\,000\,l = 800\,000\,000\,cm^3$;
mögliches Volumen eines Klassenzimmers:
$8\,m \cdot 5\,m \cdot 4\,m = 160\,m^3 = 160\,000\,l = 160\,000\,000\,cm^3$.
Das Klassenzimmer würde fünfmal in das Becken des Submarine Forest passen. In das Becken würden 160 000 000 Spielwürfel passen:
$800\,000\,000\,cm^3 : 5\,cm^3 = 160\,000\,000$.
Im Looter Tank ist mehr Wasser, als im Submarine Forest: $2000\,m^3 > 800\,m^3$. Ein mögliches Maß für den Looter Tank ist z. B.: $20\,m \cdot 20\,m \cdot 5\,m$.

1 Körper und Netze

Seite 153

1 individuelle Lösungen, z. B.

Gegenstand	Grundkörper
Orange	Kugel
Zauberhut	Kegel
Kekspackung	Quader
Baumkuchenpackung	Prisma mit 6-eckiger Grundfläche
Bleistift	Zylinder
Wurfring	Ring

2 a) und b)
Kegel und Halbkugel – Eistüte mit Eis
Zylinder mit Halbkugel – Sternwarte
Zylinder mit Kegel – Kirchturm
Würfel mit Pyramide – Burgturm
Quader und Prisma – Haus
c) individuelle Lösungen

Seite 154

3 Fig. 1: Vulkankegel; Grundkörper: Kegel
Fig. 2: Saturn; Grundkörper: Kugel und Ring

4 a) 12 Ecken, 18 Kanten, 8 Flächen
b) 5 Ecken, 8 Kanten, 5 Flächen

5 Steckbrief von Fig. 1: Prisma mit sechseckiger Grundfläche.
Steckbriefe der anderen geometrischen Grundkörper:
Würfel: 8 Ecken, 6 Flächen, 12 Kanten (alle gleich lang)
Quader: 8 Ecken, 6 Flächen, 12 Kanten (je vier gleich lang)
Prisma mit dreieckiger Grundfläche:
6 Ecken, 5 Flächen, 9 Kanten
Pyramide mit viereckiger Grundfläche:
5 Ecken, 5 Flächen, 8 Kanten
Zylinder: keine Ecken, 3 Flächen, davon eine gewölbt; 2 gebogene Kanten
Kegel: keine Ecken (eine Spitze, an der aber keine Kanten aufeinandertreffen), 2 Flächen, davon eine gewölbt; 1 gebogene Kante
Kugel: keine Ecken, eine gewölbte Fläche; keine Kanten
Halbkugel: keine Ecken, 2 Flächen, davon eine gewölbt; 1 gebogene Kante
Ring: keine Ecken, eine gewölbte Fläche, keine Kanten

6
a)
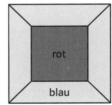
b)
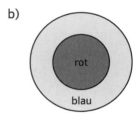

7 a) Pyramide mit viereckiger Grundfläche;
b) Prisma mit sechseckiger Grundfläche;
c) Pyramide mit dreieckiger Grundfläche (Tetraeder);
d) Zylinder

8 ganz links: Netz
zweites von links: kein Netz; bei dieser Figur, würde das obere Dreieck nach dem Falten auf der Grundfläche liegen und die vordere Seite der Pyramide bliebe offen. Also kann diese Figur kein Netz einer Pyramide sein.
zweites von rechts: Netz
ganz rechts: kein Netz; bei dieser Figur, würde das ganz linke Dreieck nach dem Falten auf der Grundfläche liegen und die vordere Seite der Pyramide bliebe offen. Also kann diese Figur kein Netz einer Pyramide sein.

Seite 155

9 Mögliche Netze:

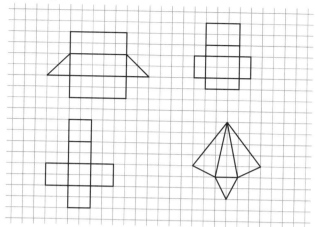

10 a) Würfel, Quader, Prismen, Pyramiden, Zylinder, Kegel, Halbkugel und Ring können stehen.
Zylinder, Kegel, Kugel und Ring können rollen; die Halbkugel kann schaukeln.
b) Aus „Mein Tisch, mein Körper und ich":

Gegenstand	Geometrischer Grundkörper
Rundes Tischbein	Zylinder
Viereckige Tischplatte	Quader
Würfel	Würfel
Murmel	Kugel
Kreisel	Kegel

Bauklötze:
  Haus
  Hausdach
  Turm
  Turmdach
	
	Quader
	Prisma
	Quader, Zylinder oder Prisma
	Pyramide oder Kegel

Arm	Zylinder
Bein	Zylinder
Höhle	Halbkugel
Zimmer	Quader oder Würfel
Boot	Prisma

11 a) individuelle Lösung
b) Würfel, Prismen und Pyramiden mit lauter gleichen Kantenlängen können gebastelt werden.

12 individuelle Lösung

13 Je größer das ausgeschnittene Kuchenstück ist, desto höher und schmäler wird der Kegel.

14 a) Flächeninhalt: 6 cm²; Umfang: 11,6 cm

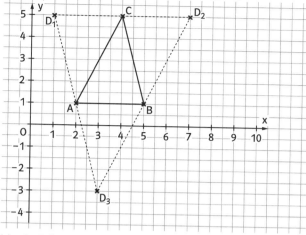

b) $D_1(1|5)$; $D_2(7|5)$; $D_3(3|-3)$

15 a) Überschlag: $(70 - 60) \cdot 10 - 60 = 40$

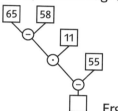

Ergebnis: 22

b) Überschlag:
$(10 \cdot 10 - 5 \cdot 5) : (15 \cdot 5 - 100 : 2) = 75 : 25 = 3$

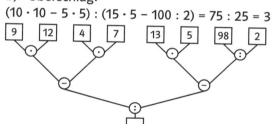

Ergebnis: 5

c) Überschlag: $(100 - 90) \cdot (100 + 90) - 150$
$= 10 \cdot 190 - 150 = 1750$

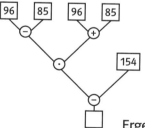

Ergebnis: 1837

d) Überschlag: $(1300 - 700) \cdot 100 + 20 \cdot 500 - 500$
$= 60\,000 + 10\,000 - 500 = 69\,500$

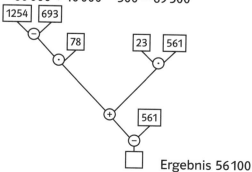

Ergebnis 56 100

e) Überschlag: (700 − 50) : 10 = 65

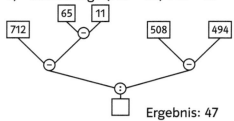

Ergebnis: 47

2 Quader

1

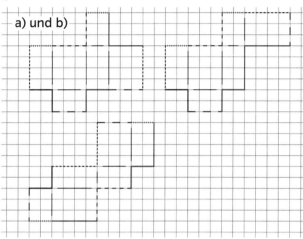

a) und b)

c) individuelle Lösung

2

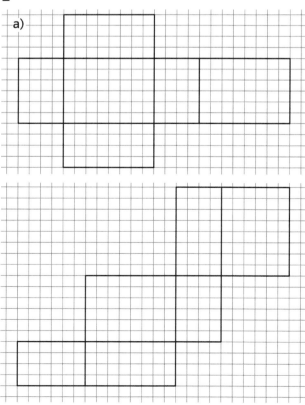

a)

b) Gesamtkantenlänge:
K = 4 · (4 cm + 3 cm + 2 cm) = 36 cm.
c) Oberflächeninhalt:
$O = 2 \cdot (12\,cm^2 + 8\,cm^2 + 6\,cm^2) = 52\,cm^2$
d) Netze entsprechend zu a)
Gesamtkantenlänge:
K = 4 · (5 cm + 2 cm + 2,5 cm) = 38 cm
Oberflächeninhalt:
$O = 2 \cdot (10\,cm^2 + 12,5\,cm^2 + 5\,cm^2) = 55\,cm^2$

3 a) Kein Netz; die rechte Seitenwand ist doppelt vorhanden, die linke Seitenwand fehlt.
b) Netz
c) Netz
d) Kein Netz; die rechte Seitenwand ist doppelt vorhanden, die linke Seitenwand fehlt.

4 a) Kantenlänge des Häuschens:
2 · 1,6 m + 2 · 1,8 m + 4 · 1,2 m = 11,6 m
b) Tuchfläche:
$1 \cdot 16 \cdot 18\,dm^2 + 2 \cdot 16 \cdot 12\,dm^2 + 2 \cdot 18 \cdot 12\,dm^2$
$= 1104\,dm^2 = 11,04\,m^2$
c) Höhe: (12 m − 2 · 1,6 m − 2 · 1,8 m) : 4 = 1,3 m.

5 a) Gestrichelte Linie: quadratisches Papier der Seitenlänge 10 cm.

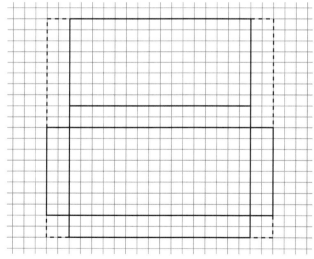

b) Nein, das quadratische Papier hätte den Flächeninhalt $81\,cm^2$, der Oberflächeninhalt des Quaders ist dagegen $88\,cm^2$ und somit größer.

6 Die Gesamtkantenlänge beim kleineren Quader ist halb so groß wie beim großen. Sein Oberflächeninhalt beträgt ein Viertel der Oberfläche des großen Quaders.

7 a) Alisa kann die Kantenlängen des Würfels
84 cm : 12 = 7 cm lang machen.
b) 96 cm² : 6 = 16 cm². Helen kann die Kantenlängen des Würfels 4 cm lang machen.

8

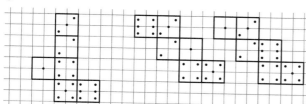

Fig. 3: Lösung eindeutig   Fig. 4: Zwei Lösungen

9 Die acht Würfel haben zusammen 48 Flächen; davon sind 24 unbemalt.

10 a) 726 cm² : 6 = 121 cm² pro Seitenfläche. Mit
11 cm · 11 cm = 121 cm² folgt, dass der Würfel eine
Kantenlänge von 11 cm hat.
b) Beispiel: Kantenlängen von 1 cm, 5 cm und 7 cm
→ 2 · (1 cm · 5 cm + 1 cm · 7 cm + 5 cm · 7 cm)
  = 94 cm³

3 Schrägbilder

Seite 160

1

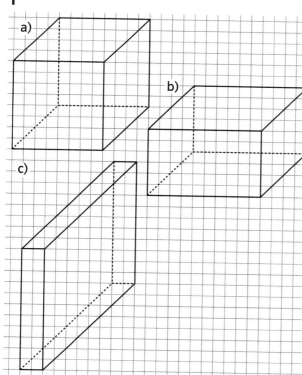

2

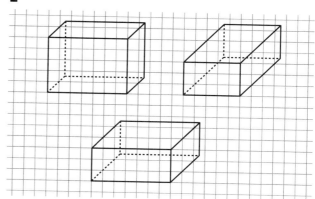

3

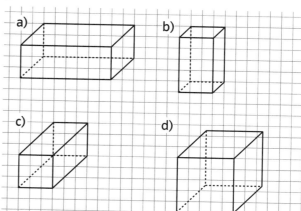

4

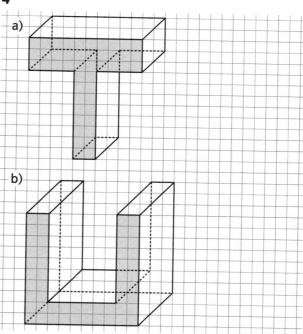

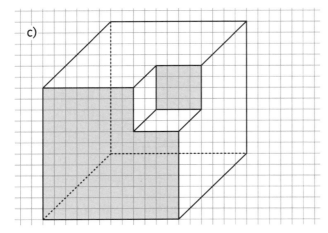

c)

5

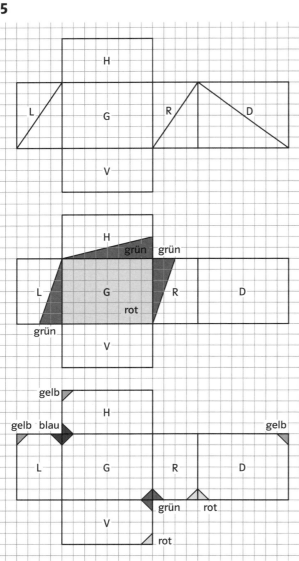

6

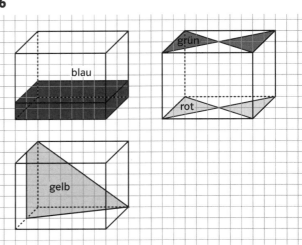

4 Messen von Rauminhalten

Seite 161

Die Volumina der dargestellten Körper betragen:
Quader: $(2{,}5 \cdot 1{,}5 \cdot 2)\,cm = 7{,}5\,cm^3$
1. Prisma: $\{[(2 \cdot 3) : 2] \cdot 2{,}5\}\,cm = 7{,}5\,cm^3$
2. Prisma: $\{[(3 \cdot 2) : 2] \cdot 2{,}5\}\,cm = 7{,}5\,cm^3$

Seite 162

1 links: $3\,cm^3$; Mitte: $7\,cm^3$; rechts: $6\,cm^3$.

2 a) $8\,cm^3$ b) $22\,cm^3$ c) $11\,cm^3$ d) $22\,cm^3$

Seite 163

3 Fisch: 34 Würfel
Vogel: 45 Würfel
Känguru: 34 Würfel
Der gelbe Vogel hat den größten Rauminhalt.

4 lila $\left(\frac{4}{2} = 2 \text{ Würfel}\right)$ < dunkelgelb $\left(2\frac{1}{2} \text{ Würfel}\right)$
< hellgelb (3 Würfel) < orange $\left(1 + \frac{5}{2} = 3\frac{1}{2} \text{ Würfel}\right)$

5 Beide Körper haben die gleiche Tiefe von einer
Kästchendiagonalen. Also müssen die Vorderseiten
jeweils den gleichen Flächeninhalt haben, damit
der Rauminhalt übereinstimmt: Die Vorderseite des
Würfels besteht aus 25 Kästchen. Setzt man bei
der Vorderseite des Prismas die halben Kästchen
zu ganzen zusammen, so erhält man auch dort 25
Kästchen. Also ist der Rauminhalt gleich.

6 Klassenzimmer $240\,m^3$
Schulranzen $20\,dm^3$
Freischwimmerbecken $2000\,m^3$
Wolkenkratzer $120\,000\,m^3$
Arzneifläschchen $20\,ml$
Toastbrotscheibe $100\,cm^3$
Tablette $25\,mm^3$
Floh $2\,mm^3$

7
a) $30\,000\,dm^3$ b) $12\,000\,cm^3$
   $1\,750\,000\,dm^3$ $230\,000\,cm^3$
   $123\,dm^3$ $14\,cm^3$
c) $4\,m^3$ d) $34\,l$
   $17\,m^3$ $125\,l$
   $212\,m^3$ $45\,000\,l$

8   a) $3023\,dm^3$ b) $12\,005\,l$
c) $23\,020\,ml$ d) $17\,001\,cm^3$
e) $1\,000\,008\,mm^3$ f) $23\,020\,ml$
g) $2\,000\,300\,ml$ h) $50\,000\,000\,050\,mm^3$

9   a) $3\,l\ 500\,ml$ b) $7\,cm^3\ 250\,mm^3$
c) $23\,dm^3\ 40\,cm^3$ d) $123\,m^3\ 321\,dm^3$
e) $70\,cm^3\ 7\,mm^3$ f) $45\,m^3\ 540\,dm^3$
g) $89\,l\ 98\,ml$
h) $58\,dm^3\ 483\,cm^3\ 828\,mm^3$

10 a) $36\,cm^3\ 400\,mm^3$ b) $4\,l\ 320\,ml$
c) $22\,m^3\ 723\,dm^3$ d) $42\,m^3\ 420\,dm^3$
e) $17\,dm^3\ 999\,cm^3\ 489\,mm^3$
f) $23\,dm^3\ 920\,cm^3$ g) $4\,m^3$
h) $40\,ml$ i) $26\,dm^3$

11 a) $3\,l\ 180\,ml$ b) $7\,dm^3\ 310\,cm^3$
c) $17\,m^3\ 983\,dm^3\ 19\,cm^3$ d) $3\,m^3\ 306\,dm^3\ 600\,cm^3$
e) $700\,l$
f) $11\,dm^3\ 946\,cm^3\ 299\,mm^3$

12 a) Nagel – Paket: $15\,000\,060\,mm^3$
Nagel – Trinkpäcken: $200\,060\,mm^3$
Nagel – Häuschen: $6\,000\,000\,060\,mm^3$
Trinkpäcken – Paket: $15\,200\,cm^3$
Trinkpäcken – Häuschen: $6\,000\,200\,cm^3$
Paket – Häuschen: $6015\,dm^3$
b) Nägel in Trinkpäcken: 3333 Stück
Nägel in Paket: 250 000 Stück
Nägel in Häuschen: 100 Millionen
Pakete in Häuschen: 400 Pakete

13 a) individuelle Lösung
b) Kleinstes Volumen: $12\,cm^3 - 9\,cm^3 = 4\,cm^3$
Größtes Volumen: $1234\,m^3 + 9876\,m^3 = 11\,110\,m^3$

c) Alle Pfade bei denen ein größeres Volumen von einem kleinerem abgezogen wird, lassen sich nicht berechnen. Zum Beispiel $1\,ml - 9\,cm^3$

14
a) $\square = 00;\ \triangle = cm^3$ b) $\square = 25;\ \triangle = m^3$
c) $\square = 10;\ \triangle = mm^3;\ \square = 00;\ \triangle = mm^3$
d) $\triangle = dm^3;\ \square = 0;\ \triangle = cm^3$

15 Die kleinen Würfel können z.B. die folgenden Kantenlängen besitzen:
$1\,cm \rightarrow$ Man benötigt 3375 kleine Würfel
$1,5\,cm \rightarrow$ Man benötigt 1000 kleine Würfel
$2,5\,cm \rightarrow$ Man benötigt 216 kleine Würfel
$3\,cm \rightarrow$ Man benötigt 125 kleine Würfel
$5\,cm \rightarrow$ Man benötigt 27 kleine Würfel
$7,5\,cm \rightarrow$ Man benötigt 8 kleine Würfel

16 a) $100 \cdot 12 \cdot 750\,ml = 900\,000\,ml$
$\qquad\qquad\qquad\quad = 900\,000\,cm^3$
$\qquad\qquad\qquad\quad = 900\,dm^3 = 0,9\,m^3$
100 Kästen enthalten weniger als $1\,m^3$ Mineralwasser.
b) $12 \cdot 750\,ml = 9000\,ml = 9\,dm^3$
mögliche Quader mit $9\,dm^3$ Rauminhalt: z.B.
Grundfläche $1\,dm \cdot 1\,dm$, Höhe $9\,dm$
Grundfläche $3\,dm \cdot 3\,dm$, Höhe $1\,dm$

Marginalie: Der Kofferraum eines typischen Kombis hat bei umgeklappter Sitzbank die Maße: Länge $1745\,mm$, Breite $1209\,mm$, Höhe $900\,mm$. Der Gepäckraum fasst also ca. 1800 Liter. Selbst eine Großraumlimousine (Bus) hat nur einen Fahrgastraum von insgesamt 5400 Liter. Es muss sich daher um einen Transporter handeln – dann spricht man allerdings nicht von einem Kofferraum. Somit kann die Behauptung nicht richtig sein.

17 a) $5\,l = 5\,dm^3 = 5\,000\,cm^3 = 5\,000\,000\,mm^3$
In einen 5-l-Eimer passen etwa 5 000 000 Wassertropfen.
b) $600\,m^3 = 600\,000\,dm^3$
$\qquad\qquad = 600\,000\,l = 600\,000\,000\,cm^3$
$\qquad\qquad = 600\,000\,000\,000\,mm^3$
$600\,000\,l : 300\,l = 2\,000$
Man braucht 2 000 Badewannenfüllungen oder etwa 600 000 000 000 Wassertropfen, um das Schwimmbecken einmal zu füllen.

18 a) $(55 + 5 + 10 + 45 + 15 + 15)\,l = 145\,l$
$365 \cdot 145\,l = 52\,925\,l = 52,925\,m^3 \approx 53\,m^3$
Jeder Deutsche verbraucht durchschnittlich etwa $53\,m^3$ Wasser pro Jahr.

b) 4 · 145 l · 30 = 17 400 l
Eine vierköpfige Familie verbraucht pro Monat etwa
17 400 l Wasser.
c) 30 000 · 3 · 7 · 145 l = 91 350 000 l
$$= 91 350 \, m^3 < 81 000 000 \, m^3$$
Ja, der Inhalt der Talsperre reicht, um 30 000 Menschen drei Wochen lang mit Wasser zu versorgen.

19 Eine Telefonzelle hat die Maße 1 m × 1 m × 2,5 m, also den Rauminhalt 2,5 m³. Ein Kind aus der vierten Klasse könnte man durch einen Quader mit den Maßen 50 cm × 20 cm × 125 cm annähern. Dieser Quader hat das Volumen 125 dm³. In eine Telefonzelle würden maximal 20 Kinder passen. Tatsächlich waren bei diesem Rekord 19 Kinder bei geschlossener Tür in der Telefonzelle (GB. 2002, Seite 274).

20 a) Für drei Würfel (Drillinge) gibt es zwei Möglichkeiten:

  bzw.

Zum linken Drilling kann man einen vierten Würfel auf drei Arten hinzufügen:

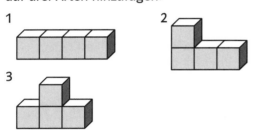

Beim rechten Drilling gibt es fünf weitere Möglichkeiten, insgesamt also 8 Möglichkeiten.

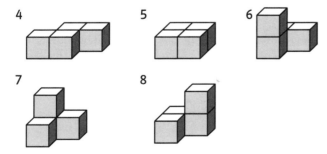

b) Ordnet man die gegebenen Vierlinge nach den acht Typen von Aufgabenteil a), so gehören A, C und F zu Typ 8; gehören B und E zu Typ 6; gehört D zu Typ 7.
c) Ein Würfel aus zwei Vierlingen hat acht kleine Würfel, also Kantenlänge 2. Von den in Aufgabenteil a) angegebenen acht Typen passen nur die Typen 5 bis 8 in so einen Würfel. Man sieht, dass dann ein zweiter Vierling vom selben Typ den größeren Würfel ausfüllt: zweimal Typ 5, zweimal Typ 6, zweimal Typ 7 oder zweimal Typ 8 ergibt also den großen Würfel.

5 Rauminhalt von Quadern

Seite 166

In der Schachtel sind 7 · 7 · 3 = 147 Zuckerstücke.

Seite 167

1 a) 384 cm³ b) 420 cm³
c) 700 cm³ d) 45 cm³

2 Quader (Fig. 1): V = 48 cm³; O = 104 cm²;
Quader (Fig. 2): V = 54 000 cm³; O = 9600 cm²

3 a) Rauminhalt: 512 cm³
Oberflächeninhalt: 384 cm²
b) Rauminhalt: 343 cm³
Oberflächeninhalt: 294 cm²
c) Rauminhalt: 13 824 cm³
Oberflächeninhalt: 3456 cm²

4 a) 3744 cm³ Pulver sind in der Packung, 864 cm³ passen noch hinein.
b) Die Packung müsste bis 14,5 cm gefüllt sein.
c) Man kann 160-mal waschen.

5 8 km · 6,50 m · 9 cm = 800 000 cm · 650 cm · 9 cm
$$= 4 680 000 000 \, cm^3$$
$$= 4 680 \, m^3$$
Es werden 4.680 m³ Schotter benötigt.

6 9 m · 7 m 50 cm · 3 m 40 cm
= 900 cm · 750 cm · 340 cm = 229 500 000 cm³
229 500 000 cm³ : 6 m³
229 500 000 cm³ : 6 000 000 cm³ = 38 Rest 1 500 000
In diesem Klassenzimmer dürfen höchstens
38 Schüler unterrichtet werden.

7 a) Volumen der Streichholzschachtel:
5 cm · 3 cm · 1 cm = 15 cm³
Volumen von 50 Streichhölzern:
50 · 4 cm · 2 mm · 2 mm = 50 · 40 mm · 2 mm · 2 mm
$$= 8 000 \, mm^3 = 8 \, cm^3$$
Differenz:
15 cm³ − 8 cm³ = 7 cm³
In der Schachtel befinden sich 7 cm³ Luft.
b) 1 m³ = 1 000 000 000 mm³
Volumen eines Streichholzes:
40 mm · 2 mm · 2 mm = 160 mm³
Anzahl:
1 000 000 000 mm³ : 160 mm³ = 6 250 000
Aus 1 m³ Holz lassen sich 6 250 000 Streichhölzer herstellen.

Seite 168

8 400 000 Liter sind 400 m³. Bei einer Breite von 10 m ist Höhe mal Länge des Beckens ca. 40 m². Das Becken könnte ca. 8 m lang und 5 m hoch sein oder 10 m lang und 4 m hoch.

9 a) 6 verschiedene Quader (1 · 1 · 24; 1 · 2 · 12; 1 · 3 · 8; 1 · 4 · 6; 2 · 2 · 6; 2 · 3 · 4)
b) individuelle Lösung, z. B.:
1 dm · 1 dm · 5 dm,
5 cm · 20 cm · 50 cm,
5 cm · 25 cm · 40 cm
c) (125 · 125 · 125) cm = 1 953 125 cm³ = 1,953125 m³
(126 · 126 · 126) cm = 2 000 376 cm³ = 2,000376 m³
Die Kantenlänge des Würfels muss mindestens 126 cm betragen.

10 a) V = 6 cm³; O = 23 cm²
b) V = 20 cm³; O = 48 cm²
c) V = 216 cm³; O = 216 cm²
a)   b)

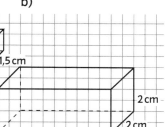

c)

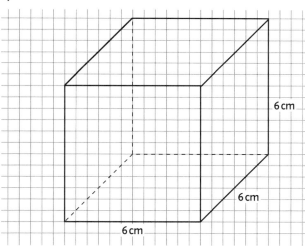

11 a) insgesamt 4 · 3 · 3 m³ = 36 m³
Jedes „Loch" hat das Volumen
15 · 10 · 9 dm³ = 1350 dm³. Somit ist das Volumen
36 000 dm³ – 2 · 1350 dm³ = 33 300 dm³
= 33 m³ 300 dm³
b) unterste Stufe: 25 · 1 · 15 dm³ = 375 dm³
mittlere Stufe: 25 · 1 · 10 dm³ = 250 dm³
oberste Stufe: 25 · 1 · 5 dm³ = 125 dm³
insgesamt: 750 dm³

12

	a)	b)	c)	d)
Länge	170 cm	3 cm	7 cm	240 cm
Breite	6 dm	50 mm	6 cm	80 cm
Höhe	80 cm	4 cm	8 cm	9 dm
Volumen	816 l	60 cm³	336 cm³	1728 l
Grundfläche	10 200 cm²	15 cm²	42 cm²	19 200 cm²

Seite 169

13 a) Kantenlänge: 2 m   Oberfläche: 24 m²
b) Kantenlänge: 5 m   Oberfläche: 150 m²
c) Kantenlänge: 11 dm   Oberfläche: 726 dm²

14

	Würfel	Quader
Volumen	64 cm³	56 cm³
Oberfläche	96 cm²	142 cm²
Gesamtkantenlänge	48 cm	64 cm

15 Der Rauminhalt steigt auf das Achtfache, der Oberflächeninhalt auf das Vierfache.

16 a) 180 cm · 160 cm · 20 cm = 576 000 cm³
100 cm · 90 cm · 90 cm = 810 000 cm³
130 cm · 120 cm · 10 cm = 156 000 cm³
Volumen des Sockels = 1 542 000 cm³ = 1 m³ 542 dm³
b) Der Sockel wiegt 3855 kg
c)

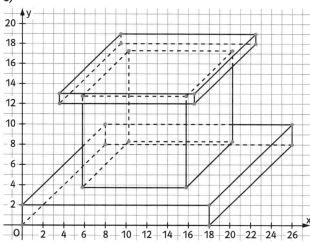

17 a) 70 cm · 40 cm · 40 cm = 112 000 cm³
20 cm · 20 cm · 40 cm = 16 000 cm³
112 000 cm³ – (2 · 16 000 cm³) = 80 000 cm³ = 80 l
Für einen Stein benötigt man 80 l Beton.
b) 7 m 20 cm = 720 cm
Anzahl der Steine:
720 cm : 40 cm = 18
18 · 80 l = 1440 l
Für den Schornstein benötigt man 1440 l Beton.

c) Anzahl der Steine:
480 l : 80 l = 6
6 · 40 cm = 240 cm = 2 m 40 cm
Der Kamin ist 2,4 m hoch.

18 a) 1 830 000 km² = 1 830 000 000 000 m²
Volumen Eis: 1 830 000 000 000 m² · 1600 m =
2 Trilliarden 928 Trillionen m³ = 2,928 · 10¹⁵ m³.
b) 2,928 · 10¹⁵ m³ : 8 m ≈ 3,66 · 10¹⁴ m²

Seite 170

19 a) Volumen des Wassers bei 3 mm Regen:
1000 mm · 1000 mm · 3 mm = 3 000 000 mm³ = 3 Liter.
b) 1 km² · 300 mm = 1000 m · 1000 m · (300 : 1000) m
= 300 000 m³
Auf einen Quadratkilometer fallen durchschnittlich
300 000 m³ pro Jahr.
c) Höhe bei 300 Liter Regen:
300 dm³ : 100 dm² = 3 dm = 30 cm.

20 Ein Quader mit dem man das Nashorn annähern könnte wäre ca. 2,5 m lang, 1 m breit und 1 m
hoch. Er hätte das Volumen 2,5 m³; das Nashorn
würde 2,5 t wiegen. In Wirklichkeit wird ein männli-
ches Panzernashorn ca. 2,2 t schwer.

21 a) (3 dm · 6 dm · 6 dm) + [(3 dm · 6 dm : 2) · 6 dm]
= 162 dm³ = 162 l
Der Behälter fasst so 162 l.
b) 6 dm · 6 dm · ▢ = 162 dm³
162 dm³ : 36 dm² = 4,5 dm = 45 cm
Das Wasser steht dann 45 cm hoch.

22 a) (165 – 10) mm · 95 mm · 63 mm = 927 675 mm³
= 0,927675 l
b) Beim Befüllen wird die Tüte etwas bauchig. Dadurch ist ihr Volumen größer als das des Quaders.

23 individuelle Lösung

24 a) Überschlag: 100 · 1000 = 100 000
71 · (181 + 715) = 63 616
b) Überschlag: 200 · 50 – 9000 = 1000
253 · 43 – (6543 + 2333) = 2003
c) Überschlag: 9000 : 150 + 50 = 110
9204 : 156 + (623 – 582) = 100
d) Überschlag:
(7000 + 5000) : (7000 – 5000) = 12 000 : 2000 = 5
(7212 + 4808) : (7212 – 4808) = 5

Wiederholen – Vertiefen – Vernetzen

Seite 171

1

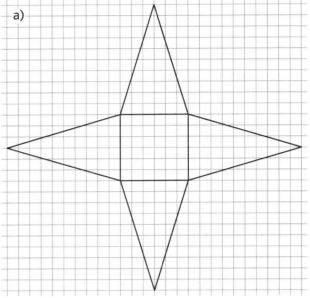

a)

b) Oberfläche: 4 · 7,5 cm² + 9 cm² = 39 cm²

2 a) Fig. 3: Fläche 5 liegt gegenüber der roten Fläche. Fig. 4: Fläche 4 liegt gegenüber der roten Fläche.

b)

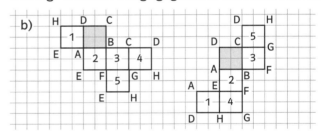

3 Von C über B und A nach E sind es 60 cm.
Von C direkt nach A und dann nach E sind es ca.
48 cm. Noch kürzer ist der direkte Weg von C nach E
über Z. Es sind ca. 45 cm.
Alle kürzesten Wege führen über die Mitte einer
Kante, die in einem Quadrat, das an die Würfel-
ecke C angrenzt, dem Punkt C gegenüber liegt. Es
gibt drei solche Quadrate, in jedem gibt es zwei gegenüberliegende Punkte, (U, V, W, X, Y, Z). Also gibt
es insgesamt sechs kürzeste Wege, die im Netz und
im Schrägbild eingezeichnet sind.

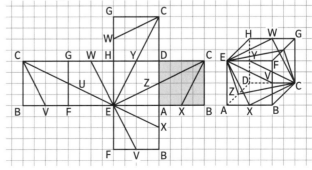

4 a) Mögliche Gründe für Schachteln in Quader-
form:
- Quader sind leicht lückenlos stapelbar.
- Quader passen ohne Lücke in rechteckige
  Schränke, Räume, Container usw.
- Viele Gegenstände, die verpackt werden, haben
  rechte Winkel und passen daher gut in quaderförmige Schachteln.
- Quaderförmige Schachteln sind einfach herstellbar.
b) Mögliche Gründe für Schränke in Quaderform:
- Räume haben oft rechte Winkel, da diese einfach
  herzustellen sind;
  quaderförmige Schränke passen daher in die
  Ecken solcher Räume.
- Mit einer Tür sind quaderförmige Schränke gut
  einsehbar.
- Quaderförmige Schachteln passen gut in quaderförmige Schränke.
- Quaderförmige Schränke sind einfach herstellbar.
c) Bei einem Würfel sind alle Augenzahlen gleich
wahrscheinlich, da alle Winkel und Flächen gleich
groß sind.

5

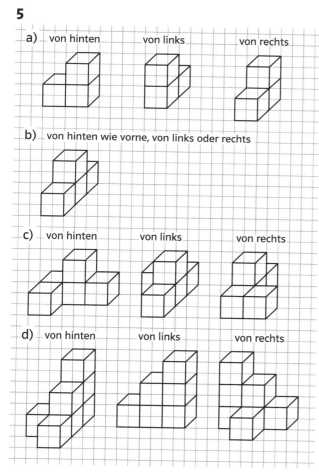

a) von hinten   von links   von rechts

b) von hinten wie vorne, von links oder rechts

c) von hinten   von links   von rechts

d) von hinten   von links   von rechts

6 Es passen noch 32 Liter in den roten Würfel.

7 a) $3\,\text{cm} \cdot 3\,\text{cm} \cdot 3\,\text{cm} = 27\,\text{cm}^3$
$27 \cdot (1\,\text{cm} \cdot 1\,\text{cm} \cdot 1\,\text{cm}) = 27\,\text{cm}^3$
Der Rauminhalt verändert sich nicht.
b) $6 \cdot (3\,\text{cm} \cdot 3\,\text{cm}) = 54\,\text{cm}^2$
$27 \cdot [6 \cdot (1\,\text{cm} \cdot 1\,\text{cm})] = 162\,\text{cm}^2$
Die Oberflächensumme der kleineren Würfel ist
3-mal so groß, wie die des ursprünglichen Würfels.
$12 \cdot 3\,\text{cm} = 36\,\text{cm}$
$27 \cdot (12 \cdot 1\,\text{cm}) = 324\,\text{cm}$
Die Gesamtkantenlänge der kleineren Würfel ist
9-mal so groß, wie die des ursprünglichen Würfels.
c) für a):
$4\,\text{cm} \cdot 4\,\text{cm} \cdot 4\,\text{cm} = 64\,\text{cm}^3$
$64 \cdot (1\,\text{cm} \cdot 1\,\text{cm} \cdot 1\,\text{cm}) = 64\,\text{cm}^3$
Der Rauminhalt verändert sich nicht.
Für b):
$6 \cdot (4\,\text{cm} \cdot 4\,\text{cm}) = 96\,\text{cm}^2$
$64 \cdot [6 \cdot (1\,\text{cm} \cdot 1\,\text{cm})] = 384\,\text{cm}^2$
Die Oberflächensumme der kleineren Würfel ist
4-mal so groß, wie die des ursprünglichen Würfels.
$12 \cdot 4\,\text{cm} = 48\,\text{cm}$
$64 \cdot (12 \cdot 1\,\text{cm}) = 786\,\text{cm}$
Die Gesamtkantenlänge der kleineren Würfel ist
16-mal so groß, wie die des ursprünglichen Würfels.
d) z. B.:

$a = 169\,\text{cm}$	V	O	K
vorher	$169^3\,\text{cm}^3$	$6 \cdot 169^2\,\text{cm}^2$	$12 \cdot 169\,\text{cm}$
nachher	$169^3 \cdot 1\,\text{cm}^3$	$169^3 \cdot 6 \cdot 1\,\text{cm}^2$	$169^3 \cdot 12 \cdot 1\,\text{cm}$
Faktor	1	169	169^2

Der Rauminhalt verändert sich nicht.
Die Oberflächensumme der kleineren Würfel ist
169-mal so groß, wie die des ursprünglichen Würfels.
Die Gesamtkantenlänge der kleineren Würfel ist
28 561-mal so groß, wie die des ursprünglichen Würfels.
Begründung:
Die Summe der Rauminhalte der kleineren Würfel,
ergibt immer den Rauminhalt des ursprünglichen
Würfels.
Hat der ursprüngliche Würfel die Kantenlänge a,
so vergrößert sich die Oberflächensumme um den
Faktor a und die Gesamtkantenlänge um den Faktor $a \cdot a = a^2$.

8 a)

	Name	Innenmaße in cm	Preis in EUR	Raum-inhalt in cm³	Ober-flächen-inhalt in cm²
XS	Extra Small	22,5 × 14,5 × 3,5	1,50	1141,875	911,5
S	Small	25 × 17,5 × 10	1,70	4375	1725
M	Medium	35 × 25 × 12	1,90	10 500	3190
L	Large	40 × 25 × 15	2,20	15 000	3950
XL	Extra Large	50 × 30 × 20	2,50	30 000	6200
F	Flasche	37,5 × 13 × 13	2,30	6337,5	2288

b) Da es sich um Innenmaße handelt, passen zwei Spiele übereinander in eine S-Packung, in eine XS-Packung passt kein Spiel. In eine M-Packung passen alle vier Spiele.
Wenn Steffi mit zwei S-Packungen verpackt, so bleibt ihr 2590 cm³ Leerraum, bei einer M-Packung bleiben 4340 cm³ frei. Somit bleibt bei zwei S-Packungen weniger Leerraum.
Der Preis für zwei S-Packungen ist 3,40 €, eine M-Packung kostet 1,90 €. Also ist die M-Packung günstiger.

9 a) $4 \cdot 2\,\text{m}^2 + 1,5 \cdot 6\,\text{m}^2 = 17\,\text{m}^2$ Teppichboden werden benötigt.
b) Schrägbilder im Maßstab 1 : 100.

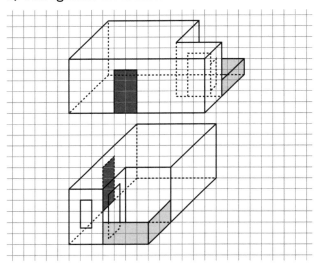

c) $17\,\text{m}^2 \cdot 7\,\text{cm} = 1\,190\,000\,\text{cm}^3 = 1190$ Liter ($= 1,19\,\text{m}^3$) Estrich werden benötigt.
d) Für die Decke benötigt man 17 m² Tapete. Das Zimmer hat den Umfang 19 m. Wenn man Fenster und Türen vernachlässigt, so haben die Wände die Fläche $19 \cdot 2,5\,\text{m}^2 = 47,5\,\text{m}^2$. Insgesamt benötigt man 64,5 m² Tapete.
e) Der Umfang des Zimmers ist 19 m. Zieht man je 1 m für Türe und Balkontür ab, so sind 17 m Fußleisten nötig.

f) Parkett   46 m²
Erdaushub   170 m³
Treppengeländer 12 m
Dachrinne   23 m
Rollrasen   2 a
Warmwasserspeicher 600 l

VI Ganze Zahlen

Lösungshinweise Kapitel 6 Erkundungen

Seite 178

Erkundung: Guthaben und Schulden

3) Toms Kontostand ist 0.
5) Man könnte eine Strichliste führen.

1 Negative Zahlen

Seite 181

1 Mo.: −7 °C   Di.: +13 °C
Mi.: −11 °C   Do.: 0 °C
Fr.: −13 °C
b) individuelle Lösung, z. B.:
Mo.: 22.00 Uhr   Di.: 13.00 Uhr
Mi.: 24.00 Uhr   Do.: 17.00 Uhr
Fr.: 2.00 Uhr
Frank könnte im März in Kanada Urlaub gemacht haben.

2 a) Das Kaspische Meer liegt 28 m unter NN.
b) Rita hat 23 € Schulden.

3 a)

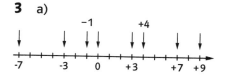

b)

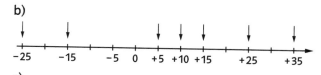

c)

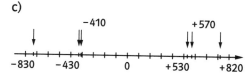

d)

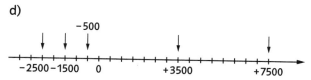

Seite 182

4 a) −27; −12; −4; +7; +19
b) −360; −190; −60; 0; +70; +240
c) −750; −125; +250; +625
d) −2060; −2035; −2005; −1995; −1975
e) −27; −12; −4; +7; +19
f) −360; −190; −60; 0; +70; +240
Erläuterung:
c) −2050 und −2000 liegen zehn Striche auseinander. Also müssen die Markierungen in 5er-Schritten angebracht sein. Die großen Striche sind in 25er-Schritten angebracht.
d) 0 und 500 liegen zwei Striche auseinander. Also müssen die Markierungen in 250er-Schritten angebracht sein.

5 a) +6   b) +1
c) +2   d) −8

6 a) 1. Mount McKinley
2. Puerto-Rico-Graben
3. Aconcagua
4. Montblanc
5. Kilimandscharo
6. Mount Everest
7. Sundagraben
8. Marianengraben
b) Sie muss für die Tiefenangaben negative Zahlen verwenden und vor dem Einzeichnen runden.

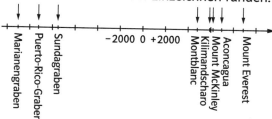

7 a) individuelle Lösung, z. B.:
Kapstadt und Berlin, Perth und Peking, Nuuk und Rio de Janeiro
b) 13 Uhr in Deutschland → 4 Uhr in San Francisco (13 Uhr − 9 Std.)
Ja, der Anruf würde sie aus dem Schlaf wecken.
c) Ja, das kann sein.
Jan könnte z. B. Sonntagabend um 21 Uhr aus San Francisco anrufen. Dann wäre es in Deutschland Montagmorgen um 6 Uhr.
d) individuelle Lösung

Seite 183

8 Fig. 1 Eckpunkte: (+3|0), (0|+3), (−3|0),
(0|−5), (+3|−5), (4|−6), (4|−4)
Fig. 2 Eckpunkte: (+3|0), (+4|−1), (+4|+2),
(+3|+1), (+3|+3), (0|+5), (−3|+3), (−3|+1),
(−4|+2), (−4|−1), (−3|0), (−3|−3), (−1|−4),
(+1|−4), (+3|−3)

9

a)

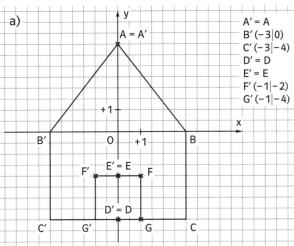

A' = A
B' (−3|0)
C' (−3|−4)
D' = D
E' = E
F' (−1|−2)
G' (−1|−4)

b) individuelle Lösung

10 a) P'(+17|+28)   b) P''(−17|−28)
c) P'''(−17|+28)

11 Flächeninhalt: (4 · 6) : 2 = 12

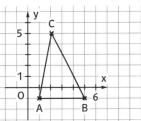

12 a) G(−3|0), H(+1|−4), I(+5|0), K(0|+5),
L(−5|0), M(+1|−6), N(7|0)

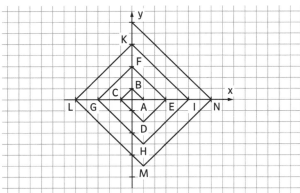

b) individuelle Lösung

13

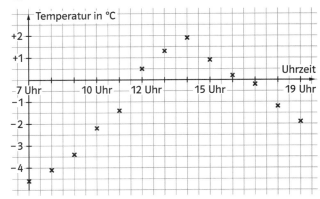

– Um 14 Uhr war es am wärmsten, um 7 Uhr am kältesten.
– Zwischen ca. 11.30 Uhr und 16 Uhr lag die Temperatur über 0 °C.
– Zwischen 11 und 12 Uhr stieg sie sehr stark an.
– Von 7 bis 14 Uhr ist sie ständig angestiegen.

2 Anordnung

Seite 184

1
a) 13 > −13   b) −7 > −17   c) −49 < 3

2 individuelle Lösungen, z. B.:
a) −12; −9; −7; −4; −3
b) −1; 0; 1; 5; 17
c) −9; −8; −6; −5; −3

Seite 185

3 a) Am Montag zeigte das Thermometer morgens −7 °C an, am Dienstag −13 °C. Am Dienstag war es kälter als am Montag.
b) Am Ende des Monats stand auf meinem Kontoauszug: −21 €. Nun sind es 17 €. Mein derzeitiger Kontostand ist höher als am Monatsende.
c) Auf der Karte liest man ab, dass der Ort A 13 m unter NN und der Ort B 27 m unter NN liegt.
B liegt also unterhalb von A.
d) Peters Schnur ist 28 dm lang, Ottos Schnur ist 5 dm lang. Peters Schnur ist länger als Ottos Schnur.
e) Ein Berg liegt 18 m über NN, ein See liegt 18 m unter NN. Der Berg liegt oberhalb des Sees.
f) Ein altes Schriftstück stammt von 218 v. Chr., eine Vase von 118 v. Chr. Die Vase ist später entstanden als das Schriftstück.
g) individuelle Lösung

4 Thales von Milet, 625 v. Chr.
Pythagoras von Samos, 580 v. Chr.
Euklid, um 300 v. Chr.
Eratosthenes von Kyrene, 284 v. Chr.
Diophant von Alexandria, um 250 v. Chr.
Hypatia, um 370 n. Chr.
Al-Hwarizimi, um 800 n. Chr.
Maria Agnesi, 1718 n. Chr.
Sophie Germain, 1776 n. Chr.
Carl Friedrich Gauß, 1777 n. Chr.
Richard Dedekind, 1831 n. Chr.
Ruth Moufang, 1905 n. Chr.

5 a) $-12 < -8 < -7 < 8 < 13$
b) $-101 < -99 < -90 < 90 < 99$
c) $-111 < -110 < 101 < 110 < 111$

6 Totes Meer: $-398\,m$
See Genezareth: $-212\,m$
Er fließt vom See Genezareth zum Toten Meer.

7 a) $+3$; $+6$; $+9$ b) -3; -6; -9
c) 0; $+4$; $+8$ d) -6; 0; $+6$

8 individuelle Lösungen

9 individuelle Lösungen

3 Zunahme und Abnahme

Seite 187

1
a) $-13\,°C$ b) $+15$ c) $-16\,°C$ d) $-139\,m$
e) $1007\,m$ f) 7. OG g) -22 h) $+10\,€$
Beispiele für Situationen:
a) Während der Morgenstunden ist die Temperatur von $-17\,°C$ um 4 Grad auf $-13\,°C$ angestiegen. Nachdem wir 1030 m mit der Gondel nach oben gefahren sind, mussten wir nur noch 23 m nach unten gehen und waren bei unserer Hütte auf 1007 m angelangt.
b) Da ich von meiner Strichliste, die ich mir 33 Tage vor dem Urlaub gemacht habe, schon 15 Tage abstreichen konnte, sind es jetzt nur noch 18 Tage bis zur Abfahrt.
Sandra hat im 2. Untergeschoss geparkt und fährt nun mit dem Fahrstuhl 9 Etagen nach oben, bis zu ihrer Wohnung im 7. Stock.
c) Seit heute früh hat es sich von $-16\,°C$ um 18 Grad auf $2\,°C$ erwärmt.
Bevor Torben in dieser Runde 22 Punkte verloren hat, zeigte sein Spielekonto noch 5 Punkte, jetzt sind es 17 Miese.

d) Um einen kleinen Eisberg zu erkunden, müssen Forscher von der Spitze in 13 m Höhe 139 m nach unten klettern bzw. tauchen, bis sie den tiefsten Punkt 126 m unter dem Meeresspiegel erreichen.
Nachdem Steffi sich 25 € von ihren Eltern geliehen hatte, konnte sie sich 35 € erarbeiten und besitzt nun noch 10 € für sich selbst.

2 a) Am Abend zeigte das Thermometer $-12\,°C$ an.
b) Neues Guthaben: 421 €
c) Zunahme: $+4,91\,m$

3 a) 713 € b) 1922 €

4 individuelle Lösung
z. B.: Ich denke mir eine Zahl. Ich erhöhe sie zunächst um 5 und dann das Ergebnis um 3. Das Ergebnis davon vermindere ich um 5, dann addiere ich 8. Anschließend erhöhe ich das Ergebnis um 4. Wenn ich nun noch 3 subtrahiere kommt 7 heraus. Wie heißt die ursprüngliche Zahl?
Ergebnis:
$-5 \xrightarrow{+5} 0 \xrightarrow{+3} +3 \xrightarrow{-5} -2 \xrightarrow{+4} +6 \xrightarrow{+8} 10 \xrightarrow{-3} +7$

5 a) Am Schwarzköpfle muss die Skifahrerin mit einer Temperatur von $-4\,°C$ rechnen.
b) Die Null-Grad-Grenze wird vorraussichtlich an der Mittelstation (1480 m) und am Garfrescha (1500 m) erreicht.

4 Addieren und Subtrahieren einer positiven Zahl

Seite 189

1 a) 0 b) -13
c) $+28$ d) z. B. $-18|-1$; $-5|12$
individuelle Beispiele für Situationen
(z. B. mit Kontoständen oder Temperaturen)

2 a) -8 b) $+8$
c) $+7$ d) -13
e) -9 f) $+10$

3
a) negativ b) negativ c) negativ
negativ positiv negativ
negativ negativ positiv
d) negativ e) weder – noch
negativ positiv
positiv negativ

4 a) + 6; positiv
  − 7; negativ

b) − 7; negativ
  38; positiv

c) − 76; negativ
  − 11; negativ

d) − 2; negativ
  − 38; negativ

e) + 4; positiv
  − 3333; negativ

Seite 190

5 a)

+	15	96	28
− 7	8	89	21
18	33	114	46
− 69	− 54	27	− 41

b)

−	113	95	178
− 13	− 126	− 108	− 191
67	− 46	− 28	− 111
99	− 14	4	− 79

6
a) − 10
  − 16

b) − 102
  102

c) − 60
  − 210

d) − 3
  − 33

e) 2
  − 248

7 a) − 19

b) 55

c) 34

d) 38

e) z. B. − 28 − 23 = − 51

a)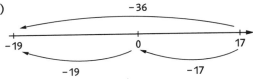

b)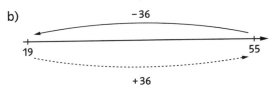

c)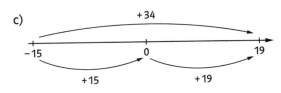

d)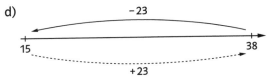

e)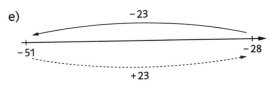

8 z. B. −17 + 4 = −13
z. B. 26 − 39 = −13
z. B. −10 − 3 = −13
z. B. 100 − 113 = −13
z. B. 0 − 13 = −13

9 a) z. B. + 976 − 235 = 741
b) z. B. + 235 − 976 = − 741
c) z. B. + 623 − 597 = 26

10
a) < b) < c) >

11 a) − 111 + 222 = 111
b) − 455 + 55 = − 400
c) − 1100 − 1100 = − 2200

12 300 m über NN

13 Sie liegt 360 m unter der Meeresoberfläche.

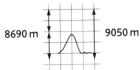

14 a) z. B. 1. Stein, 6. Stein, 3. Stein, 2. Stein, 5. Stein, 4. Stein
b) individuelle Lösungen

15 a) Die Mosel hatte eine Pegelhöchststand von 450 cm am 7. Februar. Die größte Zunahme des Pegels war vom 1. Februar auf den 2. Februar. Im angegebenen Zeitraum lag der niedrigste Pegelstand bei ca. 234 cm.
b) Der Pegel wurde zu bestimmten Zeitpunkten gemessen. Je öfter Messungen vorgenommen werden, desto „glatter" wird die Kurve.
c) 3 Tage lang, vom 28. Februar bis 2. März
d) Steigt der Pegel, addiert sich der Wert der Zunahme zum aktuellen Wert des Pegelstands. Sinkt der Pegel wird die Abnahme als positiver Zahlenwert vom aktuellen Wert des Pegelstands subtrahiert.
e) Für den Biber hätte die Mosel beispielsweise am 2. Februar einen Wasserstand von ca. (−45) cm und am 7. Februar einen Wasserstand von 150 cm.

Seite 191

16 Spiel

5 Addieren und Subtrahieren einer negativen Zahl

1 a) ⌒ −3   b) −6 ⌒
c) −18 ⌒   d) z. B. −13 ⌒ 0

2
a) negativ
   negativ
   positiv
d) positiv
   positiv
   negativ

b) positiv
   positiv
   negativ
e) positiv
   negativ
   weder – noch

c) negativ
   negativ
   positiv

3
a) 2   b) −2   c) −10
d) 10   e) 4

4
a) −34   b) −39   c) 39
   18   −6   −4
   −11   108   2
d) −72   e) −2
   62   −38
   −22   38

5
a) −160   b) 110   c) −16
   538   −60   2
   16   −41   −30
d) −147   e) 1243
   867   −3
   −220   −1243

6 a) −19   b) −17
c) −34   d) z. B. 5 − (−23) = 28

7 a) 259; −127   b) 32
c) −156

8 a) z. B. + 873 − (−941) = 1814
b) z. B. −973 − (+841) = −1814
c) z. B. +148 − (−379) = 527

9 a) −36; −100; 36; −100; −100; 36
b) individuelle Lösung
c) 888; 1130; −5222; 148; 520

10 a)

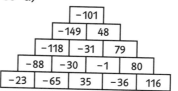

b)

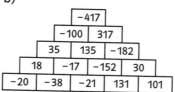

11 a) M1 → M2: −18,6 m
M2 → M3: +23,7 m
M3 → M4: −18,5 m
M4 → M5: −7,8 m
M5 → M6: +14,9 m
b) M2 → M3
c) 5,7 m

12 a) z. B.

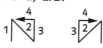

b) Trotz unterschiedlicher Wege erhält man immer
−27 = 2 · (−4 + 5 − 7 − 2) + (−11)
−11 hat 2 Zugänge, die restlichen Zahlen haben 3
bzw. 4 Zugänge. An der Zahl −11 kommt man daher
nur 1-mal vorbei, an den restlichen 2-mal.

13

Zeit in min	65	70	75	80	85	90
Anzahl der Gruppen	1	3	3	5	4	2

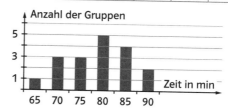

− 18 Gruppen haben teilgenommen.
− 5 Gruppen brauchten 80 min.
− 1 Gruppe lief am schnellsten, nämlich 65 min.
− 3 Gruppen hatten die zweitbeste Zeit.

14 Du leihst dir drei Bücher aus einer Bücherei. Du
schaust dir eins an und stellst fest, dass es nicht
das ist, welches du wolltest, also gibst du es zurück.
Du hast eines der Bücher, das du zurück geben
musst abgezogen, und jetzt schuldest du nur noch
zwei.
Rechenaufgabe: −3 − (−1) = −2

6 Verbinden von Addition und Subtraktion

Seite 196

1
a) −1   b) −1   c) −2
    1   2   2
d) −126   e) −84   f) −9
   −71   11   −88
Rand: 6; −4; 0; 0; −3; −10; −14; −14; 4; 0; −15;
−18; −3; −4; −3; −4; 3; 4

2
a) 0   b) −23   c) −4
  −24   −5   −1

3
a) 35   b) 66   c) −96
  −20   −46   7
FERIEN

4 a) Überschlag: 100 − 1400 = −1300; −1317
b) 9000 − (−11000) = 20000; 20126
c) 11000 − (−7000) = 18000; 18136
d) −9000 − 7000 = −16000; −15882
e) −1000 − 1000 = −2000; −2684

5
a) −1   b) −220   c) 0

6 a) 68 + [−13 − (−67)] = 122
b) (−13 + 28) − (−17) = 32
c) (−15 + 74) + [17 − (−49)] = 125
d) (−21 + 18) − [22 + (−19)] = −6

7
a)   b)

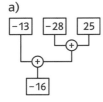 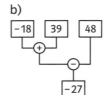

c)

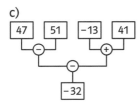

8 a) (83 − 74) − (83 + 74) = −148
b) (83 + 74) − (83 − 74) = 148
c) −(83 − 124) + (−35 + 78) = 84
d) (14 + 18) − (14 − 18) = 36
e) (18 + (−17)) − [−(5 − (−3))] = 9

9 a) +15 − (+9) = 6
     −15 − (−9) = −6
b) +120 + (−83) = 37
   −120 + (+83) = −37
c) −(−32) − (−8) = 40
   −(+32) − (+8) = −40

Entdeckung: Dreht man die Vorzeichen vor den Zahlen um, so ändert sich auch das Vorzeichen vor dem Ergebnis.

Seite 197

10 linke Spalte: −1400 − 500 + 1400 = −500
−1345 € − 461 € + 1400 € = −406 €
mittlere Spalte: 400 − 500 + 400 = 300
372 € − 500 € + 420 € = 292 €
rechte Spalte: −1984 € + 2026 € = 42 €
42 € − ? = −120 € → ? = −162 €

11 a) 18   b) −5   c) 19
    d) ? = 225   e) ? = −39   f) ? = −65

12 z. B. −(−1 − 2) − 3 = 0
−2 − (−1 − 3) = 2
(−1 − 3) − (−2) = −2
−1 − (−2 − 3) = 4
−2 − 3 − (−1) = −4
−(−1 − 2 − 3) = 6
−1 − 2 − 3 = −6

13 −47 €

14 a) Addiere 48 zur Differenz der Zahlen 28 und 66.
b) Subtrahiere 48 von der Summe der Zahlen 28 und 66.
c) Subtrahiere die Differenz der Zahlen 28 und 66 von deren Summe.

15 individuelle Lösungen

16 a) 21 + 48 − 13 − 19 = 21 − 19 + 48 − 13 = 37
Fehler: Beim Vertauschen der Reihenfolge wurden die Plus- und Minuszeichen nicht mitgenommen.
b) − 27 + 1 − 47 + 13 = −26 − 47 + 13
                       = −73 + 13
                       = − 60
Fehler: Es wurde nicht von links nach rechts gerechnet, dadurch wurde 13 nicht addiert, sondern subtrahiert.

17
a) $8 = -(-5) + (-2) - (-5)$
$5 = -(-5) + (-5) - (-5)$
$4 = -(-3) + (-2) - (-3)$
Kleinstes Ergebnis: $-(-2) + (-5) - (-2) = -1$
Größtes Ergebnis: $-(-5) + (-2) - (-5) = 8$
b) 3 verschiedene Ergebnisse:
$-3 - 6 - 2 = -11$
$-3 + 2 + 6 = 5$
$6 + 3 - 2 = 7$
$6 + 2 - 3 = 5$
$-2 - 6 - 3 = -11$
$-2 + 3 + 6 = 7$

18 a) $13 - (17 - 4) = 13 - 17 + 4 = 0$
b) $-28 - (-12 + 20) = -28 + 12 - 20 = -36$
c) $100 - (20 - 40 + 60) = 100 - 20 + 40 - 60 = 60$
Minusklammern werden „aufgelöst" in dem die Vorzeichen in den Klammern umgedreht werden.

Seite 198

19 waagerecht:
1) 26
2) −161
5) −1020
6) −3591
8) −5904
10) −75
11) −36
13) −5959

senkrecht:
1) 273
2) −1010
3) −62
4) 109
5) −199
7) 555
9) −435
10) −71
12) −69

¹2	6		²1	³6	⁴1
7		⁵1	0	2	0
⁶3	⁷5	9	1		9
	⁸5	9	0	⁹4	
¹⁰7	5			¹¹3	¹²6
1		¹³5	9	5	9

20 a) Anne: 85. Anne hat den Wert jeder Zu- oder Abnahme seit dem 24.2. zum Pegelstand von 81 cm addiert bzw. subtrahiert. Das Ergebnis von Annes Rechnung ist der Pegelstand vom 8.3.
Mike: 85. Mike hat zuerst Zunahmen seit dem 24.2. aufsummiert und anschließend alle Abnahmen zusammengenommen davon subtrahiert. Das Ergebnis von Mikes Rechnung ist der Pegelstand vom 8.3.
Janni: 4. Janni hat nur die Zu- und Abnahmen zusammengerechnet. Das Ergebnis von Jannis Rech-

nung ist die gesamte Änderung (Zu- oder Abnahme) von Pegelstand vom 27.2. Also eine Zunahme von 4 cm vom Pegelstand vom 27.2. auf den Pegelstand vom 8.3.
b) Der größte Pegelanstieg lag zwischen dem 29.2. und dem 2.3. Der Orkan „Emma" könnte genau in diesem Zeitraum getobt haben.

21 $1 = 1$
$1 - 2 = -1$
$1 - 2 + 3 = 2$
$1 - 2 + 3 - 4 = -2$
$1 - 2 + 3 - 4 + 5 = 3$
$1 - 2 + 3 - 4 + 5 - 6 = -3$
…

Letzte Zahl gerade: Halbiere die letzte Zahl und multipliziere sie mit (-1).
Letzte Zahl ungerade: Addiere 1 und halbiere das Ergebnis.

7 Multiplizieren von ganzen Zahlen

Seite 199

Links: Vom großen zum mittleren Rad ist die Übersetzung (-3), vom mittleren zum kleinen (-2). Die Gesamtübersetzung ergibt sich durch Multiplikation der Teilübersetzungen.
Mitte: Vom großen Rad zum rechts anliegenden Rad beträgt die Übersetzung (-3), vom diesem wiederum auf das nächste (-1) und auf das kleine Rad schließlich (-2).
Rechts: Vom großen Rad zum mittleren ist die Übersetzung $(+3)$ und von mittleren Rad zum kleinen Rad (-2).

Seite 200

1
a) −84
91
b) −162
260
c) −104
−6600
d) −45
65
e) 180
−1800
Rand: 0; −7145; 2478; −9 687 000; 298 700; 0

2
a) −750
1010
b) −420
−300
c) −600
−1500
d) −4800
580
e) −200
90

3 a) z. B. $6 \cdot 5$; $-6 \cdot (-5)$; $3 \cdot 10$
b) z. B. $-2 \cdot 12$; $4 \cdot (-6)$; $-3 \cdot 8$
c) z. B. $7 \cdot 8$; $-2 \cdot (-28)$; $14 \cdot 4$
d) z. B. $-2 \cdot 21$; $6 \cdot (-7)$; $3 \cdot (-14)$
e) z. B. $-2 \cdot 30$; $15 \cdot (-4)$; $5 \cdot (-12)$

4 a) FERIEN SIND SPITZE

–500 F	1000 E	–1500 R	2000 I
875 E	–1750 N	2625 S	–3500 I
1375 N	–2750 D	4125 S	–5500 P
1875 I	–3750 T	5625 Z	–7500 E

b) PIT GEHT JETZT HEIM

–306 P	459 I	–255 T	1377 G
1764 E	–2646 H	1470 T	–7938 J
1242 E	–1863 T	1035 Z	–5589 T
–450 H	675 E	–375 I	2025 M

5 a) –11   b) 3
c) z. B. 4, 32; –7, –56   d) z. B. 4, –8; –2, 16

6 a) 56 € Schulden   b) 14 · (–4) = –56

7

·	–5	–3	11	18
–8	40	24	–88	–144
–4	20	12	–44	–72
7	–35	–21	77	126

8 Minus – Plus – Minus – Plus – Minus – Minus – Minus

9 a) –1, 1, –1, 1, –1, 1, –1, 1, –1, 1
b) –10, 100, –1000, 10 000, -10^5, 10^6, -10^7, 10^8, -10^9, 10^{10}
c) 2, –4, –8, 16, 32, –64, –128, 256, 512, –1024

10 a) positiv   b) positiv
c) positiv   d) negativ
e) Bei a) und d) ändert sich das Vorzeichen.

11 a) (–2) · (–2) · (–2) = –8
b) –(2 · 2 · 2) = –8
c) 2 · 2 · 2 · 2 = 16
d) –(2 · 2 · 2 · 2) = –16
e) (–10) · (–10) = 100
f) –(10 · 10) = –100
g) (–1) · (–1) · (–1) · (–1) · (–1) · (–1) · (–1) · (–1) = 1
h) (–1) · (–1) · (–1) · (–1) · (–1) · (–1) · (–1) · (–1) · (–1)
= –1

12 a) B(–1|3) → B′(1|–3)
C(–3|–3) → C′(3|3)

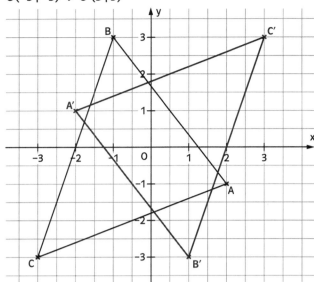

Das neue Dreieck entsteht durch Punktspiegelung des alten.
b) A′(–2|1) → A″(8|–4)
B′(1|–3) → B″(–4|12)
C′(3|3) → C″(–12|–12)
Das Dreieck wird am Ursprung gespiegelt und um den Faktor 4 gestreckt.

13 a) Das Viereck wird an der y-Achse gespiegelt.
b) Das Viereck wird an der x-Achse gespiegelt und in y-Richtung um den Faktor 2 gestreckt.
c) A′(12|–6), B′(–18|–12), C′(–12|–6), D′(–18|0)

14 a) X = –3   b) X = –3
c) X = –102   d) X = 3

8 Dividieren von ganzen Zahlen

Sandra hat 15 000 € Schulden.

1
a) –5   b) 6   c) –10
   11   4   –11
   9   –4   11
d) –5   e) 4
   –5   –5
   0   –3

2
a) –11   b) –13   c) 12
   –1   1   5
d) –404   e) –25
   220   0

Seite 203

3 a)

:	−2	4	−8
32	−16	8	−4
−64	32	−16	8
−88	44	−22	11

b)

:	2	−3	6
12	6	−4	2
−30	−15	10	−5
−72	−36	24	−12

4 a) z. B. 24 : 4; −18 : (−3)
b) z. B. −24 : 3; 40 : (−5)
c) z. B. 100 : 2; −150 : (−3)
d) z. B. 0 : (−7); 0 : 7
e) z. B. −17 : 17; 28 : (−28)

5 a) −75 : (−5) = 15
b) −216 : 12 = −18
c) 140 : (−35) = −4
d) −48 : 16 = −3
e) −48 : △ (bzw. −48 : □)
z. B. □ = 6, △ = −8; □ = −4, △ = 12

6 a) −8   b) −7
c) 7   d) z. B. 49, −7
e) z. B. −17, −17

7   −10 · (−5) = 50; −10 + (−5) = −15;
−10 − (−5) = −5; −10 : (−5) = 2

8
a) 126   b) −4   c) 175   d) −12

9 a)

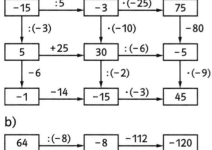

b)

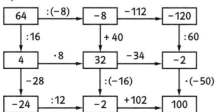

Wenn man mit 4 Rechenschritten zum Ziel kommen
will, so hat man 6 Möglichkeiten.

10 a)

 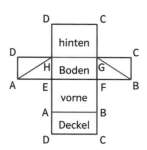

b) $O = 2 \cdot (4 \cdot 2 + 4 \cdot 3 + 2 \cdot 3)\,cm^2 = 52\,cm^2$
$V = 4 \cdot 3 \cdot 2\,cm^3 = 24\,cm^3$
c) vgl. Fig. 2
Schnittfläche ist ein Rechteck mit l = 4 cm,
b ≈ 3,6 cm, $A = 40 \cdot 36\,mm^2 = 1440\,mm^2 = 14,40\,cm^2$

9 Verbindung der Rechenarten

Seite 204

Die folgenden Tabellen mit den Spielergebnissen
erklären die Freude von Claudia. Sie wird immer bei
C einsteigen und links herum gehen. Wenn sie dann
eine kleinere Zahl als Peter gewürfelt hat, gewinnt
sie auf jeden Fall.

Einstieg bei A	linksrum	rechtsrum
1	−12	3
2	−14	1
3	−16	−1
4	−18	−3
5	−20	−5
6	−22	−7

Einstieg bei B	linksrum	rechtsrum
1	3	−12
2	1	−14
3	−1	−16
4	−3	−18
5	−5	−20
6	−7	−22

Einstieg bei C	linksrum	rechtsrum
1	18	−27
2	16	−29
3	14	−31
4	12	−33
5	10	−35
6	8	−37

1

a)	–17	b)	–10	c)	7	d)	–18
	–5		0		–80		10
	7		11		–4		–30
	–66		–36		8		–30
	–5		8		8		24

2

a) 90   b) 13   c) –280
   –120   7   101

a)

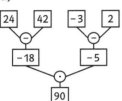

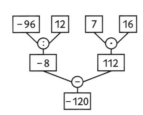

b)

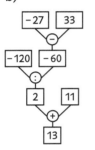

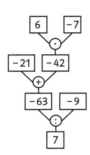

c)

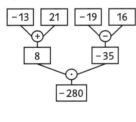

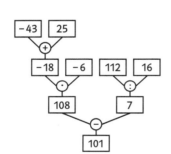

Seite 205

3 a) Überschlag: –120 : (–60 + 30) = 4; 6
Überschlag: (–20 – 40) : (–10) = 6; 7
b) Überschlag: (–10 + 20) · (–20 – 20) = –400; –312
Überschlag: (–45 + 25) · (–5) – 100 : 20 = 95; 101
c) Überschlag: –100 : 10 – 10 · 10 = –110; –99
Überschlag: (140 – 200) : (–10) – 20 = –14; –12

4

a) ohne TR 16   b) ohne TR 217   c) ohne TR 5
   mit TR –2720   ohne TR –215   mit TR –19 217

5 a) –5 · (3 – 9)   b) (–28 – 21) : 7
c) (3 · 5 + 9) · (–2)   d) (–2 · 8 – 4) · 5

6 a) 4 · (7 + 3) · 2 = 80
b) –3 · (4 + 5) · (–6) = 162
c) (4 – 2) · (–5) · (–3) = 30
d) (–6 – 4) · 3 · (–5) = 150

7 a) [–3 + (–8)] · (8 – 5) = –33
b) [8 + (–7)] · (3 – 5) = –2
c) [–3 + (–8)] · 34 – 34 = –408

8 a) –8 – 8 = –16   b) 8 – (–8) = 16
c) 8 – 8 = 0   d) –8 – (–8) = 0
e) (–5 + (–5)) · (–5 : 5) = 10
f) (–8 : 2) : (8 : (–2)) = 1

9 a) Es macht keine Unterschied ob das Minuszeichen zum ganzen Produkt gezählt wird oder „nur" zur 17.
b) Bei der Addition (Subtraktion) macht es einen Unterschied, worauf sich das Minuszeichen bezieht. Soll es sich auf die ganze Summe (Differenz) beziehen, muss es vor einer zusammenfassenden Klammer stehen.

10 a) (4). Ergebnis: 7   b) (3). Ergebnis: –15
c) (3). Ergebnis: 384

11 a) 19   b) 53   c) –22   d) –19
e) –94   f) –76   g) –108   h) –24
i) 4   j) –42   k) 5   l) –27

Seite 206

12
a)

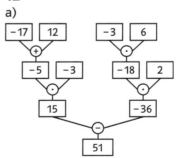

b) Die Gleichheitszeichen stimmen nicht, denn z.B. ist 12 – 17 ≠ (–5) · (–3).
12 – 17 = –5
–5 · (–3) = 15
–3 · 6 = –18
–18 · 2 = –36
15 – (–36) = 51

13

a) (12 + 4) · 2 = 32
   (12 – 4) · 2 = 16
   (12 + 4) : 2 = 8
   (12 – 4) : 2 = 4

b) $(12 - 4) \cdot (-2) = 12 \cdot (-2) - 4 \cdot (-2) = -16$
  $(12 + 4) \cdot (-2) = 12 \cdot (-2) + 4 \cdot (-2) = -32$
  $(12 - 4) : (-2) = 12 : (-2) - 4 : (-2) = -4$
  $(12 + 4) : (-2) = 12 : (-2) + 4 : (-2) = -8$
Das Distributivgesetz gilt auch für negative Zahlen.

14 a) Erste Zeile: Es wurde das Distributivgesetz angewendet.
Zweite Zeile: Der Klammerausdruck auf der linken Seite und der Ausdruck $(-5) \cdot 12$ wurden berechnet. Sonst keine Veränderung der Gleichung.
Dritte Zeile: Die einzige Möglichkeit, dass die Gleichung jetzt stimmt, ist dass $(-5) \cdot (-8)$ gleich 40 ergibt. Das war zu zeigen.

15 a) 3   b) -5
c) -21 d) 7

16 $1 - 2 = -1$
$-1 + 2 - 3 = -2$
$-1 - 2 \cdot 3 + 4 = -3$
$1 \cdot (2 + 3 - 4 - 5) = -4$
$1 + 2 \cdot 3 \cdot 4 - 5 \cdot 6 = -5$

17 individuelle Lösungen

Wiederholen – Vertiefen – Vernetzen

Seite 207

1 a) -95 b) -296 c) -360 d) -2603

2 a) -15 b) -1066
c) Zu a: $78 - 15 + 32 - 110$
  Zu b: $-842 - 128 + 316 - 412$

3 a) 14   b) -1
c) Zu a: $24 - 35 - 18 + 43$
  Zu b: $-48 + 32 - 67 + 82$

4 a) 6   b) 23   c) 0
d) -40 e) -47 f) -1

5 a) $(25 + (-15) : ((-2) \cdot (-5)) = -1$
b) $((-7) \cdot 18) - ((-4) : 2) = -124$
c) $(15 - 6) \cdot (15 + 6) = 189$
d) $(15 - (-6)) \cdot (15 + (-6)) = 189$

6 a) Jani hat sich wahrscheinlich gedacht, dass die Differenz zweier positiver Zahlen das gleiche Ergebnis hat wie Summe aus der ersten Zahl und dem Negativen der zweiten Zahl.
b) 14
c) 16

7 a) Die erste Spalte zeigt die Abweichung vom normalen Pegelstand des Rheins an. Schlägt der blaue Balken nach links aus, dann ist der aktuelle Stand niedriger als der normale Pegelstand. Schlägt der blaue Balken nach rechts aus, dann ist der aktuelle Stand höher als der normale Pegelstand.

Rheinfelden: 78
Kehl-Kronenhof: 26
Plittersdorf: 84
Maxau: 77
Speyer: 90
Mannheim: 78
Worms: 61
Mainz: 25
Oestrich: 17
Bingen: 25
Kaub: 36
Koblenz: 83

b) Die letzte Spalte gibt an, ob der Pegelstand tendenziell steigen oder fallen wird.
c) individuelle Lösungen

Exkursion: Zauberquadrate

Seite 208

Die Jahreszahl der Entstehung des Bildes von Albrecht Dürer wird durch die beiden mittleren Zahlen der unteren Zeile gebildet.
Addiert man zwei Zauberquadrate, so ist die neue magische Zahl die Summe der magischen Zahlen der ursprünglichen Zauberquadrate.
Multipliziert man ein Zauberquadrat mit einer Zahl, so muss man auch die magische Zahl des Zauberquadrats mit dieser Zahl multiplizieren.
Wenn man bei einem Zauberquadrat alle Zahlen durch ihre Gegenzahlen ersetzt und anschießend die beiden Quadrate addiert, so entsteht ein Quadrat, das an allen Plätzen die Zahl null enthält.

Sachthema: Rund ums Pferd

Seite 212

? Bei der Befragung der Klasse durch die Schüler ist es sinnvoll, den Schülern eine Klassenliste zur Verfügung zu stellen, um Wiederholungen zu vermeiden. Die Ergebnisse sollten auf einem großen Blatt in einer Tabelle und in einem Säulendiagramm oder Balkendiagramm dargestellt werden.
Weitere mögliche Fragestellungen:
– Wie viele Pferderassen kennst du?
– Wie viele Pferdesportarten kennst du?
– Wie viele Futtermittel für Pferde kennst du?
– Wer kennt ein Sprichwort, das mit Pferden zu tun hat? (zum Beispiel „Der schirrt das Pferd von hinten auf"; „Den hat der Hafer gestochen"; „Der hat die Zügel fest in der Hand")
– Wer weiß, was eine Trense (ein Halfter) ist?

? Individuelle Lösungen, z.B.: Die Entwicklung der Pferdezahl in Deutschland von 1950 bis 2000.

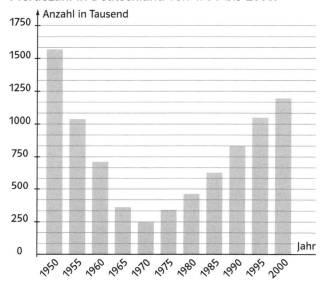

Die Pferdezahl hat bis 1970 stark abgenommen. Die Pferde wurden damals überwiegend als Arbeitstiere in der Landwirtschaft eingesetzt. Dafür benützt man heute Maschinen. Seit 1970 nimmt die Pferdezahl wieder zu, weil sich viele Menschen ein Reitpferd halten.

? Individuelle Lösungen, z.B.: Wie schnell Pferde und Menschen wachsen

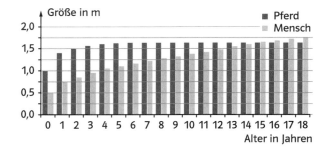

Seite 213

? Bajo hat Stockmaß 1,50 m. Er zählt somit zu den Großpferden und die Boxenwände müssen 3 m lang sein. Damit kommen Box 1 oder Box 3 infrage. Box 3 hat eine Flächeninhalt von 12,25 m², Box 1 mit 12 m² etwas weniger. Deshalb würde man bei sonst gleichen Bedingungen (z. B. Fensterfläche) Box 3 nehmen.
Die Fenster müssen eine Breite von insgesamt mindestens 4 m haben.

? Individuelle Lösungen, z. B.: Gutachten zu dem Stallplan von Frau Schreiber
1. Die Boxen:
Die Boxen sind für die Ponys genügend groß.
2. Der Luftraum:
Der Luftraum für ein Pferd ist der Rauminhalt der Box bis zur Decke. Er beträgt
3 m · 3 m · 2,8 m = 25,2 m³. Das reicht für Ponys noch aus, aber nicht für Großpferde.
3. Der Lichtbedarf:
Der Lichtbedarf für 3 Pferde beträgt insgesamt 6 m². Die 10 m² Fensterfläche reichen aus. Davon müssen jedoch jeweils 2 m² in jeder einzelnen Box sein. Das kann man aus dem Plan nicht ersehen.
4. Die Stallgasse:
Die Stallgasse ist zu schmal. Sie muss mindestens 2,50 m breit sein.
Der Plan kann nur genehmigt werden, wenn Punkt 4 geändert und Punkt 3 beachtet wird.

? individuelle Lösungen

Seite 214

? Maßstäbliche Zeichnung von Fig. 1 auf Seite 215. Maßstab z. B. 2 m in Wirklichkeit entsprechen 1 cm in der Zeichnung.

? Individuelle Lösung. Für jede Hufschlagfigur ein extra Blatt.

? a) Der Umfang der Bahn beträgt 120 m. Da man etwa 1 m vom Bahnrand entfernt reitet und an den Ecken abkürzt, beträgt die Länge von „einmal um die ganze Bahn" weniger als 120 m, etwa 110 m.

b) Die Länge der Bahn ist 40 m, geritten wird weniger als 40 m, etwa 38 m.
c) Etwa 24 m
d) Etwa 4 Bahnbreiten plus 1 Bahnlänge, zusammen etwa 120 m

? Zur Durchführung kann man auch einen Platz mit den halbierten Originalmaßen abstecken. Bei diesem Spiel benötigt man unbedingt zwei Schülerinnen, die sich in einigen Hufschlagfiguren sicher auskennen. Eine Schülerin ist die Reitlehrerin, die andere Schülerin führt den „Reitkurs" an der Spitze an. Wenn die Schüler einfache Hufschlagfiguren einige mal passiv mitgelaufen sind, können sie selbst an die Spitze des Reitkurses.

Seite 216

? Bajo wiegt ungefähr 400 kg. Er erhält am Tag 6 kg Heu und 2800 g Kraftfutter.

? Individuelle Lösung, z. B.: Futterplan für Bajo:

	Heu	Hafer
8 Uhr	1,5 kg	0,8 kg
12 Uhr	1,5 kg	0,5 kg
16 Uhr	1 kg	0,5 kg
20 Uhr	2 kg	1 kg

? In einem Jahr ist der Futterverbrauch 2190 kg Heu und 1022 kg Kraftfutter. Die Kosten dafür sind 508,08 €.

? Bajo braucht im Jahr 6 kg · 365 = 2190 kg Heu. Das sind 146 Ballen. Sie benötigen etwa 24 m³ Platz. Eine Großpferdebox mit 12 m² Grundfläche und 3 m Höhe hat den Rauminhalt 36 m². Das Heu passt in eine solche Box.

Seite 217

? Flächeninhalt der beiden Weiden
A = 4,8 ha = 48 000 m². Es können sich 9 Pferde von den Weiden ernähren.

? a) Bei einem Pfostenabstand von 4 m benötigt man 160 Pfosten und 320 Latten.
b) Der Zaun kostet 1760 €.

? Man benötigt 160 Pfosten, 1280 m Elektroband und 320 Isolatoren. Da es die Isolatoren nur in 25-Stück-Packungen und das Elektroband nur in 200-m-Rollen gibt, ergeben sich für die Kosten: Pfosten 480 €, 7 Rollen Elektroband 140 €, 13 Packungen Isolatoren 52 €. Zusammen 672 €.

Seite 218

? individuelle Lösungen

? Termine für Bajo:
- Hufschmied, nächster Termin: 10. Juli 2004
- Impfung, nächster Termin: 3. September 2004
- Entwurmung, nächster Termin: 23. Juli 2004
Termine für Lady Blue:
- Hufschmied, nächster Termin: 23. Juni 2004
- Impfung, nächster Termin: 18. August 2004
- Entwurmung, nächster Termin: 23. Juli 2004
- Abfohltermin: 2. Mai 2004

Seite 219

? In 8 Stunden Schritt kommt ein Pferd etwa 57,6 km weit.
In 6 Stunden abwechselnd 50 min Trab und 10 min Schritt kommt ein Pferd etwa 49,2 km weit.

? Möglich ist diese oder die umgekehrte Streckenführung: Stall – Heide – Reute – Seedorf – Eybach – Stall.